Sandie Lindsay

Einführung in die HPLC

**Aus dem Programm
Chemie**

Chromatographia
An International Journal for Rapid Communications in Chromatography, Electrophoresis, and Associated Techniques

H. Engelhardt, W. Beck, Th. Schmitt
Kapillarelektrophorese
Methoden und Möglichkeiten

H. Hachenberg, K. Beringer
Die Headspace-Gaschromatographie als Analysen- und Meßmethode

H. Krischner, B. Koppelhuber-Bitschnau
Röntgenstrukturanalyse und Rietveldmethode
Eine Einführung

H. Schmidkunz (Hrsg.)
Periodensystem der Elemente
Informations- und Lern*software*

A. Heintz, G. A. Reinhardt
Chemie und Umwelt

Vieweg

Sandie Lindsay

Einführung in die HPLC

Übersetzt von Stefan Lamotte und
Manfred Treitz

Das vorliegende Werk wurde sorgfältig erarbeitet. Dennoch übernehmen Autoren und Verlag für die Richtigkeit von Angaben, Hinweisen und Ratschlägen sowie für eventuelle Druckfehler keine Haftung. Die Wiedergabe von Gebrauchsnamen, Handelsnamen, Warenbezeichnungen usw. in diesem Buch berechtigt auch ohne besondere Kennzeichnung nicht zu der Annahme, daß solche Namen im Sine der Warenzeichen- und Warenschutzgesetzgebung als frei zu betrachten wären und daher von jedermann benutzt werden dürfen.

Originalausgabe:
© 1987, 1992 Thames Polytechnic, London, UK, all Rights Reserved
Authorised translation from English language edition "High Performance Liquid Chromatography" published by John Wiley & Sons Ltd, Chichester

Alle Rechte vorbehalten
© Friedr. Vieweg & Sohn Verlagsgesellschaft mbH, Braunschweig/Wiesbaden, 1996

Der Verlag Vieweg ist ein Unternehmen der Bertelsmann Fachinformation GmbH.

Das Werk einschließlich aller seiner Teile ist urheberrechtlich geschützt. Jede Verwertung außerhalb der engen Grenzen des Urheberrechtsgesetzes ist ohne Zustimmung des Verlags unzulässig und strafbar. Das gilt insbesondere für Vervielfältigungen, Übersetzungen, Mikroverfilmungen und die Einspeicherung und Verarbeitung in elektronischen Systemen.

Druck und buchbinderische Verarbeitung: Lengericher Handelsdruckerei, Lengerich
Gedruckt auf säurefreiem Papier
Printed in Germany

ISBN-13: 978-3-642-64745-1   e-ISBN-13: 978-3-642-61204-6
DOI: 10.1007/978-3-642-61204-6

Arbeitsanleitung

Bücher zum Selbststudium sind für Menschen gedacht, die aus unterschiedlichsten Gründen keine entsprechenden Kurse besuchen können. Dieses Buch vermittelt die Prinzipien aus einem Bereich der analytischen Chemie, der Hochleistungsflüssigkeitschromatographie (HPLC). Die beschriebene Technik werden Sie jedoch erst verstehen, wenn Sie die theoretischen Kenntnisse, am besten unter Anleitung eines erfahrenen Anwenders der Hochleistungsflüssigkeitschromatographie, in die Praxis umsetzen.

Um den größtmöglichen Nutzen aus diesem Buch zu ziehen, sollten Sie sich einen Plan erstellen, wann und wo Sie dieses Buch durcharbeiten wollen.

- Wählen Sie einen geeigneten Platz, wo Sie ungestört arbeiten können.
- Wenn jemand Sie bei Ihrem Selbststudium beaufsichtigt, legen Sie mit Ihr oder Ihm den Zeitpunkt fest, bis zu dem Sie das Buch durchgearbeitet haben sollten.
- Es gibt Menschen, die bevorzugt in unregelmäßigen Abständen lernen. Für die meisten ist es jedoch am besten, sich jeden Tag mehrere Stunden zum Studium des Buches Zeit zu nehmen. Sie müssen selbst entscheiden, welche Methode für Sie am geeignetsten ist.
- Wenn Sie sich dazu entschließen, mehrere Stunden auf einmal zu lernen, legen Sie ungefähr jede halbe Stunde eine fünf- bis zehnminütige Pause ein. Mit Hilfe dieser Methode können Sie über einen längeren Zeitraum konzentriert arbeiten.

Bevor Sie mit dem intensiven Lesen des Buches beginnen, machen Sie sich zunächst mit dem Aufbau des Buches vertraut. Sehen Sie sich das Inhaltsverzeichnis am Anfang des Buches an, und blättern Sie ein wenig im Buch, um einen allgemeinen Eindruck über die Art und Weise wie die Themen dargestellt werden, zu erlangen. Neben dem Text ist genügend Platz vorhanden, damit Sie sich Notizen oder Fragen zu dem jeweiligen Textabschnitt notieren können. Dies ist dann hilfreich, wenn Sie mit einem Kollegen oder Kommilitonen einzelne Punkte erörtern wollen.

? Ein Absatz im Text mit dem am Rand abgebildeten Fragezeichen markiert Aufgaben. Sie haben dann die Aufgabe, Graphen zu zeichnen, Berechnungen durchzuführen, Fragen zu beantworten, usw. Die Fragen werden dann im folgenden Textabschnitt ausführlich beantwortet. Sie sollten jedoch versuchen, die Fragen selbständig zu lösen, bevor Sie die Antwort lesen. Als Hilfe können Sie den nächsten Textabschnitt, bis Sie die Frage beantwortet haben, mit einem Stück Papier abdecken. Diese Aufgaben und deren anschließende Besprechung sind eine gute Gelegenheit, sich intensiv mit dem Inhalt auseinanderzusetzen.

An geeigneten Stellen im Text werden Übungsfragen gestellt. Diese Übungen sind eine Möglichkeit für Sie festzustellen, ob Sie das, was Sie gelesen haben, auch verstanden haben. Schreiben Sie sich die Antworten und eventuell Kommentare auf ein Blatt Papier. Die Antworten zu den Übungen finden Sie am Ende des Buches. Vergleichen Sie die

Musterlösung mit Ihrer Lösung und lesen Sie auch die dazugehörenden Kommentare und Ratschläge.

Zudem finden Sie im Text Zusammenfassungen und eine Liste mit Lernzielen. Die Zusammenfassungen heben noch einmal die wichtigsten Punkte, die behandelt wurden, hervor. Die Lernziele enthalten die Fragestellungen, die Sie beherrschen sollten.

Zur Wiederholung der Abschnitte können Sie die Zusammenfassung und die Lernziele erneut durchlesen und einige Übungen zur eigenen Kontrolle durcharbeiten. Hierbei werden Sie leicht auf Themengebiete aufmerksam, die Sie noch gründlicher bearbeiten müssen.

Vorwort

Die Hochleistungsflüssigkeitschromatographie (HPLC, engl. High Performance Liquid Chromatography) ist die leistungsfähigste chromatographische Methode. Trennungen und Analysen, die mit anderen Methoden nur schwierig oder überhaupt nicht durchgeführt werden können, lassen sich mit der HPLC oft leicht erzielen. Andererseits kann man bei dieser Analysenmethode aber auch viele Fehler machen; in der HPLC gibt es vermutlich mehr Fehlermöglichkeiten als in irgendeiner anderen Chromatographieart. Um diese ganz zu vermeiden, ist sehr viel Erfahrung nötig, die man durch alleiniges Lesen von Büchern meist nicht sammeln kann. Nur durch selbständiges Durchführen vieler Versuche (und mit den entsprechenden Fehlversuchen) kann man hoffen, daß man sich die notwendigen praktischen Fähigkeiten aneignen wird.

Damit soll natürlich nicht gesagt werden, daß die Theorie unwichtig ist. In der Chromatographie ist die Theorie immer der experimentellen Arbeit vorangegangen. Die großen Fortschritte, die in den vergangenen zehn- bis fünfzehn Jahren in der Flüssigkeitschromatographie erreicht wurden, wurden vor allem durch ein besseres theoretisches Verständnis dieser Trenntechnik ermöglicht. Sie werden kaum in der Lage sein, die Vorteile der HPLC vollständig zu nutzen, wenn Sie die zugrunde liegenden Funktionsprinzipien nicht richtig verstanden haben. Die Flüssigkeitschromatographie ist eigentlich ein sehr komplexes Gebiet. Um sie richtig verstehen zu können, werden einige Kenntnisse aus verschiedenen Gebieten der Physik, der Mathematik und der analytischen Chemie vorausgesetzt. Weiterhin ist es nützlich, wenn Sie einige Erfahrung im Umgang mit analytischen Instrumenten, wie Spektrometern und Schreibern, haben.

Neben dem Darstellen der Grundprinzipien der HPLC, habe ich auch versucht, auf einige spezielle Themen kurz einzugehen, z.B. in den Abschnitten 6.5, 10.2 und 10.6. Falls Ihnen die Chromatographie noch nicht so vertraut ist und diese Themen Ihnen zu schwierig erscheinen, können Sie diese Abschnitte einfach überspringen.

Weil die HPLC so ein weites Gebiet abdeckt, werden Sie u.U. der Meinung sein, daß einige Themen ausführlicher behandelt werden sollten, als dies in diesem Buch der Fall ist. Zum vertiefenden Studium sind entsprechende Literaturhinweise zu den jeweiligen Themen angegeben. Da sich die HPLC ständig weiterentwickelt, enthalten Lehrbücher zum Teil oft veraltete Informationen. Um ständig auf dem neuesten Stand (besonders in Bezug auf Säulen und Apparaturen) zu sein, sollten sie die Literatur zur Chromatographie lesen. Auch Kollegen und Applikationen der Gerätehersteller stellen eine wichtige Informationsquelle dar. Eine Auswahl der von verschiedenen Herstellern erhältlichen Applikationsliteratur ist am Ende von Kapitel 8 aufgelistet.

Ergänzende praktische Arbeit

1. Allgemeine Überlegungen

Die unten beschriebenen Versuche beziehen sich alle auf die Umkehrphasenchromatographie mit gebundenen Kieselgelsäulen und die UV-Detektion. Für den Fall, daß Ihnen noch zusätzliche Geräte zur Verfügung stehen, haben wir noch weitere Versuche vorgeschlagen. Diese beschäftigen sich mit dem Packen und Testen von Säulen, der Verwendung anderer Detektoren und anderer HPLC-Methoden. Es sollte möglich sein, jeden Versuch innerhalb von drei Stunden durchzuführen.

2. Ziele

(a) Praktische Erfahrung beim Umgang mit einer HPLC-Anlage zu vermitteln.
(b) Die verschiedenen Parameter, die eine HPLC-Trennung beeinflussen, vorzustellen.
(c) Die Einsatzmöglichkeiten der Methode zur Trennung und quantitativen Analyse zu zeigen.
(d) Einige wichtige Prinzipien des theoretischen Teils zu verdeutlichen.

3. Vorgeschlagene Experimente

(a) Einfluß des Eluentenflusses und des Totvolumens auf die Effizienz einer Säule.
(b) Einfluß der Zusammensetzung der mobilen Phase auf die Retention und Selektivität in der Umkehrphasenchromatographie.
(c) Bestimung von 4-Hydroxy-3-methoxy-benzaldehyd (Vanillin) in einer Vanilleessenz.
(d) Bestimmung von Aspirin und Koffein in Schmerzmitteln.

4. Zusätzliche Versuche

(a) Packen und Testen einer HPLC-Säule.
(b) Analyse von Zucker in Fruchtsaft.
(c) Einsatz von Extraktionstechniken zur Trennung von Carotin-Pigmenten aus Früchten.

Literatur

Bücher über Hochleistungsflüssigkeitschromatographie.

1. Kirkland und L.R. Snyder, Introduction to Modern Liquid Chromatography, 2. Auflage, Wiley, 1979.
2. Hamilton und P.A. Sewell, Introduction to High Performance Liquid Chromatography, Chapman and Hall, 1982.
3. Simpson (Ed.), Techniques in Liquid Chromatography, Wiley, 1984.
4. Knox (Ed.), High Performance Liquid Chromatography, Edinburgh University Press, 1982.
5. V.R. Meyer, Praxis der Hochleistungsflüssigchromatographie, Salle und Sauerländer, 1992.
6. H. Engelhardt, Hochleistungsflüssigkeitchromatographie, Springer-Verlag, 1975.
7. K.K. Unger, E. Weber (Hrsg.), Handbuch der HPLC, Teil 1, GIT-Verlag, 1995.
8. H. Engelhardt (Ed.), Practice of High Performance Liquid Chromatography, Springer-Verlag, 1986.

Literatur 1 beinhaltet eine sehr ausführliche Beschreibung der Hochleistungsflüssigkeitschromatographie. Die Literaturstellen 2, 4, 5, 6, 7 und einige Abschnitte aus 3 sind einfacher zu verstehen und sind als Ergänzungsliteratur zu diesem Buch sehr gut geeignet.

Auch in den Katalogen und Applikationsschriften der Hersteller sind oft nützliche Informationen zu finden (siehe Kapitel 8, nach der Zusammenfassung). Ebenso stehen eine Reihe zum Teil kostenloser Zeitschriften zur Verfügung:

LC-GC International, Chester Business Park, Chester, CH4 9QH.
Chromatography and Analysis, 27 Norwich Road, Halesworth, Suffolk, IP19 8BX.

Laboratory Equipement Digest, 30 Calderwood Street, London SE18 6QH.

Auf die entsprechende Spezialliteratur wird jeweils am Ende jedes Kapitels verwiesen.

Danksagungen

Für ihre Unterstützung danke ich Alan Curtis und Cecil Lobo (Bush Boake Allen Ltd), John Mills (Varian Associates), Tony Green (Eurocolour Ltd), Ken Evans (ICI Colours and Fine Chemicals), Dave Cook (Dyson Instruments) und besonders Tom Donovan (Biotage).

Die Übersetzer danken Prof. Dr. H. Engelhardt für die Überlassung der Übersetzung und das stetige Interesse am Fortgang der Arbeit.

Ferner gilt unser Dank Karin Riedel für das Eintippen des Manuskriptes. Desweiteren danken wir Gerhard Treitz für das Eintippen einzelner Teile und deren Korrekturlesen und vor allem Gabriele Hayo für das Erstellen der Formeln und das ständige Korrekturlesen des Manuskriptes.

Nicht zuletzt möchten wir Dr. Angelika Schulz für die gute Betreuung beim Verlag Vieweg danken.

Bild 1.2 wurde Jones Chromatography 1989 Catalogue mit Erlaubnis von Jones Chromatography Ltd entnommen.

Die Bilder 2.3d und 6.5d und e, sind aus der Chromatographia 1982, 15, 693 mit Erlaubnis des Friedr. Vieweg und Sohn Verlages entnommen.

Bild 3.1a ist aus Anachem Chromatography Accessoires, 1990, mit Erlaubnis von Kontes Glass Co entnommen.

Bild 3.5 ist aus Rheodyne Tips on LC Injection, 12/86, mit Erlaubnis von Rheodyne Inc entnommen.

Bild 4.1c ist aus Upchurch Scientific Catalogue, 1989, mit Erlaubnis von Upchurch Scientific entnommen.

Bild 5.4c ist aus Varian Instruments at Work, 1987, uv-41, mit Erlaubnis von Varian International entnommen.

Die Bilder 5.5b, 7.5d und 7.6j sind aus Perkin Elmer Publications entnommen. Um Erlaubnis wurde ersucht.

Bild 6.3b ist aus Journal of Chromatographic Scienece 1987, 16, 227. Die Erlaubnis wurde von Preston Publications gewährt.

Bild 6.5c stammt von ICI Colours and Fine Chemicals und wurde mit deren Erlaubnis abgedruckt.

Die Bilder 6.5g-k sind LC-GC International, 1990, 3, 54 entnommen. Um Erlaubnis wurde ersucht.

Die Bilder 7.4a und 7.5e sind dem FSA Catologue entnommen. Um Erlaubnis wurde ersucht.

Bild 7.5b ist Waters Source Book 1986, mit Erlaubnis der Millipore Corporation entnommen.

Bild 7.5c ist dem Journal of Chromatographic Science, 1980, 18, 519 entnommen. Um Erlaubnis wurde ersucht.

Bild 7.6g stammt von Dyson Instruments Ltd und wurde mit deren Erlaubnis abgedruckt.

Die Bilder 7.6h, 7.6i, 7.7a, 7.7b, 7.7g, 8.2b-8.2f, 8.3c, 8.3d-8.3h stammen aus Waters LC School mit der Erlaubnis der Millipore Corporation.

Bild 8.1a wurde dem Alltech Associates Catalogue, 1989, mit der Erlaubnis von Alltech Associates Inc entnommen.

Die Bilder 8.4a und b stammen von Bush Boake Allen Ltd und sind mit ihrer Erlaubnis abgebildet.

Bild 8.4i ist Philips Analytical Advances LC2, 1989 entnommen. Um Erlaubnis zur Veröffentlichung wurde ersucht.

Bild 10.1b ist aus Supelco HPLC Bulletin 819 entnommen. Um Erlaubnis zur Veröffentlichung wurde ersucht.

Bild 10.3 ist aus May and Baker Technical Information entnommen. Um Erlaubnis zur Veröffentlichung wurde ersucht.

Bild 10.4b ist aus Waters Preparative Chromatography Notes, 1, mit Erlaubnis von Waters International Publication, entnommen.

Inhaltsverzeichnis

Inhaltsverzeichnis .... **XII**

1 Einführung **1**

1.1 Geschichte und Grundprinzipien 1
1.2 Instrumentelle Grundausstattung 4
1.3 Zusammenfassung 10

2 Retention und Bandenverbreiterung **11**

2.1 Retentionsmessung 11
2.2 Effizienz einer Säule 13
2.3 Die Auflösung 14
2.4 Die Bandenverbreiterung 20
2.5 „Extra-Column-Effects" 23
2.6 Zusammenfassung 27

3 Lösemittelförderung und Injektion der Probe **28**

3.1 Eluentenvorratsgefäß 28
3.2 Druck, Fluß und Temperatur 28
3.3 Pumpen - Allgemeine Betrachtungen 30
    3.3.1 Druckkonstante Pumpen *33*
    3.3.2 Flußkonstante Pumpen *34*
3.4 Gradientenbildung 39
3.5 Probenaufgabe 40
3.6 Zusammenfassung 42

4 Säulen **43**

4.1 Maße und Anschlüsse 43
4.2 Kartuschensysteme 47
4.3 Axiale und radiale Kompression 47
4.4 Zusammenfassung 48

5 Detektoren **49**

5.1 Einleitung 49
5.2 Nachweisgrenzen 51
5.3 UV-Absorptions-Detektoren 53
5.4 Der Diodenarraydetektor (DAD) 58
5.5 Fluoreszenzdetektor 65
5.6 Elektrochemische (EC) Detektoren 68
    5.6.1 Einleitung *68*
    5.6.2 Amperometrische Detektoren *70*
    5.6.3 Coulometrische Detektoren *71*

5.7 Brechungsindex-Detektoren ... 74
5.8 Derivatisierungsreaktion ... 78
5.9 Zusammenfassung ... 82

6 Die mobile Phase ... 84

6.1 Die Bedeutung der Polarität in der HPLC ... 84
6.2 Polaritätsmessung ... 85
6.3 Die Einteilung der Lösemittel nach Snyder ... 87
6.4 Isoeluotrope mobile Phasen ... 89
6.5 Optimierung der mobilen Phasen ... 91
    6.5.1 Sequentielle Methoden ... 91
    6.5.2 Prädektive (vorhersagende) Methoden ... 93
    6.5.3 Iterative Methoden ... 95
    6.5.4 Kommerzielle Systeme ... 101
6.6 Zusammenfassung ... 109

7 Säulenpackungen und Methoden der HPLC ... 110

7.1 Die stationäre Phase ... 110
7.2 Gebundene Phasen ... 111
7.3 Andere stationäre Phasen ... 115
7.4 Trennmethoden in der HPLC ... 116
7.5 Normalphasen- und Umkehrphasenchromatographie ... 117
    7.5.1 Hydrophobic-Interaction-Chromatography (HIC) ... 125
    7.5.2 Zusammenfassung ... 126
7.6 Die Ionenchromatographie ... 127
    7.6.1 Ionenaustauschchromatographie ... 127
    7.6.2 Trennmethoden in der IC ... 131
    7.6.3 Faktoren, die die Retention beeinflussen ... 131
    7.6.4 Fällung und Komplexierung ... 133
    7.6.5 Detektionsmethoden in der IC ... 134
    7.6.6 Techniken beim Einsatz des Leitfähigkeitsdetektors ... 136
    7.6.7 Ionenunterdrückung und Ionenpaarchromatograpie ... 139
    7.6.8 Zusammenfassung ... 144
7.7 Adsorptions- und Ausschlußchromatographie ... 145
    7.7.1 Adsorptionschromatographie ... 145
    7.7.2. Ausschlußchromatographie ... 148
    7.7.3. Zusammenfassung ... 155

8 Methodenentwicklung ... 157

8.1 Bestimmung von Coffein in entcoffeiniertem Kaffee ... 157
8.2 Trennung von Steroiden ... 162
    8.2.1 Zusammenfassung ... 168
8.3 Gradientelution ... 169
    8.3.1 Die Entwicklung einer Gradienttrennung ... 171
    8.3.2 Zusammenfassung ... 178

8.4 Quantitative Analyse 178
   8.4.1 Flächen/Höhen Prozent (oder innere Normierung) 178
   8.4.2 Die Methode der externen Standards 179
   8.4.3 Die Methode des internen Standards 182
   8.4.4 Zusammenfassung 190

9 Praktische Aspekte der HPLC 192

9.1 Packen der Säulen 192
   9.1.1 Zusammenfassung 198
9.2 Herstellung der mobilen Phasen 199
   9.2.1 Zusammenfassung 204
9.3 Praktische Tips zur Behandlung von Säulen und Proben 204
   9.3.1 Behandlung von HPLC-Säulen 204
   9.3.2 Schutz der Säule während der Betriebszeit 207
   9.3.3 Probenvorbereitung und Clean-up (Probenaufreinigung) 208
   9.3.4. Säulenschalten 214
   9.3.5. Zusammenfassung 216

10 Einige weitere Themen 218

10.1 „Microbore"-Säulen und schnelle HPLC 218
   10.1.1 „Microbore"-Säulen 218
   10.1.2 Schnelle HPLC-Trennungen 220
   10.1.3 Zusammenfassung 222
10.2 Trennung von Enantiomeren 222
   10.2.1 Einleitung 222
   10.2.2 Trennung von Diastereomeren 223
   10.2.3 Chirale stationäre Phasen (CSP) 223
   10.2.4 Zusammenfassung 226
10.3 Flash-Chromatographie 226
10.4 Präparative HPLC 227
   10.4.1 Zusammenfassung 230
10.5 SFC 230
10.6 LC - MS 231
   a) Moving belt (dt.: sich bewegendes Band) 232
   b) DLI (Direct Liquid Introduction (dt.: direkte Flüssigkeitszufuhr)) 232
   c) Thermospray 232
   d) Teilchenstrahl-Interfaces 233
   10.6.1 Zusammenfassung 233

11 Antworten 235

Antworten von Kapitel 1 235
Antworten von Kapitel 2 237
Antworten von Kapitel 3 239
Antworten von Kapitel 5 240
Antworten von Kapitel 6 244
Antworten von Kapitel 7 245
Antworten von Kapitel 8 248
Antworten von Kapitel 9 254
Antworten von Kapitel 10 257

Maßeinheiten 258

Tabellen 259
  Tabelle 1: Häufig benutzte Symbole und Abkürzungen in der analytischen Chemie 259
  Tabelle 2: Alternative Einheiten 260
  Tabelle 3: Vorsätze für SI-Einheiten 261
  Tabelle 4: Physikalische Konstanten 262

Sachwortverzeichnis 263

1 Einführung

1.1 Geschichte und Grundprinzipien

Die Hochleistungsflüssigkeitschromatographie (HPLC, engl. High Performance Liquid Chromatography) entstand aus der Flüssigkeitschromatograpie (LC). Dabei wurden die Theorie und die Instrumente, die ursprünglich für die Gaschromatographie (GC) entwickelt wurden, auf die neue Technik übertragen.

Die klassische Flüssigkeitschromatograhpie ist seit relativ langer Zeit bekannt, und sie haben sie sicherlich schon in der einen oder anderen Form eingesetzt. In den Anfängen wurde ein Stoff, der adsorbierende Eigenschaften besaß (z.B. Aluminiumoxid oder Kieselgel), in eine Säule gepackt, und die Elution (der Probe) erfolgte mit einer geeigneten Flüssigkeit. Ein Gemisch, das getrennt werden soll, wird am Säulenkopf aufgegeben und wird durch das Elutionsmittel durch die Säule transportiert. Wenn eine Komponente des Gemischs (ein gelöstes Teilchen) nur schwach auf der Oberfläche der festen stationären Phase adsorbiert wird, so wandert es schneller durch die Säule als ein anderes Teilchen, das stärker adsorbiert wird. Daher ist die Trennung von verschiedenen Teilchen möglich, wenn sie sich in ihrem Adsorptionsverhalten an der stationären Phase voneinander unterscheiden. Diese Methode bezeichnet man als Adsorptionschromatographie oder „Flüssig-Fest-Chromatographie" (LSC vom engl. Liquid Solid Chromatography).

In der LC kann die Trennung auch auf anderen Sorptionsmechanismen beruhen. Dies hängt davon ab, ob man eine Flüssigkeit oder einen Feststoff oder welche Art von Feststoff man als stationäre Phase auswählt. In der „Flüssig-Flüssig-Chromatographie" (LLC vom engl. Liquid-Liquid-Chromatography) benutzt man eine flüssige stationäre Phase, die auf einem fein verteilten, inerten, festen Grundmaterial aufgebracht wird. Die Trennung beruht hier auf der unterschiedlichen Verteilung der Probemoleküle zwischen flüssiger stationärer Phase und flüssiger mobiler Phase. In der Normalphasen-LLC ist die stationäre Phase relativ polar und die mobile Phase relativ unpolar. Während in der Umkehrphasen (Reversed-Phase)-LLC eine unpolare stationäre Phase und eine polare mobile Phase eingesetzt wird.

In der Ionenaustauschchromatograhpie ist die stationäre Phase ein Ionenaustauscherharz, und die Trennungen werden durch die Stärke der Wechselwirkungen zwischen Probeionen und den Austauschergruppen des Harzes verursacht. In der Ausschlußchromatographie wird ein weitporiges Gel, das Moleküle nach ihrer Größe und Form trennen kann, als stationäre Phase benutzt. Die größten Moleküle wandern am schnellsten durch das System.

In der klassischen LC wird die stationäre Phase in eine Glassäule gepackt, deren Innendurchmesser z.B. 5 cm und Länge 1 m beträgt. Die Elution erfolgt mit einem geeigneten Lösemittel oder einer Reihe von Lösemitteln. Die Säulen konnten oft nur einmal benutzt werden. Für jede Probe, die untersucht werden sollte, mußten sie neu gepackt werden. In der LLC muß das eluierende Lösemittel mit der flüssigen stationären Phase gesättigt werden, um ein Auswaschen des stationären Flüssigkeitsfilms von der Säule zu vermeiden. Viele dieser stationären Phasen, die in Gebrauch waren, waren nicht sehr effizient, so daß für schwierige Trennungen lange Säulen benötigt wurden; die Trennungen dauerten dementsprechend lange und große Mengen an Lösemittel wurden verbraucht. Die getrennten Komponenten wurden isoliert, indem man das Eluat, das aus der Säule kam, in mehr oder weniger große Fraktionen aufteilte, die dann soweit eingedampft wurden, daß jede enthaltene Komponente durch andere physikalische oder chemische Methoden (z.B. Schmelzpunkt, Elementaranalyse, Spektroskopie usw.) identifiziert werden konnte.

Durch die Entwicklung der „offenen Säulen" - Methode, z.B. der Papierchromatographie (in den 40er Jahren) und der Dünnschichtchromatographie (in den 50er Jahren) konnte die Geschwindigkeit und Auflösung in der LC erheblich verbessert werden. Aber es waren immer noch erhebliche Defizite im Vergleich zu den modernen LC-Methoden vorhanden: die Analysen dauerten lange, die Auflösung war schlecht. Quantitative Analysen und präparative Trennungen waren nur schwierig durchzuführen und eine Automatisierbarkeit war nur in eingeschränktem Maße möglich.

Aus der Theorie der GC war bekannt, daß die Effizienz verbessert werden könnte, wenn man die Teilchengröße, der in der LC eingesetzten stationären Phase, reduzieren könnte. Die Entwicklung der HPLC begann allmählich in den späten 60ern, als man diese hocheffizienten Materialien herstellen konnte und als auch die Verbesserung der Geräte es erlaubte, das volle Potential dieser Materialien auszuschöpfen. Im Laufe der Entwicklung der HPLC wurde die Teilchengröße der stationären Phase, die man in der LC einsetzte, allmählich kleiner. Die stationären Phasen, die man heute benutzt, bezeichnet man als „Feinkorn-Säulen-Packungen". Es sind im allgemeinen gleichförmige, poröse Kieselgelteilchen mit spärischer oder irregulärer Form und einem nominellem Durchmesser von 10, 5 oder 3 µm. Die vorher erwähnten Trennmechanismen können durch das Aufbinden verschiedener chemischer Gruppen auf die Oberfläche der Kieselgelteilchen realisiert werden. Diese bezeichnet man dann als modifizierte Phasen (engl. bonded phases).

Die Chromatographie-Anbieter führen eine große Auswahl an solchen Phasen. Trotzdem werden z.Zt. ungefähr 75% aller Arbeiten in der HPLC mit modifizierten Phasen, bei denen C-18-Alkylgruppen auf die Oberfläche der Kieselgelteilchen aufgebunden sind, realisiert. Diese Phasen bezeichnet man als ODS (Octadecylsilan) gebundene Phasen. Bei gebundenen Phasen ist die Art des Sorptionsmechanismuses oft nicht eindeutig, und daher werden z.Zt. viele theoretische und experimentelle Arbeiten mit dem Ziel der Aufklärung solcher Mechanismen durchgeführt.

Die in die Säule gepackten kleinen Teilchen setzen dem Lösemittelstrom einen beträchtlichen Widerstand entgegen, so daß die mobile Phase unter hohem Druck durch die Säule gepumpt werden muß. Die Säule hat typischerweise eine Länge zwischen 10 und 25 cm und einen Innendurchmesser von 4,6 mm. Diese Säulen sind relativ teuer. Da sie jedoch „wiederverwendbar" sind, verteilen sich die Kosten auf eine große Anzahl von Proben. Die Säule und alle Verbindungsleitungen müssen in der Lage sein, den entsprechenden Drücken standzuhalten. Zudem müssen sie auch gegenüber den eingesetzten Eluenten der mobilen Phase chemisch inert sein. Die Säulen werden gewöhnlich aus Edelstahl hergestellt. Einige Hersteller verwenden jedoch auch Glas oder Plastik.

In der analytischen HPLC pumpt man die mobile Phase normalerweise mit einem Fluß von 1 bis 5 ml/min durch die Säule. Wenn die Zusammensetzung der mobilen Phase konstant bleibt, bezeichnet man diese Methode als „isokratische" Elution. Im anderen Fall kann

1.1 Geschichte und Grundprinzipien

die Zusammensetzung der mobilen Phase auch in einer vorbestimmten Weise während der Trennung verändert werden; diese Technik bezeichnet man als „Gradientelution". Die Gradientelution verwendet man prinzipiell aus ähnlichen Gründen wie eine Temperaturprogrammierung in der GC. Sie ist notwendig, wenn der Bereich der Retentionszeiten der Probemoleküle in der Säule so groß ist, daß sie nicht in einer vernünftigen Zeit mit einem reinen Lösemittel oder Lösemittelgemisch eluiert werden können. In der Adsorptionschromatographie (Normalphasenchromatographie) werden unpolare Probemoleküle relativ schwach adsorbiert und können mit unpolaren Lösemitteln eluiert werden. Polare Moleküle werden stärker adsorbiert, und daher ist ein polares Lösemittel notwendig. Wenn die Probe Komponenten mit einem großen Polaritätsbereich enthält, kann die Trennung durch eine Änderung der Polarität des Lösemittelgemisches während der Trennung durchgeführt werden. In anderen Fällen kann die Änderung einer anderen Eigenschaften des Lösemittels (z.B. pH-Wert oder Ionenstärke) notwendig sein.

Nach Passieren der Säule werden die getrennten Probemoleküle durch einen Online-Detektor registriert. Am Detektorausgang liegt ein elektrisches Signal an, dessen Änderung durch einen potentiometrischen Schreiber, einen computergesteuerten Integrator oder Bildschirm dargestellt wird. Die meisten der in der HPLC eingesetzten Detektoren sind selektiv, d.h., daß sie nicht auf alle Moleküle, die in einem Gemisch enthalten sind, ansprechen. Z.Zt. gibt es noch keinen Universaldetektor für die HPLC, der mit der Empfindlichkeit und den sonstigen Vorteilen des Flammenionisationsdetektors (FID) in der GC vergleichbar wäre. Einige Probemoleküle sind in der HPLC schwierig zu detektieren und diese müssen daher, nachdem sie von der Säule eluiert werden, in eine detektierbare Form überführt werden. Diese Methode bezeichnet man als „Nachsäulenderivatisierung".

Wie bei anderen Arten der Chromatographie ist die Zeit, die das Probemolekül benötigt, um durch das chromatographische System zu wandern, bei den jeweiligen Bedingungen eine charakteristische Größe für das Probemolekül. Diese Zeit bezeichnet man als Retentionszeit. Jedoch wäre das alleinige Heranziehen von Retentionsdaten zur Identifikation unbekannter Proben so, als wenn man zur Identifizierung einer unbekannten organischen Verbindung alleine die Messung des Schmelzpunktes oder Siedepunktes heranziehen würde. Viele verschiedene Probemoleküle haben bei bestimmten Bedingungen identische Retentionszeiten. Die Chromatographie ist eine ausgezeichnete Methode zur Trennung von Gemischen, aber sie liefert nicht die notwendigen Informationen, die für eine eindeutige Identifizierungen der getrennten Komponenten erforderlich sind. Diese Informationen liefern die spektroskopischen Methoden, und daher ist es auch nicht verwunderlich, daß große Anstrengungen unternommen werden, um diese mit der HPLC zu koppeln. Z.B. sind einige Detektoren in der Lage, UV-Spektren der Probemoleküle aufzunehmen und zu speichern. Eine weitaus aussagekräftigere (aber sehr teure) Methode ist die direkte Kopplung der Flüssigkeitschromatographie mit der Massenspektroskopie. In beiden Fällen erlauben es moderne Methoden der Datenverarbeitung die aufgenommenen Spektren mit den in Bibliotheken gespeicherten Spektren von Standardsubstanzen zu vergleichen.

Nach welchen Kriterien entscheidet man, ob man ein Gemisch mittels GC oder HPLC trennt? In der GC werden die Proben in die Dampfphase überführt. Aus diesem Grund muß es möglich sein, das Gemisch unzersetzt in die Dampfphase zu bringen oder die Probe in thermisch stabile Derivate zu überführen. Nur ungefähr 20% aller chemischen Komponenten sind ohne irgendeine Probenmodifikation für die GC geeignet; die restlichen sind thermisch instabil oder nicht flüchtig. Dazu kommt noch, daß Substanzen mit stark polaren oder ionisierbaren funktionellen Gruppen oft ein schlechtes chromatographisches Verhalten in Form eines Tailings in der GC zeigen. In der HPLC ist die einzige Voraussetzung darin, daß sich die Probe in einem Lösemittel lösen muß. Daher ist die HPLC im allgemeinen die bessere Methode für Makromoleküle, anorganische oder andere ionische Spezies, instabile Naturstoffe, Pharmazeutika und Biochemikalien.

In der GC gibt es nur eine Phase, die flüssige oder feste stationäre Phase, die für die Wechselwirkungen mit dem Probemolekül zur Verfügung steht. Da die mobile Phase ein Gas ist, sind alle gasförmigen Proben in jedem Verhältnis in ihr mischbar. In der HPLC können sowohl die stationäre Phase als auch die mobile Phase mit der Probe selektiver Wechselwirkungen eingehen. Wechselwirkungen wie Komplexierung oder Wasserstoffbrückenbindungen, die in der mobilen Phase der GC nicht auftreten, können jedoch in der mobilen Phase in der HPLC stattfinden. Die Vielfalt dieser selektiven Wechselwirkungen kann auch durch geeignete chemische Modifizierung der Kieselgeloberfläche erweitert werden. Aufgrund all dieser Tatsachen ist die HPLC eine vielseitigere Methode als die GC, und es lassen sich oft schwierige Trennprobleme relativ leicht lösen.

In Fällen, in denen man beide Methoden einsetzen kann, entscheidet man sich normalerweise für die GC. Ein Grund dafür ist, daß die HPLC sowohl in der Anschaffung der Geräte als auch im Unterhalt die teurere Methode ist. Zudem sind GC-Trennungen oft schneller und empfindlicher.

1.2 Instrumentelle Grundausstattung

Obwohl die Funktionsweise einer HPLC-Apparatur ausführlich in den Kapiteln 3 bis 5 diskutiert wird, wird sie in diesem Abschnitt kurz behandelt. Sie haben beim Lesen des Abschnitts 1.1 entnommen, daß eine HPLC-Anlage aus einer Hochdruckpumpe und einem Vorratsgefäß für die mobile Phase, einer Säule, einer Injektionseinheit für die Probenaufgabe, einem on-line-Detektor und einer Einheit zur Aufzeichnung des Detektorsignals besteht. Bild 1a zeigt schematisch den Aufbau eines Hochleistungsflüssigkeitschromatographen mit der Anordnung der verschiedenen Komponenten.

1.2 Instrumentelle Grundausstattung

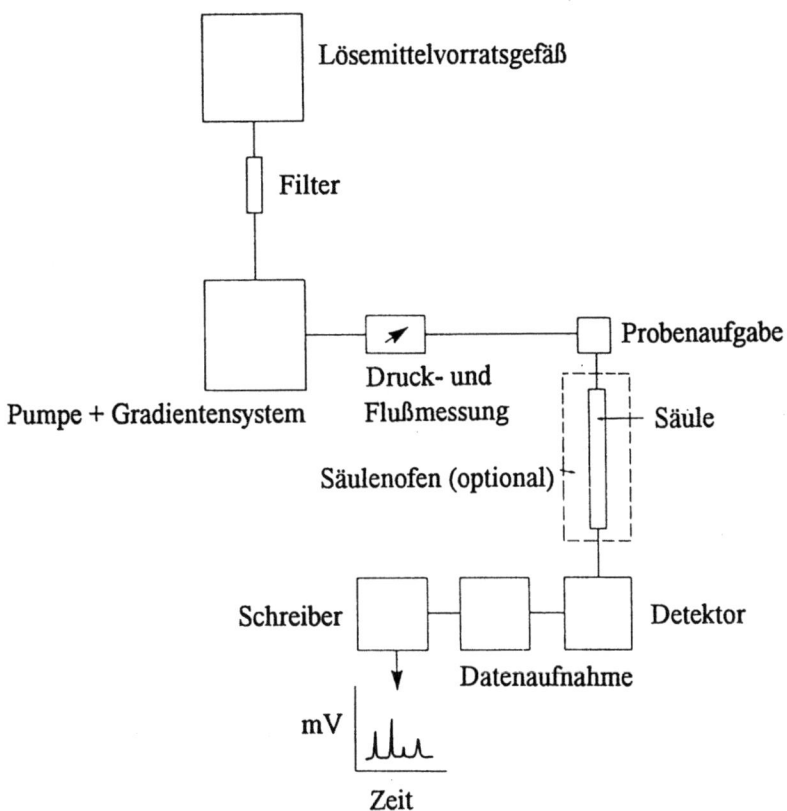

Bild 1.2a Schema eines Hochleistungsflüssigkeitschromatographen

In der HPLC kann die mobile Phase Wasser, organische Lösemittel oder Puffer entweder in reiner Form oder in Mischungen enthalten. Jedes Teil des Systems, das mit der mobilen Phase in Kontakt kommt, muß aus Materialien sein, die nicht durch eines der eingesetzten Lösemittel angegriffen wird. Diese Teile sind für gewöhnlich aus Edelstahl, PTFE oder einem anderen Kunststoff. Manchmal werden auch andere Materialien für die Pumpe verwendet, z.B. Saphir, Rubin und Keramiken. Alle Teile auf der Hochdruckseite, d.h. vom Pumpenauslaß bis zum Ende der Säule, müssen in der Lage sein, die entsprechenden Drücke auszuhalten.

Eine andere wichtige Überlegung beim Aufbau der Apparatur ist, daß zwischen dem Punkt, wo die Probe aufgegeben wird, bis zu dem Punkt, wo sie detektiert wird, das Totvolumen in dem System möglichst klein gehalten werden muß. Streng genommen bezeichnet man als Totvolumen die Volumina des chromatographischen Systems, die nicht durch die mobile Phase ausgefüllt werden. Mit Totvolumen meint man jedoch im allgemeinen das „Extra-Column-Volumen". Das „Extra-Column-Volumen" ist das Volumen zwischen Probenaufgabe und Detektionspunkt mit Ausnahme der Säule, die die stationäre Phase enthält. Ein Totvolumen führt zu nicht unerheblichen Verlusten an Effizienz (Bilder 2.5a und 9.3b zeigen dies an Beispielen). Natürlich gibt es auch in der Säule selbst Totvolumina, nämlich der Raum, der nicht durch die stationäre Phase eingenommen wird.

Ursachen für Totvolumina sind die Probenaufgaben, Kapillaren und Anschlußstücke auf jeder Seite der Säule und die Detektorzelle. Man sollte daher möglichst kurze Kapillaren mit geringen Innendurchmessern für die Verbindungen zwischen Probenaufgabe - Säule und Säule - Detektor verwenden. Auch die Probenaufgabe und der Detektor müssen so konstruiert werden, daß das interne Volumen so klein als möglich ist. Ebenso sollte das Totvolumen vor der Probenaufgabe (zwischen Pumpe und Probenaufgabe) minimiert werden, da dies die Zeit, ab wann sich die Änderung der Zusammensetzung der mobilen Phase (im Gradient) auswirkt, verringert.

Bild 1.2b zeigt eine Umkehrphasen(RP)-Trennung eines Testgemisches auf einer modifizierten Kieselgelphase. Es ist zu sehen, mit welcher Geschwindigkeit ein solches komplexes Gemisch getrennt werden kann, wenn man bei günstigen Bedingungen arbeitet.

1.2 Instrumentelle Grundausstattung

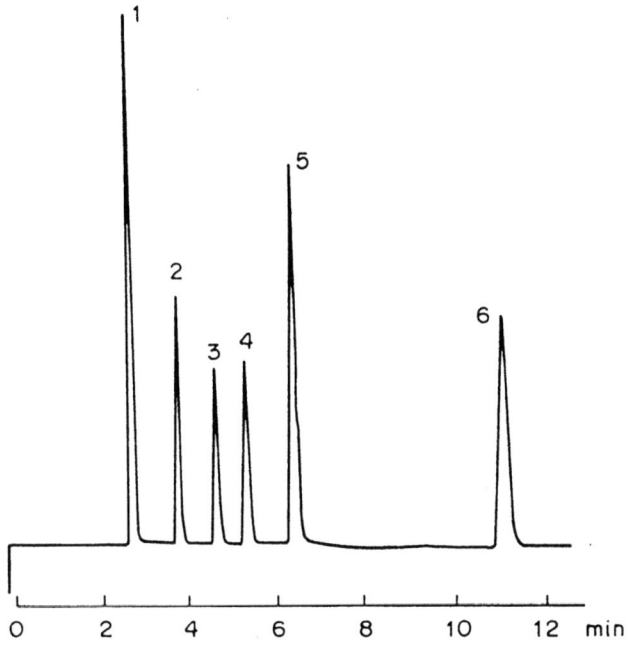

Bild 1.2b Chromatogramm eines Testgemisches

Säule:	Apex 5µm C-18, 25 cm x 4,6 mm
Mobile Phase:	Methanol - Wasser 65/35
Fluß:	0,5 ml/min.
Detektor:	UV-Absorption, 254 nm
Probemoleküle:	1. Uracil
	2. Phenol
	3. Acetophenon
	4. Nitrobenzol
	5. Methylbenzoat (Benzoesäuremethylester)
	6. Toluol

Übung 1a

Wählen Sie jeweils eine der folgenden Antworten (i) bis (iv) für die folgenden Fragen:

1. Eine Normalphasentrennung in der HPLC bedeutet:

(i) Ein modifiziertes Kieselgel wird als stationäre Phase eingesetzt;
(ii) die mobile Phase ist polarer als die stationäre Phase;
(iii) die mobile Phase ist weniger polar als die stationäre Phase;
(iv) ein unpolares Lösemittel wird als mobile Phase verwendet.

2. In der HPLC bezeichnet man den Einsatz eines einzigen Eluenten für die ganze Trennung als:

(i) Normale Elution;
(ii) Umkehrelution;
(iii) Isokratische Elution;
(iv) Frontelution.

3. Gradientelution setzt man ein bei:

(i) Mischungen aus polaren und unpolaren Komponenten;
(ii) Mischungen von Komponenten mit großen Unterschieden in ihren Molekülmassen;
(iii) Mischungen von Komponenten mit unterschiedlicher Flüchtigkeit;
(iv) eng verwandten Komponenten.

4. Eine Derivatisierung benötigt man in der HPLC für:

(i) Die Verbesserung der Empfindlichkeit;
(ii) sehr polare Komponenten;
(iii) nicht flüchtige Komponenten;
(iv) Komponenten, die thermisch instabil sind.

Übung 1b

Vervollständigen Sie die folgenden Definitionen für die Flüssigkeitschromatographie. Wählen Sie für jeden Platz jeweils ein Wort von den unten angegebenen Gruppen.
Die Flüssigkeitschromatograpie ist eine Methode für die ....von Gemischen, bei denen die Probe in ein System von zwei....................injiziert wird. Unterschiede in...................., die die Probemoleküle zeigen, bewirken, daß sie mit unterschiedlicher Geschwindigkeit in....................wandern.

(i) Analyse, Trennung, Bestimmung;
(ii) Substanzen, Chemikalien, Phasen;
(iii) Adsorption, Verteilung;
(iv) Flüssigkeit, mobile Phase, System .

Übung 1c

Für welche der folgenden Problemstellungen wäre die HPLC als Analysemethode geeignet?

(i) Bestimmung der Zusammensetzung eines Zigarettenanzünderbenzins;
(ii) Analyse von Ascorbinsäure (Vitamin C) in einer Vitamin C-Tablette;
(iii) Bestimmung des Gehalts von Coffein in einem Softdrink;
(iv) Trennung eines Gemisches von natürlich vorkommenden Zuckern;
(v) Trennung eines Gemisches von Aminen.

1.3 Zusammenfassung

Es wurde kurz beschrieben, wie sich die moderne Flüssigkeitschromatographie aus den klassischen Techniken entwickelt hat. Die wichtigsten Komponenten eines Hochleistungsflüssigkeitschromatographen wurden kurz erläutert.

Lernziele

Da Sie nun das Kapitel 1 abgeschlossen haben, sollten Sie:

- die Trennmechanismen in der HPLC aufzählen können;
- wissen, daß eine große Anzahl von Proben durch Anwendung dieser Technik getrennt werden kann;
- den Aufbau eines Hochleistungsflüssigkeitschromatographen verstehen;
- die typischen Materialien, die in HPLC-Geräten eingesetzt werden, kennen;
- die Notwendigkeit der Verringerung von Totvolumina in der Apparatur einsehen und die Ursache von Totvolumina erkennen.

2 Retention und Bandenverbreiterung

Dieser Abschnitt behandelt kurz einige Möglichkeiten, mit denen die Güte einer chromatographischen Trennung beschrieben werden kann. Ferner werden die Faktoren, die die Trennung beeinflussen, und die dazu benutzt werden, die HPLC-Methoden zu verbessern, beschrieben. Es muß möglich sein, zu beschreiben, wo im Chromatogramm unsere Substanzen eluiert werden, ob sie voneinander getrennt sind oder nicht, und wenn ja, wie effizient diese Trennung ist. Wir müssen in der Lage sein, dies in Zahlen fassen zu können.

2.1 Retentionsmessung

Bild 2.1a zeigt eine Messung, die zur Quantifizierung der Ergebnisse durchgeführt wurde. Die beiden großen Peaks stammen von Substanzen, die auf der Säule retardiert wurden, der kleine Peak zeigt eine unretardierte Probe, d.h. eine Probe, die durch die Säule mit der Geschwindigkeit der mobilen Phase wandert. Die Zahlen t_{R1}, t_{R2} und t_0 sind die Retentionszeiten dieser drei Verbindungen, die (wie in Bild 2.1a dargestellt) als Zeiten, Lösemittelvolumen oder Schreiberstrecken gemessen werden können.

Obwohl ein Peak im Chromatogramm durch seine Retentionszeit identifiziert werden kann, ist es besser, zur Peak-Identifizierung den Kapazitätsfaktor (k-Wert, früher: k'-Wert) zu verwenden, weil dieser unabhängig von der Säulenlänge und dem Fluß der mobilen Phase ist. Der k-Wert kann nach folgender Formel bestimmt werden:

$$k = \frac{t_R - t_0}{t_0} \qquad (2.1a)$$

Man versucht den Kapazitätsfaktor im Bereich zwischen 1 und 10 zu halten. Ist der k-Wert zu niedrig, sind die Peaks oft nicht ausreichend aufgelöst. Bei zu hohen k-Werten ist die Analysenzeit zu lang.

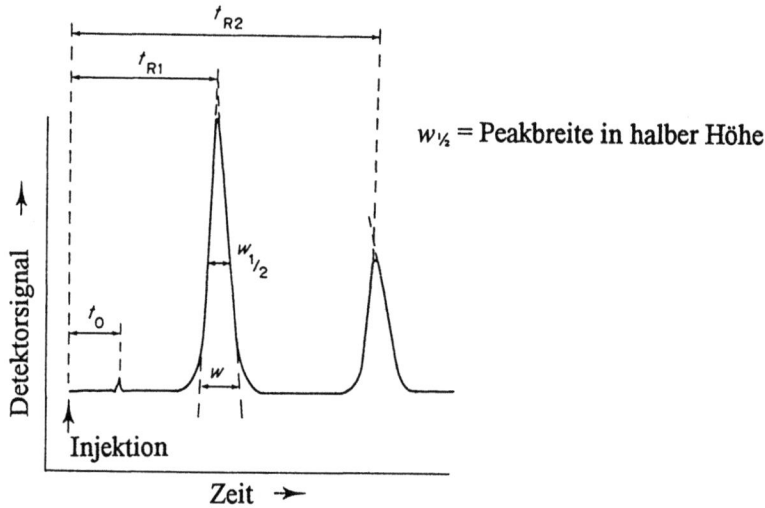

Bild 2.1a Messung der Retention und Bandenverbreiterung

Der Kapazitätsfaktor gibt an, wo die Peaks relativ zu einer unretardierten Probe eluieren. Die Trennung zweier Peaks voneinander wird durch die Selektivität oder den „Trennungsfaktor" α, der als Verhältnis der beiden k-Werte der entsprechenden Verbindungen definiert ist, beschrieben. Nach Übereinkunft wird diese Gleichung immer so geschrieben, daß $\alpha \geq 1$ ist.

$$\alpha = \frac{k_2}{k_1} = \frac{t_{R\,2} - t_0}{t_{R\,1} - t_0} \tag{2.1b}$$

Ein Maß für die Trennung einer Komponente von einer anderen ist die Auflösung (R_S), die aus der Differenz der Retentionszeiten der beiden Verbindungen dividiert durch ihre durchschnittlichen Basisbreiten berechnet werden kann.

$$R_s = \frac{t_{R_2} - t_{R_1}}{0{,}5\left(w_1 + w_2\right)} \tag{2.1c}$$

Die Werte für t und w können auch hier in Volumen-, Zeit-, oder Längeneinheiten in die Gleichung eingesetzt werden, solange man für t und w die gleichen Einheiten benutzt. Sind zwei Peaks basisliniengetrennt, so ist $R_S = 1{,}5$. Bild 2.1b zeigt, wie die Messung für ein nur teilweise aufgelöstes Peakpaar funktioniert.

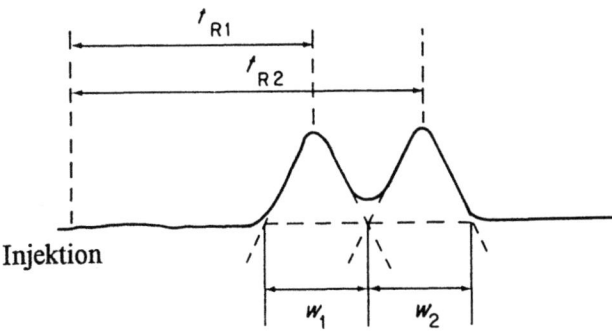

Bild 2.1b Messung der Auflösung

2.2 Effizienz einer Säule

Eines der Probleme mit jeglicher Art von Chromatographie ist, daß beim Wandern einer Probe durch das System die Probe einer Bandenverbreiterung unterliegt. Je effizienter die chromatographische Säule, umso weniger stark tritt diese Bandenverbreiterung in Erscheinung. Wie aus Bild 2.1b ersichtlich, ist eine Säule ist umso effizienter, je schmaler w_1 und w_2 bei gegebenen Retentionszeiten t_{R1} und t_{R2} wird. Als Maß für die Effizienz benutzt man die Bodenzahl (N) oder Bodenhöhe (H), die folgendermaßen definiert sind:

$$N = 16\left(\frac{t_R}{w}\right)^2 \tag{2.2a}$$

oder:

$$N = 5{,}54\left(\frac{t_R}{w_{1/2}}\right)^2 \tag{2.2b}$$

$$H = \frac{L}{N}, \tag{2.2c}$$

wobei L = Säulenlänge

Von den beiden Größen wird die Bodenhöhe im allgemeinen bevorzugt, weil sie die Effizienz pro Säulenlänge angibt und sie damit zu direkten Vergleichen herangezogen werden kann. Die Bodenzahl hingegen kann einfach durch Vergrößern der Säulenlänge erhöht werden. Die Bodenzahl ist dimensionslos, wohingegen H in Längeneinheiten angegeben wird. Im allgemeinen steigt die Effizienz einer HPLC-Säule mit abnehmendem Teichendurchmesser des Packungsmaterials. Kommerziell erhältliche RP-Säulen besitzen 50.000 Böden pro Meter, wenn es sich um 5 µm Kieselgelteilchen und 25.000 Böden pro Meter, wenn es sich um 10 µm Kieselgelteilchen als Basismaterial handelt. Die Anzahl der Böden, die man für eine Trennung benötigt, hängt in erster Linie von der Art des Trennproblems ab. Viele Routineanalysen in der HPLC kommen mit wesentlich geringeren Effizienzen aus.

? Wie hoch wäre die typische Bodenhöhe einer 12,5 cm langen RP-HPLC-Säule mit 5 µm Teilchen als Basismaterial?

$$\text{etwa, } N = \frac{50.000}{8} = 6.250$$

$$H = \frac{125}{6.250} = 0{,}02 \text{ mm} = 20 \mu\text{m}$$

2.3 Die Auflösung

Die Gleichung 2.3a zeigt die Abhängigkeit der Auflösung von der Selektivität, dem Kapazitätsfaktor und der Bodenzahl zweier Peaks und ist die Schlüsselgleichung zur Optimierung der Auflösung in der Chromatographie.

Die Auflösung kann definiert werden als:

$$R_S = 0{,}25 \left(\frac{\alpha - 1}{\alpha} \right) \left(\frac{\overline{k}}{1 + \overline{k}} \right) \sqrt{N} \tag{2.3a}$$

wobei $\overline{k}$ der durchschnittliche k-Wert und N die durchschnittliche Bodenzahl der beiden Peaks ist.

Die Gleichung zeigt, daß für eine gewünschte Auflösung drei Bedingungen erfüllt sein müssen:

(a) Die Peaks müssen voneinander getrennt sein ($\alpha > 1$)
(b) Die Substanzen müssen auf der Säule retardiert werden ($k > 0$)
(c) Die Säule muß eine gewisse Bodenzahl besitzen

Der Einfluß jeder dieser drei Faktoren (α, $\overline{k}$ und N) auf die Auflösung kann unabhängig von den beiden anderen diskutiert werden. Wenn wir konstante Selektivitäten und Bodenzahlen annehmen, ist die Auflösung proportional zu $\overline{k}/(1+\overline{k})$. Die Auftragung der Abhängigkeit $\overline{k}$ gegen $\overline{k}/(1+\overline{k})$ ist in Bild 2.3a(i) dargestellt. Der Grenzwert des Terms $\overline{k}/(1+\overline{k})$ ist 1. Wenn wir $\overline{k}$ erhöhen, ändert sich die Auflösung zwischen den beiden Peaks zunächst stark; bei höheren $\overline{k}$-Werten nimmt dieser Effekt aber stark ab. Bei $\overline{k} = 5$ haben wir 83%,

2.3 Die Auflösung

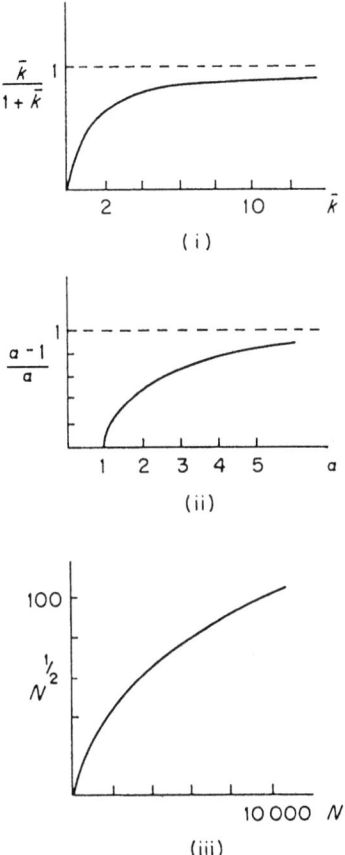

Bild 2.3a Effekt der Änderung von $\bar{k}$, α und N auf die Auflösung

bei $\bar{k} = 9$ sind 90% des Grenzwertes erreicht. Die optimalen Werte für $\bar{k}$ liegen zwischen 1 und 10, ein wenig Auflösung kann noch bei höheren $\bar{k}$-Werten gewonnen werden. Hohe $\bar{k}$-Werte bedeuten aber immer auch lange Analysenzeiten. Der Kapazitätsfaktor wird weitgehend durch die Zusammensetzung der mobilen Phase bestimmt.

Wenn $\alpha > 1$, ist der Grenzwert für den Term $(\alpha-1)/\alpha$ ebenfalls 1. Dieser Term steigt allmählich mit Erhöhung von α an, allerdings weniger stark als der erste Term mit Erhöhung von $\bar{k}$. Wenn $\alpha = 2$ (in der Praxis bereits eine große Selektivität) ist, haben wir erst 50% des Grenzwertes erreicht (s. Bild 2.3a (ii)). Die Auflösung hängt am empfindlichsten von α ab, wenn der R_S-Wert in der Gegend um 1 liegt, aber auch bei höheren R_S-Werten begünstigt eine Erhöhung von α die Auflösung.

Die Selektivität kann entweder durch die Art der stationären Phase oder durch die Art und Zusammensetzung der mobilen Phase verändert werden.

Die Änderung der Auflösung mit der Bodenzahl befolgt eine Quadratwurzelfunktion, die anfänglich steil von Null, aber dann bei höheren N-Werten langsamer ansteigt (s. Bild 2.3a(iii)). Um die Auflösung zu verdoppeln, muß N um den Faktor 4 erhöht werden, was in der Praxis nur schwer zu realisieren ist. Die Bodenzahl kann durch Variation der Säulenlänge, der Teilchendurchmesser oder des Flusses beeinflußt werden. Wenn wir N erhöhen, indem wir einfach die Säulenlänge vergrößern, führt dies zu längeren Analysenzeiten und zu einem höheren Druckabfall über der Säule. Obwohl die Säule eine wichtige Rolle spielt, lohnt es sich am wenigsten, N zu erhöhen, um die Auflösung zu verbessern.

Bild 2.3b zeigt, was mit zwei teilweise aufgelösten Peaks passiert, wenn $\bar{k}$, N oder α verändert wird. Wenn wir N erhöhen und sonst alles konstant halten, erscheinen die beiden

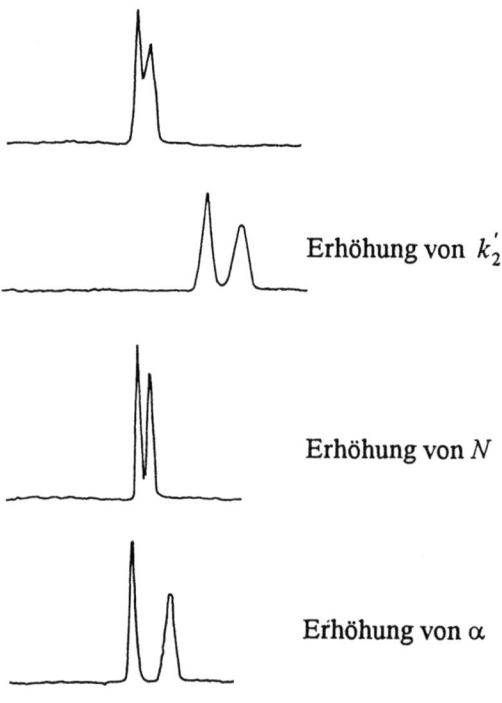

Bild 2.3b Einfluß der Änderung von $\bar{k}$, N und α auf das Chromatogramm

Substanzen an derselben Stelle des Chromatogramms. Die Auflösung wird jedoch besser, weil die Breite der Peaks abnimmt. Eine Erhöhung von $\bar{k}$ verbessert die Auflösung, weil die Substanzen länger in der stationären Phase verweilen (dies erhöht jedoch die Analysenzeit). Eine Erhöhung der Selektivität verschiebt einen der beiden Peaks relativ zu dem anderen.

In der Praxis ist mit einer Änderung von α und $\bar{k}$ immer auch eine Änderung eines weiteren oder sogar der beiden anderen Faktoren verbunden. Aus diesem Grund ist man bei

2.3 Die Auflösung

der Entwicklung einer HPLC-Methode immer bis zu einem gewissen Maß auf die „Trial and Error"- Methode angewiesen. Dies wird in Kapitel 8 an einigen Beispielen demonstriert.

Übung 2.3a

Das Chromatogramm in Bild 2.3c hat einige nur teilweise aufgelöste Peaks. Unter der Annahme, daß der erste Peak eine nichtretardierte Probe sei, wird die Zeit, bei der dieser Peak eluiert, als Totzeit t_0 definiert.

(i) Zeichnen Sie die Abszisse ins Chromatogramm ein und markieren Sie die k-Werte von 0 bis 5 auf der Achse.
(ii) Bestimmen Sie den k-Wert für jeden Peak.
(iii) Messen Sie die Peakbreiten und berechnen Sie die Auflösung zwischen den Peakpaaren 1 und 2, 2 und 3 und 4 und 5. Für die Peaks, die nur teilweise aufgelöst sind, müssen Sie den linearen Teil jedes Peaks auf die Basislinie extrapolieren. (vgl. Bild 2.1b).
(iv) Berechnen Sie die Selektivität jedes Peaks (2 und 3, 3 und 4 sowie 4 und 5).
(v) Berechnen Sie für die letzten beiden Peaks die Bodenzahl N sowie die Bodenhöhe H der Säule unter Verwendung der Formeln 2.2b und 2.2c (die Säule ist 25 cm lang und besitzt keine sehr gute Effizienz).

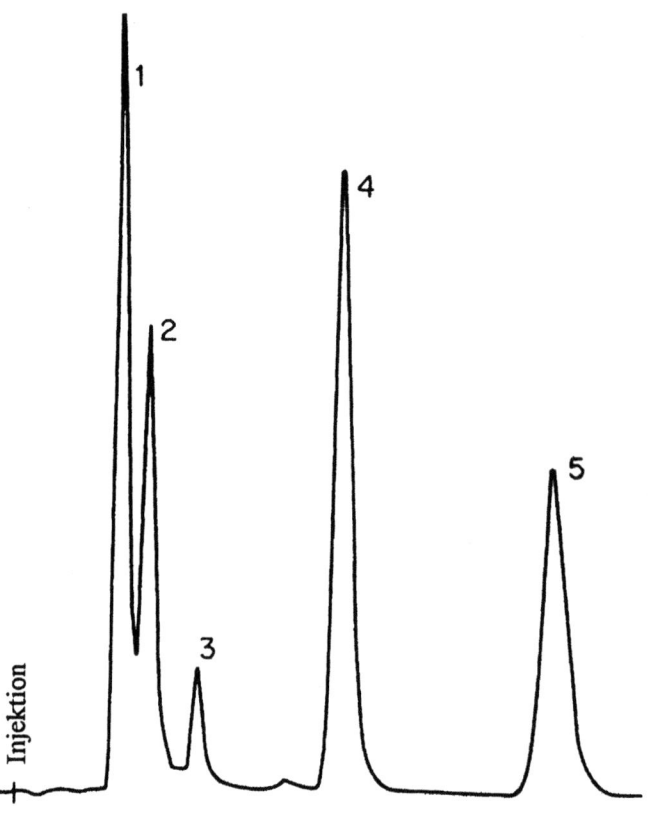

Bild 2.3c Chromatogramm zur Übung 2.3a

Übung 2.3b

Im Chromatogramm der Bild 2.3d beträgt die Retentionszeit der Peaks 4 und 6 354 respektive 373 s. Die Säule hat 3500 Böden und t_0 wurde für das System mit 123 s bestimmt.

2.4 Die Bandenverbreiterung

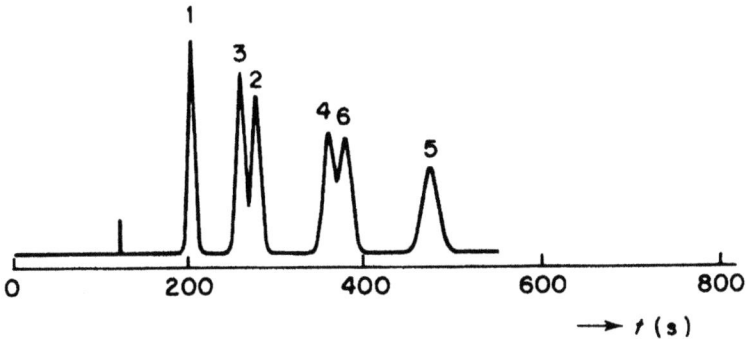

Bild 2.3d Chromatogramm zur Übung 2.3b

(i) Berechnen Sie die Auflösung zwischen den Peaks 4 und 6 unter Verwendung der Gleichung 2.3a.
(ii) Welche Bodenzahl ist notwendig, um eine Basislinientrennung für diese beiden Peaks zu erreichen (bei gleicher mobiler Phase).
(iii) Nun erhöht man die Retentionszeit dadurch, daß wir der mobilen Phase mehr Wasser zusetzen. Berechnen Sie - unter der Voraussetzung, daß α und N dieselben Werte wie in (i) hat - die k-Werte für die Peaks 4 und 6, wenn die Auflösung zwischen ihnen 1 beträgt.
(iv) Wie lange würde es dauern, Peak 6 unter den Bedingungen von (iii) zu eluieren?

Übung 2.3c

Ein Gemisch aus zwei Substanzen soll im präparativen Maßstab unter Verwendung einer Säule mit einer Bodenzahl von 1000 getrennt werden. Eine Auflösung von 1,2 wird benötigt. Das Gemisch wird zunächst auf einer analytischen Säule mit $N = 7000$ getestet. Es wird angenommen, daß die Kapazitätsfaktoren für beide Säulen gleich sind. Wie groß muß die Auflösung auf der analytischen Säule mindestens sein, um die gewünschte Auflösung auf der präparativen Säule zu erzielen?

2.4 Die Bandenverbreiterung

Es gibt drei Faktoren, die für die Bandenverbreiterung einer Probe beim Wandern durch die Säule verantwortlich sind.

A. Eddy-Diffusion

Die Eddy-Diffusion liegt in der Tatsache begründet, daß eine Probe aufgrund unterschiedlicher Flußwege in der Säule unterschiedlich lange Wege zurücklegen muß. Diese Wegstreckenunterschiede entstehen durch die unterschiedlichen Formen und Teilchengrößen der stationären Phase sowie durch Lücken im Packungsbett der Säule. Wenn alle Probemoleküle mit derselben Geschwindigkeit wandern, legen die Moleküle in einer gegebenen Zeit unterschiedliche Wegstrecken zurück. In der Praxis erfolgt die Wanderung der Proben in breiteren Kanälen schneller als in engeren. Selbst im selben Flußkanal wird ein Molekül in der Mitte des Stroms schneller wandern als in der Nähe der stationären Phase (vgl. Bild 2.5b unten). Um die Bandenverbreiterung bzgl. der Eddy- Diffusion zurückzudrängen, muß eine Säule mit möglichst kleinen Teilchen, die zudem eine enge Teilchengrößenverteilung besitzen, gepackt werden.

Unglücklicherweise kann man die Teilchengrößenverteilung mit abnehmender Teilchengröße immer schwieriger steuern. Die seitliche Diffusion, d.h. die Bewegung der Moleküle in radiale Richtung durch die Säule, erniedrigt die Bandenverbreiterung, weil dieser Prozeß dazu beiträgt, daß sich die Geschwindigkeiten der Spezies in der Säule angleichen.

Je länger die Probe in der Säule bleibt, umso größer ist die Radialdiffusion, so daß die Eddy-Diffusion nur wenig vom Fluß abhängt. Der Einfluß ist bei kleinen Flüssen am geringsten.

B. Die Longitudinal-Diffusion

Die Bandenverbreiterung in der Säule steigt auch durch die Diffusion der Moleküle in Längsrichtung (also axial). In der Gaschromatographie ist dies der wichtigste Faktor, der zur Bandenverbreiterung beiträgt. In der Flüssigkeitschromatographie spielt die Longitudinal- Diffusion wegen des viel geringereren Diffusionskoeffizienten (etwa $10^3 - 10^4$ mal geringer als in der GC) eine untergeordnete Rolle. Dieser Effekt fällt mit zunehmender Verweildauer der Moleküle in der Säule immer stärker ins Gewicht. Im Gegensatz zur Eddy-Diffusion kann man die Auswirkung der Longitudinal-Diffusion durch Erhöhung des Flusses der mobilen Phase erniedrigen.

C. Die Massentransport-Effekte

Diese Effekte tragen mit zur Bandenverbreiterung bei, weil die Adsorptions-Desorptions-Kinetik der Probemoleküle zwischen der mobilen und der stationären Phase langsamer ist als die Geschwindigkeit der Moleküle in der mobilen Phase. Wenn ein Probemolekül mit der stationären Phase in Wechselwirkung tritt, verbringt es in und auf der stationären Phase eine gewisse Zeit, bevor es wieder von der mobilen Phase weitertransportiert wird. In dieser Zeit verliert das Molekül Zeit gegenüber den Molekülen, die an dieser Stelle nicht mit der stationären Phase in Wechselwirkung getreten sind. Die Teilchen der stationären Phase

2.4 Die Bandenverbreiterung

besitzen außerdem meist eine poröse Struktur. In den inneren Poren ist der Fluß der mobilen Phase geringer oder evtl. sogar gleich Null. Probemoleküle, die in diese Poren gelangen, müssen durch Diffusionsprozesse zunächst an die Oberfläche der stationären Phase gelangen. Probemoleküle, die den langen Weg in die Poren und wieder zurück wandern, bleiben natürlich hinter den Molekülen zurück, die direkt an der Oberfläche adsorbiert werden oder die nur ein kleines Stück in die Poren wandern.

? Werden diese Massentransport-Effekte größer oder kleiner mit steigender Flußgeschwindigkeit der mobilen Phase?

Die Massentransport-Effekte werden umso größer, je höher die lineare Flußgeschwindigkeit ist. Durch geringere Flußgeschwindigkeiten kann also die Bandenverbreiterung aufgrund von Massentransport-Effekten zurückgedrängt werden. Ebenfalls kann durch Verwendung kleinerer Teilchen oder Teilchen mit kleineren Porendurchmessern bzw. unporösen Teilchen, sowie der Verwendung niedrigviskoser Lösemittel als mobile Phase die Bandenverbreiterung aufgrund Massentransport-Effekten minimiert werden. Eddy-Diffusion und Massentransport-Effekte sind in Bild 2.4a dargestellt.

Wir haben festgestellt, daß die Bandenverbreiterungsmechanismen in unterschiedlicher Weise durch die Flußgeschwindigkeit der mobilen Phase beeinflußt werden. Um die Bandenverbreiterung bzgl. der Longitudinal-Diffusion möglichst gering zu halten, benötigen wir eine hohe Flußgeschwindigkeit, wohingegen dies zur Erhöhung der Bandenverbreiterung bzgl. der anderen beiden Effekte führt. Dies legt nahe, daß es eine optimale Flußgeschwindigkeit gibt, bei der die Verbindung der drei Effekte zu einer minimalen Bandenverbreiterung führt. Dies kann in der Praxis beobachtet werden, wenn wir N oder H (was ein Maß für die Bandenverbreiterung darstellt) gegen die lineare Flußgeschwindigkeit u oder den Fluß der mobilen Phase auftragen. Das Resultat ist der wohlbekannte Van-Deemter-Plot (Bild 2.4b), in dem die Bodenhöhe einer Säule als die Summe der verschiedenen Bandenverbreiterungsmechanismen dargestellt wird. Die vereinfachte Van-Deemter-Gleichung lautet:

$$H = A + \frac{B}{u} + C \cdot u \tag{2.4a}$$

A ist der Eddy-Diffusions-Term und unabhängig von u (in der Praxis steigt A allerdings geringfügig mit zunehmendem u). B ist der Longitudinal-Diffusions-Term, C ist der Massentransport-Term.

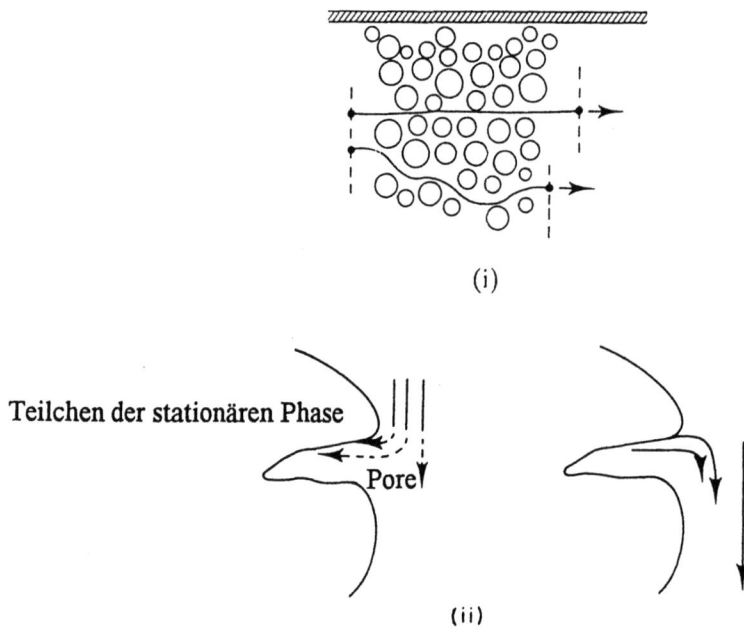

Bild 2.4a

(i) Eddy-Diffusion
Zwei Moleküle starten am selben Ort der Säule. Wenn beide mit derselben Geschwindigkeit wandern, wird das Molekül mit dem einfacheren Flußkanal in einer gegebenen Zeit in Längsrichtung eine größere Strecke in der Säule zurücklegen. Die Flußstreckenunterschiede sind in der Nähe der Säulenwand größer, weil dort die Packung uneinheitlicher ist.

(ii) Massentransport
Probemoleküle, die in die Poren der stationären Phase diffundieren und mit ihr wechselwirken, bleiben hinter den Molekülen zurück, die an der stationären Phase vorbeiströmen.

Die Steigung der resultierenden Kurve nach dem Minimum hängt vom Teilchendurchmesser der stationären Phase und vom Durchmesser der Säule ab. In der analytischen HPLC, wo kleine Teilchen als stationäre Phase in relativ engen Säulen verwendet werden, ist die Kurve oft viel flacher als in dem Bild angedeutet wird. Das bedeutet, daß wir dort relativ hohe Flußgeschwindigkeiten einsetzen können, ohne allzugroßen Effizienzverlust. Höhere Flußgeschwindigkeiten führen zu kürzeren Analysenzeiten.

2.5 „Extra-Column-Effects"   23

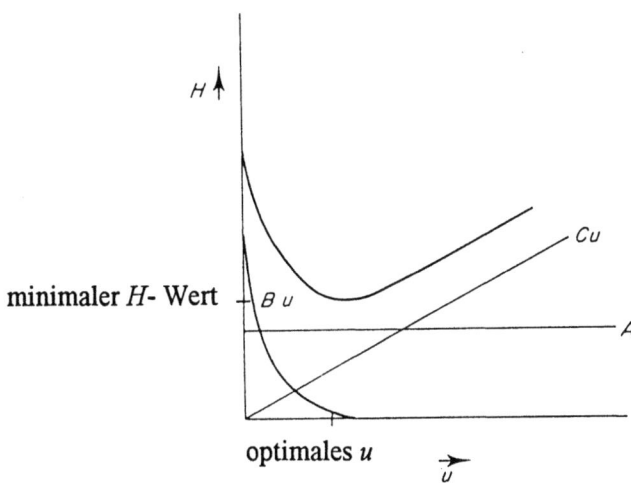

Bild 2.4b Van-Deemter-Plot. Die obere Kurve stellt die Summe der drei Bandenverbreiterungsmechanismen dar

2.5 „Extra-Column-Effects"

Außerhalb der Säule kann Bandenverbreiterung durch Totvolumina im Injektor, im Detektor sowie in den Zuleitungen verursacht werden. Die Kombination aus all diesen Bandenverbreiterungen bezeichnet man als „Extra-Column-Effects". Bild 2.5a zeigt an einem Beispiel diese Effekte, indem verschiedene Totvolumina zwischen Säule und Detektor eingebaut wurden und Bild 9.3b zeigt die Bandenverbreiterung, die durch Totvolumina am Säulenkopf zustande kam. Aus diesen Beispielen erkennt man, daß die Bandenverbreiterung mit einem erheblichen Verlust an Trennleistung verbunden sein kann. Wir können den Einfluß der Totvolumina untersuchen, indem wir die Peakbreite w in Bild 2.1a als ein Volumen betrachten und wir annehmen, daß allein die Säule für die Bandenverbreiterung verantwortlich ist; z.B. was man beobachten würde, wenn die Säule in einer idealen Apparatur betrieben werden würde, die keine Totvolumina besitzt. Nun stellen wir uns eine echte Apparatur vor, in der die Säule kurzgeschlossen ist, d.h. in der der Injektor direkt mit der Auslaßkapillare der Säule verbunden ist. Wenn wir nun eine Probe injizieren würden, würden wir einen Peak beobachten, dessen Breite w_A (gemessen in Volumeneinheiten) lediglich von den „Extra-Column-Effects" herrührt. Der größte Teil dieser Effekte entsteht durch das Strömen der Proben durch die Kapillaren und führt zu Bandenverbreiterungen wie in Bild 2.5b gezeigt.

Die Bedingungen für diese Chromatogramme finden Sie in Abschnitt 8.4.3.

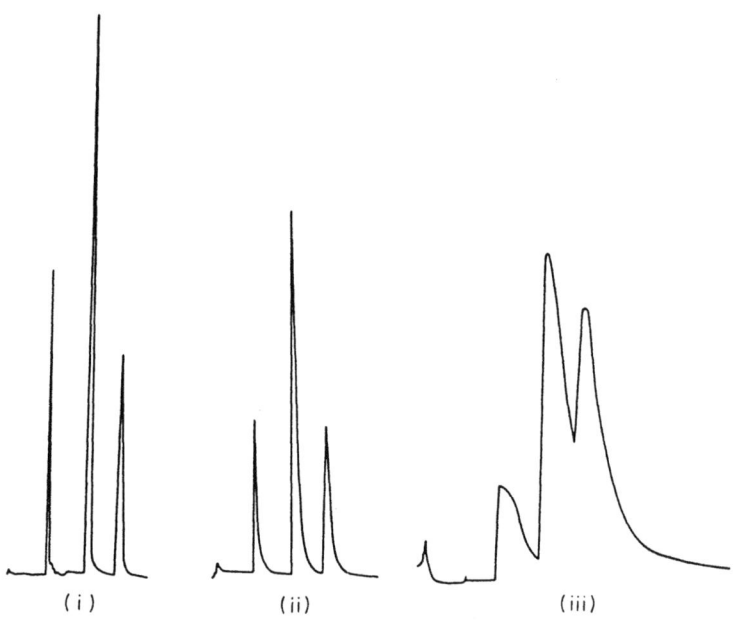

Bild 2.5a Bandenverbreiterung außerhalb der Säule

(i) Normales Chromatogramm
(ii) Chromatogramm, das man erhält, wenn man zwischen Säule und Detektor ein 15 cm langes Rohr mit 0,8 mm Innendurchmesser einbaut.
(iii) Chromatogramm, das beim Einbau eines 12,5 cm langen Rohres mit 4,6 mm Innendurchmesser erhalten wird.

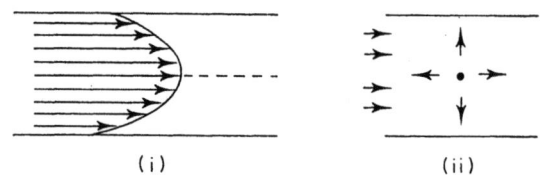

Bild 2.5b Bandenverbreiterung beim Fluß durch Röhren

(i) Die lineare Geschwindigkeit von Flüssigkeiten ändert sich über die Querschnittsfläche eines Rohres. Die Moleküle in der Mitte bewegen sich schneller als die in der Nähe der Wand.
(ii) Die Bandenverbreiterung kann auch durch Diffusion der Proben beim Fluß der mobilen Phase

2.5 „Extra-Column-Effects"

Angenommen, man benutzt die Säule wieder in unserem System. Die Breite unseres Probepeaks sei dann w_T. Dieser Wert ist wegen der Bandenverbreiterung außerhalb der Säule natürlich größer als w. Die Beziehung zwischen den drei Peakbreiten ist:

$$w_T^2 = w^2 + w_A^2 \qquad (2.5a)$$

Der Wert für w_A liegt in der Größenordnung von 40 bis 60 μl, es sei denn, die Apparatur wird für Applikationen mit engen oder kurzen Säulen benutzt. Dann braucht man noch geringere Totvolumina. Aus diesem Grunde untersuchen wir nun den Extremfall, wenn eine Inertsubstanz unretardiert mit der Geschwindigkeit der mobilen Phase durch die Säule wandert.

? Eine Säule ist mit 5 µm Kieselgelteilchen gepackt. Der Eluent beansprucht dabei 70% des Volumens der Säule. Berechnen Sie für eine 25 cm x 4,6 mm Säule:

(a) das Retentionsvolumen (in μl) einer unretardierten Probe;
(b) die Peakbreite w (in μl) einer unretardierten Probe. Benutzen Sie Gleichung 2.2a und nehmen Sie an, daß die Bodenzahl der Säule 10000 betragen würde;
(c) Die Breite w_T, die wir bei diesen Peak beobachten würden. Benutzen Sie Gleichung 2.5a unter der Annahme, daß die Bandenverbreiterung außerhalb der Säule 50 μl beträgt.

Denken Sie daran: 1 cm^3 = 1000 mm^3 = 1000 μl

(a) Das Retentionsvolumen einer unretardierten Probe ist gleich dem Volumen des Eluenten in der Säule.

$$\text{Volumen der leeren Säule} = \pi \cdot \left(\frac{4,6}{2}\right)^2 \cdot 250$$

$$= 4125 \ \mu\text{l}$$

Volumen des Eluenten in der Säule = 4155·0,7

$$= 2908,5 \ \mu\text{l}$$

(b) $10000 = 16 \cdot \left(\dfrac{2908,5}{w}\right)^2$

$w = 116,3 \ \mu$l

(c) $w_T^2 = 116,3^2 + 50^2$

$w_T = 126 \ \mu$l

Die Bandenverbreiterung außerhalb der Säule, die noch tolerierbar ist, hängt von der Säulendimension ab. In dem obigen Beispiel stieg der Wert für die Bandenverbreiterung um 8% aufgrund der „Extra-Column-Effects". Wenn wir die Bandenverbreiterung aufgrund dieser Effekte nicht weiter erhöhen wollen, sollte w nicht schmaler sein als oben errechnet. Diese Tatsache wiederum begrenzt das Retentionsvolumen sowie das Volumen der Säule selbst. Das kleinste Säulenvolumen, das wir noch benutzen können, wird von der Größe der Bandenverbreiterung außerhalb der Säule sowie von der Breite des Peaks, die wir noch als akzeptabel erachten, abhängen. In der Praxis kann die Bandenverbreiterung außerhalb der Säule ca. 10% der Gesamtbandenverbreiterung betragen. Dieser Wert wird noch als akzeptabel angesehen. In Zahlen heißt das: Bei einer 25 cm x 4,5 mm Säule sind 50 μl Totvolumen erlaubt.

Übung 2.5a

In Abschnitt 2.5 haben wir die Bandenverbreiterung außerhalb der Säule für einen unretardierten Peak unter Verwendung einer Säule mit $N = 10000$ berechnet. Die „Extra-Column-Effects" erniedrigen natürlich die Bodenzahl, was auch tatsächlich bei dieser Säule beobachtet wird. In der unteren Tabelle sind Retentionsvolumen, Peakbreite und Bodenzahl eines unretardierten Peaks auf dieser Säule aufgeführt.

(a) Vervollständigen Sie diese Tabelle, indem Sie die zu den Bodenzahlen 5000 bzw. 3000 die dazugehörigen Werte berechnen.
(b) Wie groß ist die prozentuale Abweichung der Bodenzahl jeder Säule bzgl. der „Extra-Column-Effects"?

N (ideal)	10000	5000	3000
V_R [μl]	2908,5	2908,5	2908,5
w [μl]	116		
w_T [μl]	126		
N (real)	8525		
% Abweichung von N			

2.6 Zusammenfassung

In diesem Kapitel wurde die Messung der Retention, der Auflösung und der Effizienz beschrieben und die Auflösungsgleichung diskutiert. Es wurde in die Thematik der Bandenverbreiterungsmechanismen sowie der Bandenverbreiterung außerhalb der Säule eingeführt.

Lernziele

Nachdem Sie Kapitel 2 gelesen haben, sollten Sie in der Lage sein:

- die Begriffe Kapazitätsfaktor, Selektivität und Auflösung zu definieren und diese aus einem Chromatogramm zu bestimmen;
- die Begriffe Bodenzahl und Bodenhöhe zu definieren und diese aus einem Chromatogramm zu bestimmen;
- die Auswirkungen des Kapazitätsfaktors, der Selektivität und der Bodenzahl auf die Auflösung zu erkennen;
- die Mechanismen, die zur Bandenverbreiterung beitragen, zu verstehen;
- den Effekt von Totvolumina auf die Säuleneffizienz beschreiben zu können.

Literatur

1. F. Simpson (Ed.), Techniques in Liquid Chromatography, Wiley, 1984, Kapitel 1 und 2.
2. P.A. Sewell, B. Clarke, ACOL Chromatographic Seperations, Wiley, 1987, Kapitel 2 und 3.
3. H. Knox (Ed.), High Performance Liquid Chromatography, Edinburgh University Press, 1982, Kapitel 2.
4. J. Schoenmakers, Optimisation of Chromatographic Selectivity, Elsevier, 1986, Kapitel 1.

3 Lösemittelförderung und Injektion der Probe

3.1 Eluentenvorratsgefäß

Das einfachste Vorratsgefäß besteht aus einer 1 l - Glasflasche mit einem Verschluß, der so aufgebohrt ist, daß ein PTFE-Schlauch mit 1/8 inch Innendurchmesser durchgesteckt werden kann, um die mobile Phase von dem Vorratsgefäß zur Pumpe zu befördern. Die Flüssigkeit, die in die Pumpe gelangt, sollte keinen Staub oder andere Schwebepartikel enthalten, da diese die Funktion der Pumpe beeinträchtigen und Schäden verursachen können, wenn sie in die Dichtungen und Ventile gelangen. Solche Verunreinigungen können sich auch am Säulenkopf anreichern, was ein unreproduzierbares Verhalten verursacht oder sogar zum Verstopfen der Säule führen kann. Um diese Fehlerquelle auszuschließen, filtriert man die mobile Phase, bevor sie in die Pumpe gelangt. Es gibt zwei Möglichkeiten. Einmal kann man ein Edelstahlfilterelement auf das Ende des PTFE-Schlauches im Vorratsgefäß aufstecken oder alternativ kann ein Online-Filter benutzt werden. Die Porengröße beträgt im Normalfall 2 μm.

Auch ist es wichtig, die gelöste Luft zu entfernen. Die gelöste Luft kann sich in der Pumpe oder im Detektor ansammeln. Störungen im Detektor sowie ein unregelmäßiges Pulsen der Pumpen können die Folge sein (im schlimmsten Fall fällt die Pumpe komplett aus). Wie man die mobile Phase in der Praxis entgast, wird in Abschnitt 9.2 beschrieben.

In Bild 3.1a ist das Schema eines kommerziell erhältlichen Lösemittelvorratsgefäßes dargestellt. Es besteht aus einem Schlauch zur Entgasung mit Helium, einem Filter und einem Entgaser. Die Form der Flasche ermöglicht es, daß fast die gesamte mobile Phase entnommen werden kann, ohne daß das Vorratsgefäß schräg gestellt werden muß. Der Entgaser ist ein nützliches Gerät zur Entfernung von Luftblasen, das man zwischen Vorratsgefäß und Pumpe einbaut. Das Vorratsgefäß ist außen mit einer UV-absorbierenden Schutzschicht überzogen.

3.2 Druck, Fluß und Temperatur

Der Druck auf der Säuleneinlaßseite kann das 200-fache des Atmosphärendrucks erreichen und die HPLC-Säulen werden sogar mit noch größeren Drücken gepackt (bis zu 700 atm).

3.2 Druck, Fluß und Temperatur

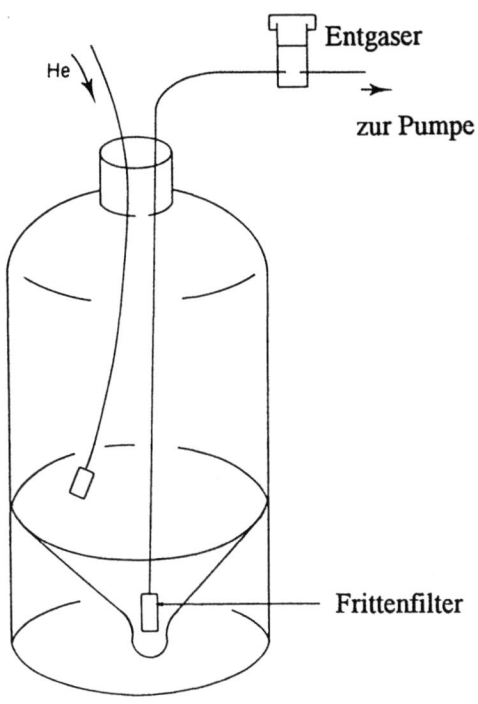

Bild 3.1a Vorratsgefäß für die mobile Phase

Die SI-Einheit des Drucks ist Pascal (1 Pa = 1 N/m^2); der normale Atmospährendruck entspricht ungefähr 10^5 Pa. Da es praktischer ist, mit kleinen Zahlen umzugehen, gibt man in der Praxis den Druck in bar, psi (pounds per square inch) oder manchmal auch in kg/cm^2 an. Ein bar ist definiert als 10^5 Pa, so daß 1 bar ungefähr dem normalen Atmosphärendruck entspricht. Sie müssen in der Lage sein, die Einheiten ineinander umzurechnen. Versuchen Sie, den Zusammenhang zwischen bar und psi herzuleiten.

1 pound = 0,4536 kg, 1 inch = 2,54 cm und g = 9,81 m/s^2

1 psi = eine Kraft von 0,4536 x 9,81 N, die auf eine Fläche von 0,0254^2 m^2 wirkt.

$$1 \text{ psi} = \frac{0{,}4536 \cdot 9{,}81}{0{,}0254} = 6897 \text{ Pa}$$

$$1 \text{ bar} = \frac{10^5}{6897} = 14{,}5 \text{ psi}$$

Die Umrechnungsfaktoren für kg/cm^2 sind: 1 kg/cm^2 = 0,981 bar = 14,2 psi.

Obwohl, wie bereits erwähnt, der Säuleneinlaßdruck bis zu 200 bar betragen kann, arbeitet man in der analytischen HPLC meistens bei Drücken zwischen 25 und 100 bar. Der Druck ist abhängig von der Säulenlänge, dem Teilchendurchmesser der stationären Phase, der Viskosität und dem Fluß der mobilen Phase. Da Flüssigkeiten kaum kompressibel sind, ist in ihnen bei hohen Drücken nicht viel Energie gespeichert und daher stellen die in der HPLC entstehenden Drücke keine Gefahr dar (allerdings sollten beim Säulenpacken entsprechende Vorsichtsmaßnahmen getroffen werden, da die eingesetzten Drücke viel höher sind). Die oben angesprochenen Drücke entsprechen Flüssen der mobilen Phase zwischen 1 und 5 ml/min. Bei Pumpen, die mit konstantem Fluß arbeiten (siehe Abschnitt 3.3.2), kann der Fluß der mobilen Phase an der Pumpe eingestellt werden. Besonders bei preiswerteren Pumpen ist diese Flußeinstellung nicht sehr zuverlässig. Außerdem entspricht der eingestellte Fluß nicht dem Fluß durch die Säule, wenn irgendwo im System Undichtigkeiten auftreten. Der tatsächliche Fluß kann an der Säulenausgangsseite gemessen werden, indem man den Eluenten eine bestimmte Zeit lang mit einem Meßzylinder auffängt und dann entweder auswiegt oder das Volumen bestimmt.

Viele kommerzielle HPLC-Apparaturen sind mit einem Umluftofen ausgestattet, der die Temperatur mit einer Genauigkeit von üblicherweise 0,1°C im Bereich von 20°C bis 100°C kontrolliert. Da brennbare Lösemittel zum Einsatz kommen, sind entsprechende Sicherheitsvorkehrungen wichtig. Daher sind die Öfen i.d.R. mit einer Möglichkeit zum Spülen mit Stickstoff ausgestattet. Sie sind so konstruiert, daß die Bildung von Lösemitteldämpfen im Falle einer Undichtigkeit verhindert wird. Wenn man mit einer Temperaturkontrolle arbeitet, ist es wichtig, daß die Probe und die mobile Phase auf die richtige Temperatur gebracht werden. Dazu wird der Eluent durch eine vorgeheizte aufgewickelte Kapillare, die sich im Ofen befindet, geleitet, bevor sie in die Probenaufgabe gelangt.

Die Temperaturkontrolle ist wichtig für die genaue Messung von Retentionsdaten. Beim Einsatz eines RI-Detektors (siehe Abschnitt 5.7) muß die Temperatur auf jeden Fall kontrolliert werden. Eine Temperaturerhöhung kann besonders in der Ausschlußchromatographie die Geschwindigkeit einer Trennung beschleunigen. Gewöhnlich erhöht sich auch die Effizienz der Säule (obwohl der Effizienzgewinn verloren gehen kann, wenn die mobile Phase nicht vollständig äquilibriert ist). Bei schwierigen Trennungen kann man durch Temperaturerhöhung oftmals eine Verbesserung der Trennleistung erreichen. Allerdings ist man dabei oft auf die „Trial and Error" - Methode angewiesen. Immer noch wird eine Vielzahl der Trennungen in der HPLC bei Raumtemperatur ohne irgendeine Temperaturkontrolle durchgeführt.

3.3 Pumpen - Allgemeine Betrachtungen

Die Aufgabe der Pumpe ist es, die mobile Phase mit einem bestimmten, konstanten Fluß durch die Säule zu transportieren. Man unterscheidet ausgehend von ihrer Arbeitsweise verschiedene Arten von Pumpen. Bei einem Pumpentyp wirkt ein konstanter Druck auf die mobile Phase. Der Fluß durch die Säule wird dann durch den Flußwiderstand (Strömungswiderstand) der Säule und alle anderen Restriktoren (Kapillaren mit einem geringen Innendurchmesser) zwischen der Pumpe und dem Detektorausgang bestimmt. Man spricht bei dieser Art von Pumpen von druckkonstanten Pumpen.

3.3 Pumpen - Allgemeine Betrachtungen

Bei flußkonstanten Pumpen wird ein vorgegebener Fluß erzeugt, so daß der entstehende Druck vom Strömunswiderstand abhängt. Der Strömungswiderstand kann sich mit der Zeit durch Quellen oder Zusammensacken des Packungsmaterials, geringere Änderungen der Temperatur oder durch Ablagerungen von Partikeln auf der Packung, in der Pumpe oder der Probenaufgabe ändern. Beim Einsatz einer druckkonstanten Pumpe ändert sich der Fluß, wenn sich der Strömungswiderstand ändert. Bei flußkonstanten Pumpen wird eine Änderung des Flußwiderstandes durch eine Änderung des Druckes kompensiert. Flußänderungen sind unerwünscht, da sie die Reproduzierbarkeit der Retentionsdaten beeinträchtigen und Basislinienschwankungen verursachen. Es ist daher ratsam, keine druckkonstanten Pumpen in der HPLC zu verwenden. Druckkonstante Pumpen sind jedoch für das Packen von Säulen sehr gut geeignet, da kleine Flußänderungen dort keine Rolle spielen.

Eine Pumpe sollte also in der Lage sein, ein Lösemittel bei hohem Druck und konstantem Fluß zu fördern. Es werden jedoch noch weitere Anforderungen an eine gute Pumpe gestellt:

(a) Das Innere der Pumpe darf nicht durch das eingesetzte Lösemittel angegriffen werden.
(b) Ein großer Bereich von Flüssen sollte möglichst leicht einstellbar sein.
(c) Der Eluentfluß sollte keine Pulsationen aufweisen.
(d) Der Eluentenwechsel sollte leicht durchzuführen sein.
(e) Die Pumpe sollte man leicht auseinanderbauen und reparieren können.

Diese Punkte bedürfen einer näheren Erläuterung:

(a) Alle Teile der Pumpe, die mit dem Eluenten in Kontakt kommen, sollten aus inerten Materialien angefertigt sein (siehe Beschreibung in Abschnitt 1.2). Doch selbst diese Materialien sind nicht gegenüber allen Lösemitteln chemisch inert, z.B. können hohe Chlorid- oder Citratkonzentrationen Edelstahl langsam korrodieren.
(b) Die in der analytischen HPLC auftretenden Drücke steigen bei den benötigten Flüssen selten über 150 bis 200 bar. Die meisten Pumpen sind für hohe Drücke ausgelegt (siehe Bild 3.3a). Bei hohem Druck kann der tatsächliche Fluß durch die Säule wegen der Kompressibilität des Lösemittels oder kleinen Undichtigkeiten niedriger als der eingestellte Fluß sein.
(c) Manche flußkonstanten Pumpen verursachen ein Pulsieren des Flusses. Wird ein flußempfindlicher Detektor verwendet, so kann durch den pulsierenden Fluß ein Basislinienrauschen im Chromatogramm auftreten. Der Schreiber zeichnet dann Schwankungen auf, die mit der Kolbenbewegung der Pumpe korrelieren. Diese Flußschwankungen können durch Einsatz eines Pulsationsdämpfers reduziert werden. Ein Pulsationsdämpfer ist quasi ein Totvolumen, das man zwischen Pumpe und Probenaufgabe einbaut. Manchmal genügt das Totvolumen der Säule selbst, um eine ausreichende Dämpfung zu bewirken. Genügt dies nicht, dann kann man ein kurzes Stück einer aufgewickelten Kapillare zwischen Pumpe und Probenaufgabe einfügen. Allerdings sollte man zu große Totvolumina zwischen Pumpe und Probenaufgabe vermeiden (siehe unten).
(d) Das Innenvolumen der Pumpe und die Verbindungsleitung zwischen Pumpe und Probenaufgabe sollte so klein wie möglich gehalten werden. Auch sollte das System keine off-line-Unterbrechungen aufweisen, da sonst eine Änderung der Zusammensetzung der mobilen Phase zu lange dauert, da die neue mobile Phase den vorherigen Eluenten erst

verdrängen muß. Ein Beispiel für eine solche off-line-Unterbrechung ist der Entgaser (siehe Bild 3.1a). Sind die beiden mobilen Phasen nicht miteinander mischbar, dann muß der Übergang mit Hilfe eines dritten Eluenten bewerkstelligt werden, der mit beiden mobilen Phasen mischbar ist.

(e) Selbst wenn man die Pumpe mit großer Sorgfalt behandelt, müssen die Dichtungen und Dichtungsringe von Zeit zu Zeit ersetzt werden. Obwohl die Dichtungen und Dichtungsringe chemisch widerstandsfähig sind, sind sie doch relativ weich und können durch mechanische Belastung in Mitleidenschaft gezogen werden. Wurde die mobile Phase nicht sorgfältig gefiltert, so können sich kleine Partikel zwischen der Kugel und dem Ventilsitz des Einlaßventils ablagern und dadurch den Ventilsitz beschädigen. Während des Betriebs der Pumpe kann es vorkommen, daß der Eluent zwischen Kolben und Dichtung gelangt. Dieser kann bei Stillstand der Pumpe verdampfen, und es können feste Ablagerungen am Kolben zurückbleiben, sofern der Eluent gelöste Feststoffe (z.B. Pufferlösungen) enthält. Diese Ablagerungen können bei einer erneuten Inbetriebnahme Schäden an der Pumpe verursachen. Ebenso schädlich kann sich Bakterienwachstum in Pufferlösungen auswirken. Wird eine solche Pufferlösung gefördert, so kann es zu Verstopfungen in der Säule oder gar zu Verblockungen in den Innenfiltern der Pumpe kommen. Aus diesem Grund müssen Pufferlösungen nach Benutzung sorgfältig aus der Pumpe entfernt werden, indem man Wasser oder ein anderes geeignetes Lösemittel für mehrere Minuten zum Spülen durch das System fördert.

3.3 Pumpen - Allgemeine Betrachtungen   33

Tabelle 3.3a listet einige Eigenschaften der verschiedenen Pumpentypen auf (das jeweilige Funktionsprinzip wird im nächsten Abschnitt erläutert).

Tabelle 3.3a Eigenschaften verschiedener Pumpentypen

Modell	Shimadzu LC-9A	ISCO LC500	Stanslead A9512LC
Typ	konstanter Fluß Doppelkolbenpumpe	konstanter Fluß Spritzenpumpe	konstanter Druck hydraulische Verstärkerpumpe
maximaler Druck	392 bar	250 bar	500 bar
Flußbereich	0,001-5 ml/min	$1,3 \cdot 10^{-4}$ - 3,34	bis 200 ml/min
Kapazität in ml	kontinuierlich	375	kontinuierlich

3.3.1 Druckkonstante Pumpen

In den Anfängen der HPLC wurde als druckkonstante Pumpe eine unter Druck stehende Gasflasche verwendet, um die mobile Phase aus einem druckfesten Behälter durch die Säulen zu fördern. Dieser Pumpentyp wurde zwar in einigen älteren HPLC-Apparaturen eingesetzt, doch dies ist heute nur noch von historischem Interesse. Wenn sie mehr über diesen Pumpentyp erfahren möchten, so finden Sie Information in den meisten älteren Büchern.

Das Funktionsprinzip der hydraulischen Verstärkerpumpe ist in Bild 3.3b dargestellt. Man legt Druckluft mit einem Druck von bis zu 10 bar (ca. 150 psi) an den gasseitigen Stempel, der eine relativ große Fläche aufweist, an. Dieser gasseitige Stempel ist über einen hydraulischen Stempel mit einer kleineren Fläche verbunden. Der Druck, der auf die Flüssigkeit wirkt, ist gleich dem Gasdruck mal der Fläche des gasseitigen Stempels durch die Fläche des hydraulischen Stempels. Bei einem Einlaßdruck von 10 bar und einem Flächenverhältnis von 50:1 beträgt der hydraulische Druck 500 bar (ca. 7500 psi). Beim Fördervorgang ist das Auslaßventil am Pumpenkopf zur Säule hin offen und das Einlaßventil in Richtung des Vorratsgefäßes der mobilen Phase geschlossen. Am Ende des Förderschrittes ist die Luft aus der Kammer ausgeströmt und an der anderen Seite des gasseitigen Stempels tritt Luft ein, um den Ansaugschritt einzuleiten. Im Ansaugschritt schließt sich das Auslaßventil, das Einlaßventil öffnet sich und der Pumpenkopf füllt sich erneut mit Eluent. Die Pumpe kann gestartet und gestoppt werden durch die Bedienung eines Ventils, das zwischen dem Regelventil der Gasflasche und der Pumpe angebracht ist.

Verglichen mit Spritzenpumpen oder Kolbenpumpen sind hydraulische Verstärkerpumpen sehr preiswert. Jedoch sind sie relativ schwierig zu reparieren, und einige Typen sind beim Betrieb recht laut. Da sie keinen konstanten Fluß erzeugen, werden sie in der analytischen HPLC kaum eingesetzt. Sie können jedoch bei hohen Drücken und Flüssen arbeiten und werden daher hauptsächlich zum Säulenpacken benutzt, da man dabei hohe Drücke benötigt und Flußschwankungen kaum eine Rolle spielen.

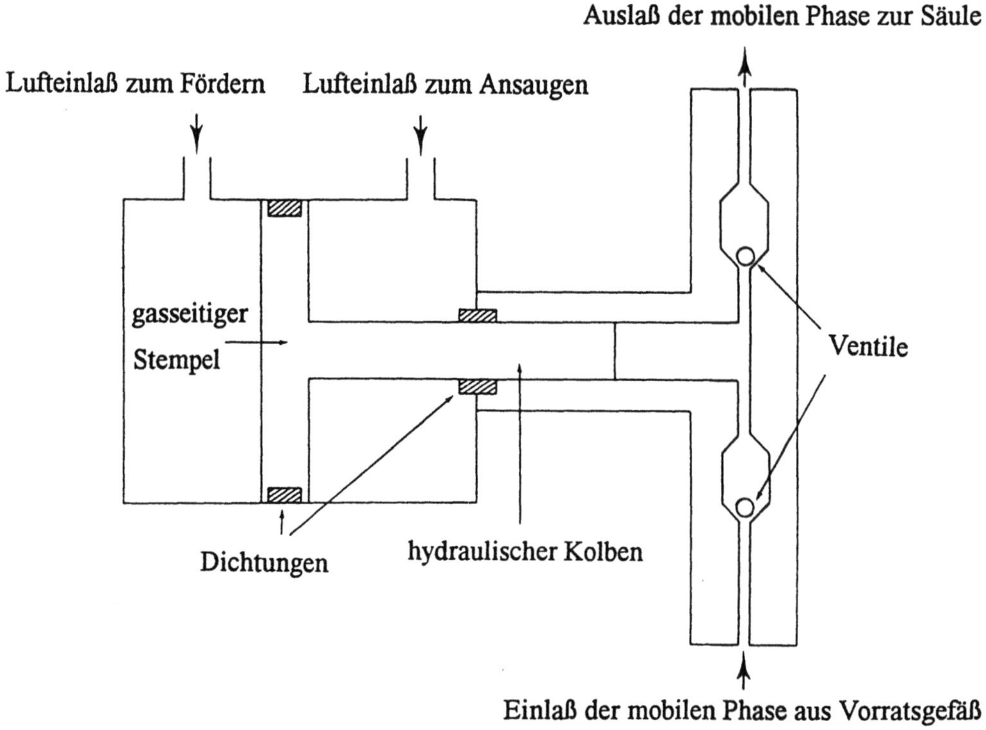

Bild 3.3b Hydraulische Verstärkerpumpe

3.3.2 Flußkonstante Pumpen

Zwei Arten von flußkonstanten Pumpen werden in der HPLC eingesetzt. Bild 3.3c zeigt eine Spritzenpumpe.
    Die mobile Phase wird mit Hilfe eines variablen Schrittmotors aus einer Kammer verdrängt. Dieser Motor dreht eine Spindel, die wiederum einen Kolben antreibt. Die Kammer

hat ein Volumen von 200 bis 500 ml. Der Fluß ist pulsationsfrei und kann durch Änderung der Motorgeschwindigkeit variiert werden. Die Kapazität der mobilen Phase ist auf das Volumen der Lösemittelkammer begrenzt. Dieses Volumen ist relativ groß ist, so daß man mehrere Analysen durchführen kann, bevor die Kammer neu gefüllt werden muß. Beim Eluentenwechsel wird allerdings eine große Menge an Lösemittel zum Spülen der Pumpe benötigt.

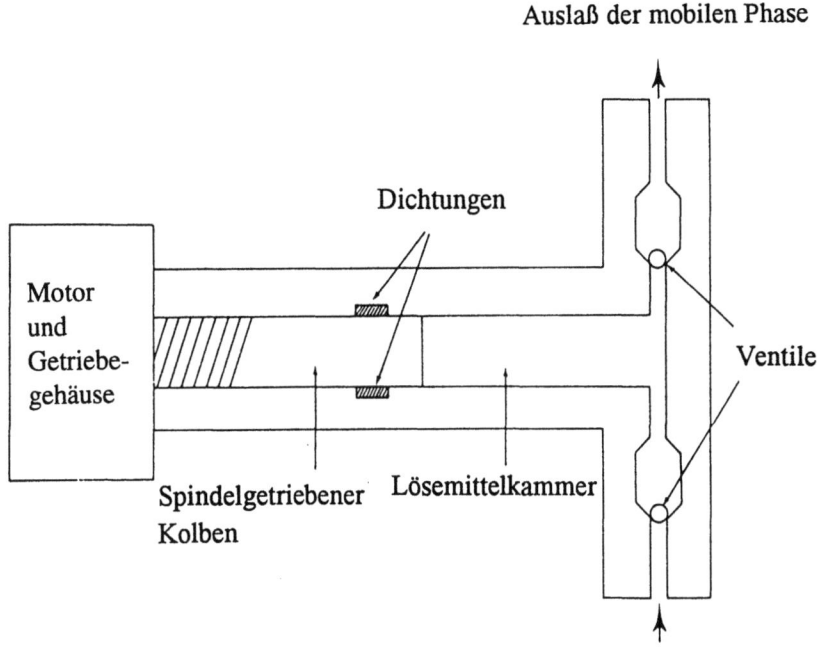

Bild 3.3c Spritzenpumpe

Der am häufigsten eingesetzte Pumpentyp ist die Kolbenpumpe, die in Bild 3.3d skizziert ist.

Der Kolben wird mit Hilfe einer Exzenterscheibe oder eines Getriebes in eine Lösemittelkammer hinein und hinaus bewegt. Bei der Vorwärtsbewegung des Kolbens schließt sich das Einlaßventil, das Auslaßventil öffnet sich und die mobile Phase wird in Richtung Säule gepumpt; bei der Rückwärtsbewegung schließt das Auslaßventil und die Kammer wird erneut gefüllt. Anders als bei Spritzenpumpen haben Kolbenpumpen eine unbegrenzte Kapazität, und ihr Kammervolumen kann sehr klein gehalten werden (zwischen 10 und 100 μl). Der Fluß kann durch Änderung der Länge des Kolbenhubs oder der Motorgeschwindigkeit variiert werden. Der Zugang zu den Ventilen und Dichtungen ist für gewöhnlich recht einfach.

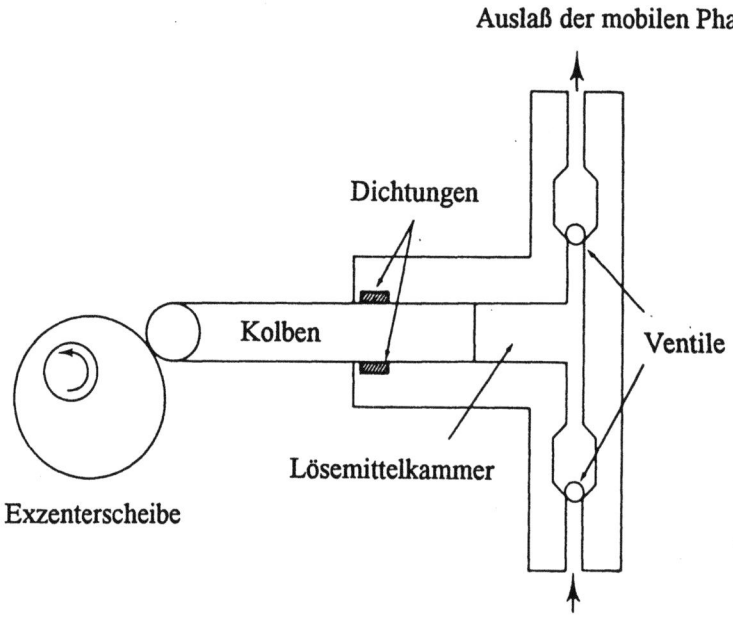

Bild 3.3d Kolbenpumpe

Bei der in dem Bild dargestellten Einkopfkolben-Pumpe wird die mobile Phase nur die halbe Zeit zur Säule transportiert, und der Fluß ist während der Vorwärtsbewegung nicht konstant (da sich die Geschwindigkeit des Kolbens mit der Zeit ändert). Das Ausgangssignal der Pumpe ist in Bild 3.3e (i) dargestellt. Durch Einsatz der Doppelkopfkolben-Pumpe, bei der die zwei Köpfe um 180° phasenverschoben sind (der eine Pumpenkopf pumpt, während gleichzeitig der andere mit Eluent gefüllt wird), ändert sich das Ausgangssignal in der in (ii) skizzierten Art und Weise.

(i) Einkopfkolben-Pumpe
(ii) Doppelkopfkolben-Pumpe, Köpfe um 180° phasenverschoben
(iii) Einkopfkolben-Pumpe mit konstanter Geschwindigkeit (Idealfall)
(iv) Einkopfkolben-Pumpe mit konstanter Kolbengeschwindigkeit (in der Praxis)
(v) Doppelkopfkolben-Pumpe, Köpfe um 180° phasenverschoben, mit unterschiedlicher konstanter Geschwindigkeit bei der Pump- und Füllbewegung.

3.3 Pumpen - Allgemeine Betrachtungen

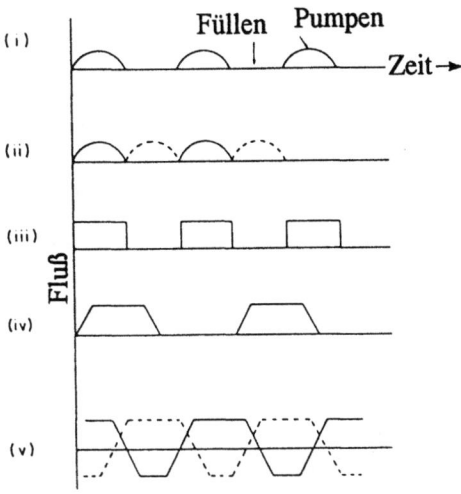

Bild 3.3e Ausgangssignal von Kolbenpumpen

Moderne Doppelkopfkolben-Pumpen besitzen zwei Kolben, die durch eine asymetrische Exzenterscheibe oder ein Getriebe, das eine konstante Kolbengeschwindigkeit erzeugt, bewegt werden. Das Ausgangssignal eines solchen Kopfes ist idealisiert in Bild 3.3e (iii) dargestellt. Beim Betreiben von zwei Köpfen, die um 180° phasenverschoben sind, entsteht ein pulsationsfreier Fluß. In der Praxis ändert sich bei jeder Kolbenbewegung die Flußrate nicht verzögerungsfrei, so daß man das in (iv) dargestellte Flußprofil erhält. Um dies zu umgehen, wird die angetriebene Exzenterscheibe so konstruiert, daß die Kolbenbewegung beim Füllen schneller als bei der Pumpbewegung erfolgt, so daß ein Ausgangssignal wie in (v) resultiert. Der Fluß, der die Summe der Flußprofile der beiden Köpfe ist, ist somit konstant.

Eine andere Möglichkeit, die Flußschwankungen bei Einkopfkolben-Pumpen zu reduzieren, besteht darin, die Kolbenhubfrequenz so hoch zu wählen (ein Modell hat z.B. eine Frequenz von 23 Hz), daß der Detektor nicht schnell genug auf die Flußschwankungen reagieren kann. Viele Pumpen benutzen auch eine rückgekoppelte Flußkontrolle, bei der der Fluß flußabwärts von der Pumpe bestimmt wird. Jeder Unterschied zwischen tatsächlichem und eingestelltem Fluß bewirkt ein Anpassen der Geschwindigkeit des Motors, um die Flußdifferenz auf nahezu Null zu reduzieren.

Übung 3.3a

Ihre Firma hat sich entschieden, eine HPLC-Pumpe herzustellen, und Sie sollen nun eine Entscheidung treffen, aus welchem Material sie gebaut werden soll. Hauptsächlich wird diese Entscheidung durch den beabsichtigten Einsatzbereich des Gerätes beeinflußt. Schreiben Sie eine kurze Liste der nach Ihrer Meinung wichtigsten Gesichtspunkte.

Übung 3.3b

Die in Frage kommenden Materialien für den Bau der Pumpe der vorhergehenden Übung kann man grob in vier Klassen einteilen:

(i) Edelstahl;
(ii) Kunststoffe;
(iii) Metallegierungen;
(iv) Keramiken.

Geben Sie eine kurze Beschreibung, in wie weit die Eigenschaften dieser Materialien den zuvor erläuterten Anforderungen der HPLC gerecht werden.

Übung 3.3c

Eine Vielzahl von Herstellern vertreibt sogenannte „metallfreie" HPLC-Apparaturen für Spurenanalysen, um eine Kontamination der mobilen Phase mit Spuren von Eisen oder anderen Elementen aus der Pumpe oder anderen Bauteilen aus Metall zu vermeiden. Andere Hersteller argumentieren, daß bei vorschriftsmäßigem Passivieren der Pumpe die Metallkontamination hauptsächlich aus Verunreinigungen der Reagenzien, die zur Herstellung der mobilen Phase benutzt werden, herrühren.

Stellen Sie sich vor, daß Sie Nebengruppenmetallkationen mittels PAR-Derivatisierung bestimmen sollen (Abschnitt 7.6.5). Das Reagenz besteht aus einer Lösung, die dreimolare Ammoniaklösung und einmolare Essigsäure enthält. Der angegebene maximale Gehalt an Eisen in den beiden Reagenzien beträgt ($2 \cdot 10^{-5}$% bzw. 10^{-6}%). Wie hoch ist die maximale Eisenkonzentration (in ppb), die durch Verwendung dieser Lösung entsteht?

3.4 Gradientenbildung

Bild 3.4a (I-III) zeigt schematisch drei Typen von Gradientapparaturen. Bei niedrigem Druck können Gradienten aus den Lösemitteln A und B durch genaues Zudosieren von A zu B in einer Mischkammer, die vor der Hochdruckpumpe angeordnet ist, gebildet werden (I). Alternativ dazu kann die Zusammensetzung in der Niederdruckmischkammer durch den Einsatz von Proportionsventilen wie in (II) kontrolliert werden.

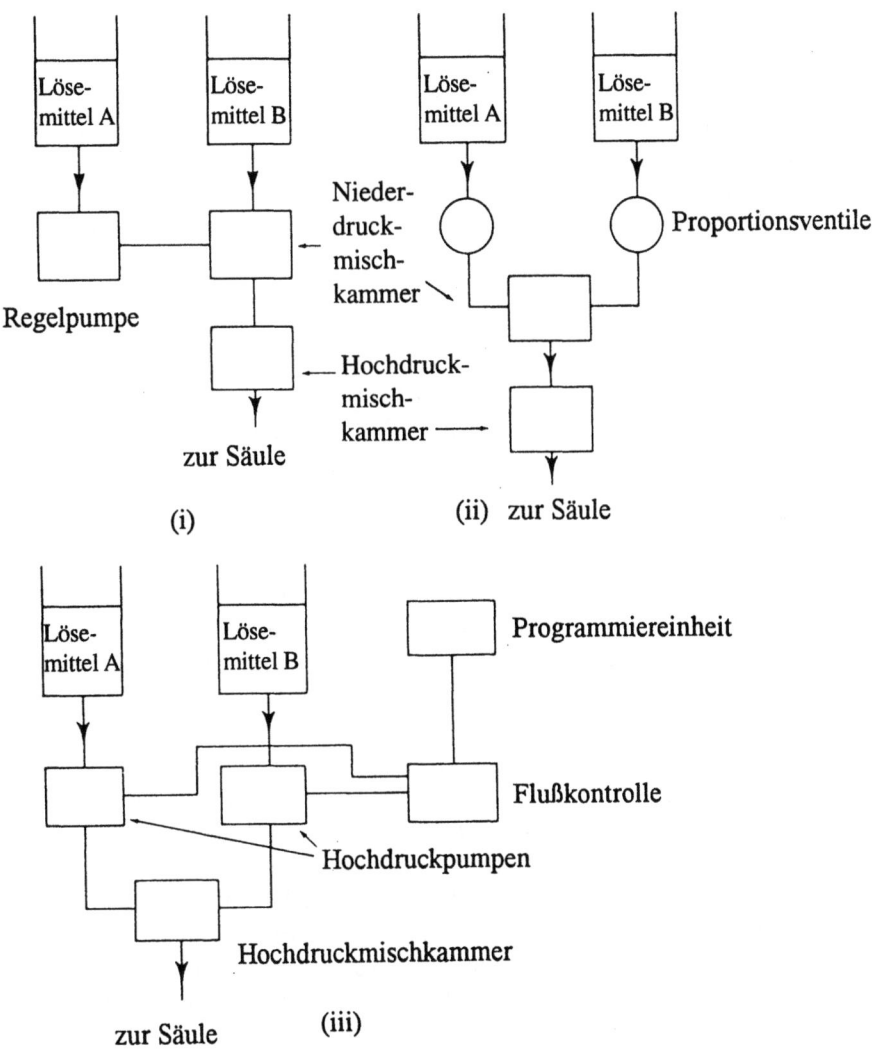

Bild 3.4a Gradientapparaturen

Zu diesem Zweck benötigt man eine mikroprozessorgesteuerte Kontrolle der Ventile, die sehr schnell und genau geschaltet werden müssen. Die einzelnen Lösemittel können auch, wie in (III) dargestellt, mittels zweier Hochdruckpumpen in eine Hochdruckmischkammer gepumpt werden. Der entstehende Gradient wird durch Programmierung des Flusses der einzelnen Pumpen kontrolliert. Der Einsatz von zwei Pumpen ist eine sehr teure Art der Gradientbildung.

3.5 Probenaufgabe

Die erste Injektionsmethode für die HPLC war eine Technik, die aus der GC übernommen wurde. Zum Einspritzen der Proben wurde eine Mikroliter-Spritze durch ein selbstschließendes Gummiseptum in eine Injektionseinheit am Säuleneinlaß eingeführt. Bei einer anderen Methode (stopped flow) wird der Fluß der mobilen Phase durch die Säule angehalten und wenn die Säule Atmosphärendruck erreicht hat, öffnet man die Säuleneinlaßseite (z.B. durch ein Kugelventil am Säulenkopf) und die Probe gelangt auf die Säule. Diese beiden Methoden sind preiswert und kommen gelegentlich noch in Eigenbauapparaturen zum Einsatz. Ausführliche Informationen zu diesem Thema finden Sie in den Büchern von Knox und Meyer (siehe Literaturverzeichnis).

Kommerzielle Apparaturen benutzen Schutzventile für die Probenaufgabe. Sie sind zwar teurer, aber leicht zu handhaben, arbeiten sehr genau und können leicht automatisiert werden. Mit diesen Geräten wird die Probe zunächst bei Atmosphärendruck mit einer Spritze in eine Probenschleife gebracht. Durch Drehen des Ventils von der „Load -" auf die „Inject -" Position wird die Probenschleife mit dem „ Hochdruckstrom" der mobilen Phase verbunden. Der Inhalt der Probenschleife wird so auf die Säule gebracht.

Bild 3.5a zeigt die Flußwege für das sehr häufig benutzte Rheodyne 7125-Ventil. Die Probe wird in einer Mikroliterspritze in die Nadelführung (4) injiziert; dadurch wird die Probenschleife gefüllt. Die Probenschleife besteht aus einem kurzem Stück Edelstahlkapillare, das zwischen dem Anschluß (engl. Port) 1 und 4 angebracht ist. Die Menge der Probe, die über das Volumen der Probenschleife hinausgeht, gelangt zum Abfallgefäß über Anschluß 6. Durch Drehen auf „Inject" wird der Schleifeninhalt von Anschluß 3 aus auf die Säule gespült.

Es sind eine Reihe von Schleifenvolumina im Handel erhältlich. Meist verwendet man solche mit einem Volumen von 10 bis 50 μl. Für kleinere Volumina benutzt man interne Schleifen, die im Ventilkörper angebracht sind. Hierzu werden vier Anschlüsse benutzt, um die mobile Phase in die Probenschleife hinein- und auch wieder hinauszubefördern.

Das angegebene Volumen der Probenschleife trifft nicht genau zu, da die Probenschleifen durch Abschneiden der Kapillare auf eine bestimmtes Probevolumen eingestellt werden. Es erfolgt keine volumetrische Kalibration. Die Toleranz des Innendurchmessers der Kapillare kann besonders für kleine Schleifenvolumina ziemlich große Fehler zur Folge haben. Es ist zwar möglich, die Probenschleife zu kalibrieren, doch ist es oftmals nicht erforderlich, daß exakte Injektionsvolumen zu kennen. Wichtig hingegen ist die präzise und reproduzierbare Art und Weise der Injektion der Probe. Wird das Injektionsvolumen nur selten verändert und Sie können es sich leisten, ein wenig Probe zu verlieren, so sollten Sie die Probenschleife mehrmals füllen. Praktisch bedeutet dies, daß der zwei- bis fünffache Überschuß an

Probe injiziert wird. Der Grund für diese Vorgehensweise ist die Ausbildung des Hagen-Poisseulle'schen Strömungsprofils der Probelösung in der Probenschleife. Die Probe strömt in der Mitte mit der doppelten Lineargeschwindigkeit und erreicht das Ende der Schleife bereits dann, wenn die Probenschleife erst zur Hälfte gefüllt ist (s. Bild 2.5b). Durch das vollständige Füllen der Probenschleife in der oben beschriebenen Art und Weise wird eine sehr gute Präzision erreicht. Das Injektionsvolumen selbst kann jedoch nur durch einen Austausch der Probenschleife variiert werden.

Wenn Sie das Injektionsvolumen häufig ändern wollen, oder wenn Sie es sich nicht leisten können, Probe zu verlieren, ist es auch möglich, mit Hilfe einer Spritze die Probenschleife nur teilweise zu füllen. Hierzu wird das mit der Spritze abgemessene Volumen injiziert. Man füllt die Probenschleife dabei maximal bis zur Hälfte. In diesem Fall entspricht die Präzision des Injektionsvolumens der Genauigkeit der Spritze, die aber die Prä-

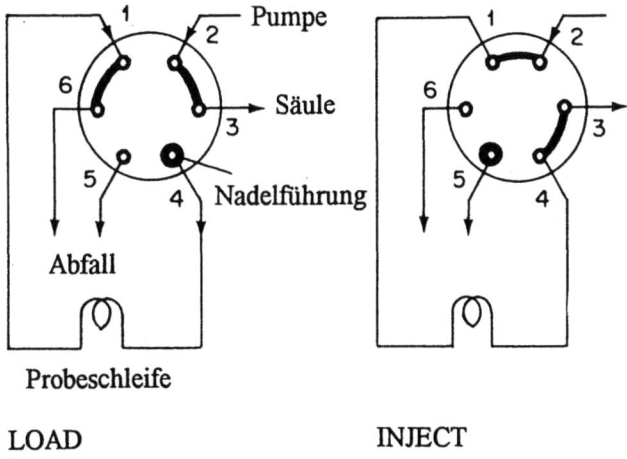

Bild 3.5a Flußdiagramm eines Rheodyne 7125 6-Wege-Ventils

zision eines Ventils nicht erreicht. Nach der Injektion verbleibt ein kleiner Teil der Probe in der Nadelführung des Ventils. Dieser sollte vor der nächsten Injektion mit der mobilen Phase gespült werden (wobei das Ventil auf „Inject-"Position steht). Enthält die mobile Phase gelöste Salze, so sollten die Verbindungskapillaren des Ventils gründlich mit Wasser gespült werden, bevor man die Apparatur stillegt; denn ansonsten könnten die Salze im Inneren des Ventils auskristallisieren.

3.6 Zusammenfassung

Es wurden praktische Methoden der Eluentenführung einschließlich der Funktionsprinzipien dreier Pumpentypen mit ihren Vorteilen und Grenzen vorgestellt.. Die Techniken zur Gradientbildung und zur Probenaufgabe wurden erläutert.

Lernziele

Nachdem Sie nun das Kapitel 3 abgeschlossen haben, sollten Sie in der Lage sein:

- die typischen Flüsse und Drücke, die in der HPLC zum Einsatz kommen, angeben zu können;
- die Eigenschaften, die eine HPLC-Pumpe besitzen muß, zu kennen;
- zwischen druck- und flußkonstanten Pumpen unterscheiden und die Funktionsweise beider Typen erklären zu können;
- Methoden für die Gradientbildung und die Funktionsweise eines Injektionsventils erklären zu können.

Literatur

1. Veronika R. Meyer, Praxis der Hochleistungflüssigchromatographie, Salle und Sauerländer, Siebte Auflage, 1992, Kapitel 3 und 4.
2. J.H. Knox (Ed.), High Performance Liquid Chromatography, Edinburgh University Press, 1982, Kapitel 9.
3. L. Berry and B.L. Karger, Analytical Chemistry 1973, 45, 819A-828A.
4. J.W. Dolan, LC-GC International 1991, 4(6), 10-14;1991,4(5), 20-22.

4 Säulen

4.1 Maße und Anschlüsse

Die Säulen, die z. Zt. am meisten benutzt werden, bestehen aus nichtrostendem Stahl der Qualität 316 (engl.: „316 grade stainless steal"), einem Cr-Ni-Mo-Stahl, der relativ inert gegenüber chemischer Korrosion ist. Die Innenseite der Säule sollte möglichst glatt sein. Aus diesem Grund werden die Säulen nach der Herstellung auf einer Drehbank gedreht oder elektrisch poliert. Übliche Maße für Säulen sind 6,35 mm (¼ inch) Außendurchmesser, 4,6 mm Innendurchmesser und bis zu 25 cm Länge. Die meisten Hersteller bieten Säulen mit mehreren Längen und Durchmessern an, z.B. Längen von 10, 12,5 und 15 cm und Innendurchmesser von 3, 4,6, 6,2 oder 9 mm. Die Säulen werden gepackt mit 10, 5, 4 oder 3 μm Teilchen.

    Am Säulenkopf befindet sich ein Strömungsverteiler, der die injizierte Probe in das Zentrum der Säule leitet. Anschließend folgt eine Stahlfritte, die direkt auf der Packung sitzt. Am hinteren Ende der Säule befindet sich eine weitere Fritte, die die Packung zurückhält und beim 4,6 mm-Typ ein Reduzierstück und eine kurze Kapillare mit 0,25 mm (0,01 inch) Innendurchmesser, die die Säule mit dem Detektor verbindet. (Ich hoffe, Sie finden die Verwendung der verschiedenen Längeneinheiten nicht zu verwirrend; die Hersteller der Säulen geben meist die äußeren Durchmesser und Anschlußgrößen in inch an, während die Innendurchmesser in mm und die Säulenlängen in cm angegeben werden). Der Aufbau einer typischen Säule ist in Bild 4.1a gezeigt. Andere Materialien als Stahl für Säulen sind Glas, z.B. glasverkleidete Stahlrohre oder Polyethylen, sowie andere inerte Kunststoffe.

    An jedem Ende der Säule befindet sich ein Reduzierstück. Konventionelle Reduzierstücke haben in der Regel ein großes Totvolumen. Durch eine spezielle Ausbohrung wird ein Totvolumen erreicht, das nahezu gleich 0 ist (engl.: zero dead volume (ZDV)). Mit Hilfe dieses Reduzierstücks werden einerseits die Säule und andererseits die externen Verbindungskapillaren direkt gegen die Stahlfritte gedrückt. Weil beim ZDV-Fitting der plötzliche Wechsel der Innendurchmesser an der Stelle, an der die beiden Rohre aufeinandertreffen, zu einem Effizienzverlust führt, wird bei den meisten Säulen das etwas teurere LDV-Fitting (engl.: low dead volume) benutzt. Bei diesem Reduzierstück schließt sich an die Fritte am Ende der Säule ein flaches konisches Strömungsverteilerstück an, das zur äußeren Verbindungskapillare führt. Das Totvolumen des LDV-Fittings ist, wie der Name schon sagt, sehr klein, meist um 0,1 μl. Die drei verschiedenen Typen von Säulenfittings sind in Bild 4.1b dargestellt.

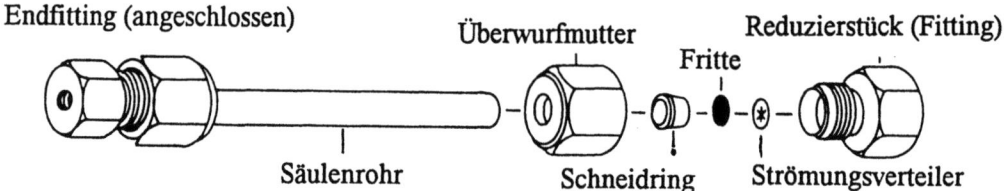

Bild 4.1a Eine typische konventionelle Säule

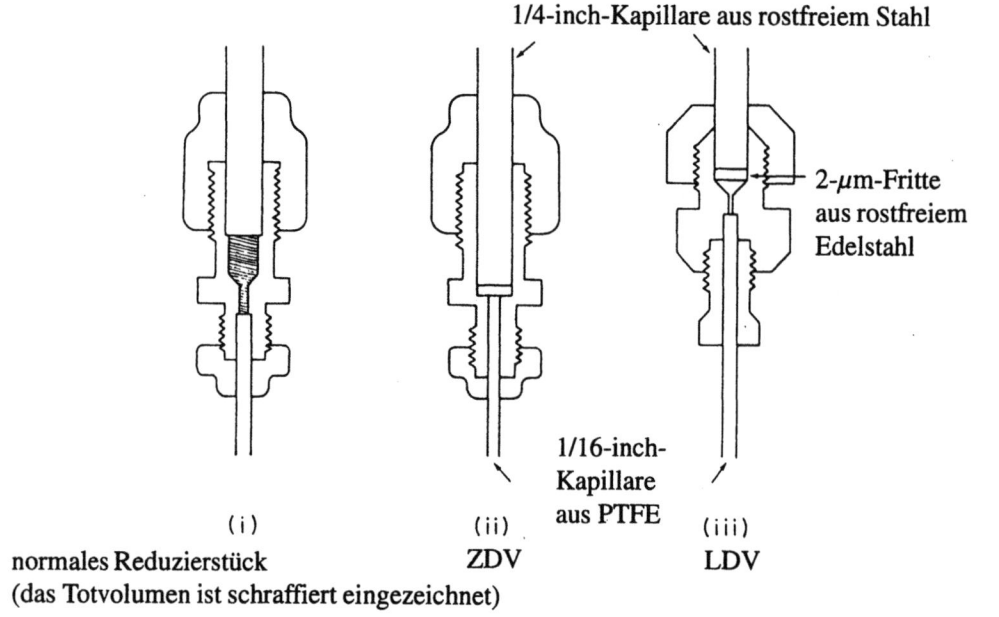

Bild 4.1b Säulenend-Fittings

Am oberen Ende ist die Säule über eine kurze Verbindungskapillare aus Stahl oder druckstabilem Kunststoff mit einer Probenschleife (ebenfalls unter Verwendung eines ZDV- oder LDV-Fittings) verbunden. Säulen werden von den Herstellern mit 1/4 oder 1/16 ZDV-oder LDV-Reduzierstück am Auslaß und einer ¼ inch-Schraubenmutter und Kappe oder einem Reduzierstück am Einlaß verkauft. Die Säulen werden i.a. von den Herstellern getestet und ein Testchromatogramm wird mitgeliefert. Natürlich stellt das Testchromatogramm die Säule im bestmöglichen Licht dar. Die Säule muß sich nicht mit einer anderen Apparatur oder Probe ähnlich gut verhalten.

4.1 Maße und Anschlüsse

Es versteht sich, daß die Fittings- und Schraubengewindegrößen verschiedenen Hersteller nicht alle zueinander kompatibel sind. Das kann in der Praxis zu erheblichen Problemen führen. Es ist also notwendig, sich diesem Problem etwas detaillierter zuzuwenden. Bild 4.1c (i) zeigt das Aussehen einer Verschraubung und eines Schneidrings, nachdem sie in einem Union (Reduzierverschraubung) festgezogen wurden. Die Dimension x (die Länge der Verbindungskapillare vom Schneidringende bis zum Kapillarende) schwankt in ihrer Größe von Hersteller zu Hersteller. Bild 4.2c (ii) zeigt typische Werte für x (keine Spezifikation) für Unions verschiedener Hersteller. In den Fällen, wo die Dimensionen gleich sind (Bild 4.3c (iii)) können die Fittings unbedenklich ausgetauscht werden. Bild 4.1c (iv) und 4.1c (v) zeigen, was passiert, wenn inkompatible Fittings benutzt werden.

? Was wäre die Konsequenz, wenn man dies tut?

Entweder ist die Dimension x zu lang, so daß der Schneidring nicht sauber sitzt und die Verschraubung undicht ist oder die Dimension x ist zu kurz, so daß ein großes Totvolumen in der Verschraubung entsteht.

Die handelsüblichen Schraubgewinde in der HPLC sind: ¼-28, 10-32 und M6. Bei den englischen Schraubgewinden gibt die erste Zahl den Durchmesser des Gewindes des Fittings (nicht den des Rohres) und die zweite Zahl die Anzahl der Windungen pro inch an. Größen kleiner als ¼ inch werden von 1 bis 12 in einem Durchmesserrahmen von 0,073 bis 0,216 inch angegeben. Ein 10-32 Schraubgewinde hat einen Durchmesser von 0,190 inch und besitzt pro inch 32 Windungen. Ein M6-Fitting hat eine Windung pro Millimeter und einen Durchmesser von 6 mm. Verschraubungen mit gleichen Windungsabständen können trotzdem nicht kompatibel verwendet werden, wenn Ihre Länge differiert. Ein Meilenstein war die Entwicklung von zuverlässigen Hochdruckkunststofffittings und -Kapillaren. Die meisten Hersteller bieten heute eine Vielzahl von Kunststofffittings an, die durch einfaches Zudrehen mit der Hand dicht werden. Diese sind im allgemeinen aus Kel-F (PCFE) oder PEEK (einem Polyketon). PEEK zeigt hervorragende chemische Beständigkeit gegenüber den meisten organischen und anorganischen Lösungen (Ausnahmen sind: konzentrierte Salpeter- und Schwefelsäure, Tetrahydrofuran (Anmerkung der Übersetzers: und Dimethylsufoxid (DMSO)). Zudem sind die Fittings und die Verbindungskapillaren aus PEEK druckbeständig bis zu Drücken von 400 bar (ca. 6000 psi).

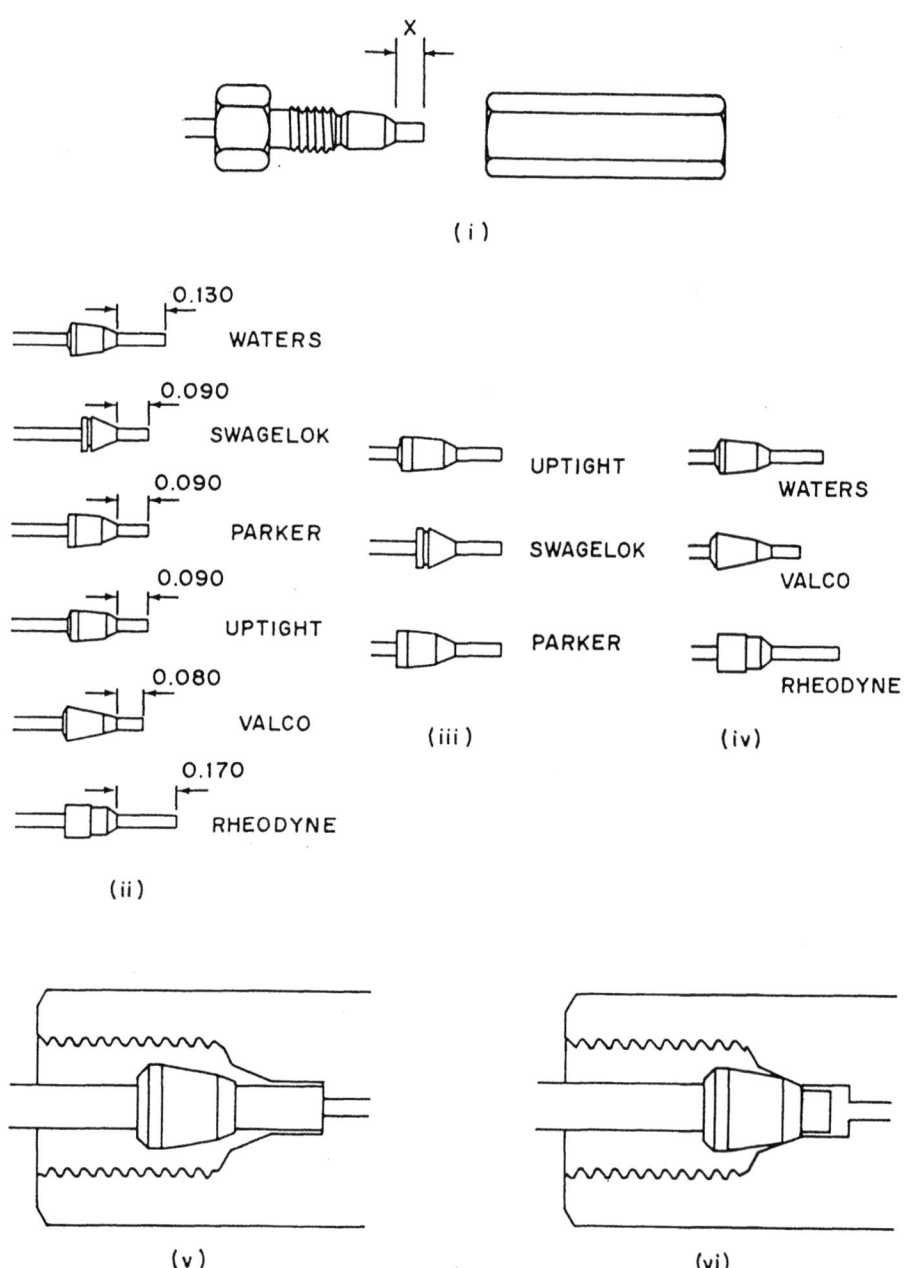

Bild 4.1c Fittings verschiedener Hersteller

4.2 Kartuschensysteme

Eine Reihe von Herstellern stellt Säulen aus verschiedenartigsten Materialien her, die in ein „Kartuschensystem" (engl.: „cartridge" system) eingebaut werden. Die Säule ist hierbei wie eine Kassette ausgestattet und die Enden der Fittings werden entweder mit der Hand angezogen oder besitzen einen speziellen Kassettenhalter, mit dem die Säulen einfach mit Hilfe eines Kompressionshebels dicht eingebaut werden können. Diese Säulen sind deshalb viel einfacher zu wechseln als konventionelle Säulen, die Kompressionsfittings an ihren Enden besitzen. Weil diese Säulen auch ohne Endfittings verkauft werden, sind sie auch billiger als konventionelle Säulen, obwohl der Anschaffungspreis eines Kassettenhalters zusätzlich berücksichtigt werden muß.

4.3 Axiale und radiale Kompression

Eine Ursache für die Bandenverbreiterung in einer Säule liegt in der Wandregion der Säule, wo die Gegenwart von Totvolumina zwischen den Teilchen wahrscheinlich ist. Dies führt zu Mischungseffekten und somit zu Bandenverbreiterungen. Um diese Effekte zu verringern, benutzt das radiale Kompressionssystem (engl.: „radial compressions system") der Firma Waters eine Kartuschensäule aus Polyethylen, die in ein Radialkompressionsmodul eingebaut wird. Die Wände der Säulen sind nicht starr, sondern flexibel und werden hydrostatischem Druck ausgesetzt, der die Säulenwände dicht an das Säulenbett preßt, was eine Verbesserung der Packungsstruktur mit sich bringt und die Effizienz und Lebensdauer der Säulen erhöht. Das Prinzip dieser Methode ist in Bild 4.3a dargestellt. Axiale Kompression ist eine Technik, um Totvolumina am Säulenkopf zu beseitigen. Diese werden z.B. durch ein allmähliches Zusammensacken der Packung oder Auflösung des Säulenmaterials verursacht. (Anmerkung der Übersetzer: Bei hohen pH-Werten löst sich Kieselgel auf. Daher werden bei solchen Applikationen häufig sog. „Opfersäulen" zwischen Pumpe und Probenaufgabe geschaltet. Dadurch wird der Eluent mit Kieselgel gesättigt und die analytische Säule geschont). Dies kann zu hohen Effizienzverlusten führen, wie in Bild 9.3b gezeigt wird. Axiale Kompressionssäulen haben am Säulenkopf einen beweglichen Kolben, der von Hand angezogen werden kann, um jegliche Totvolumina, die sich gebildet haben, zu beseitigen.

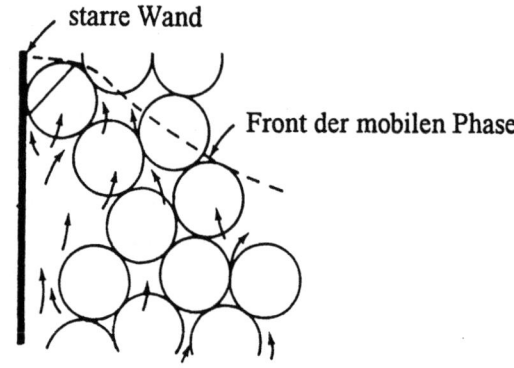

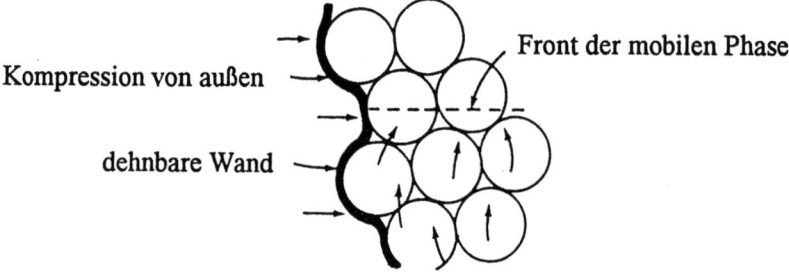

Bild 4.3a Radiale Kompression

4.4 Zusammenfassung

HPLC-Säulenmaterialien, Größen und Endfittings wurden zusammen mit Techniken der axialen und radialen Kompression diskutiert.

Lernziele

Nun haben Sie Kapitel 4 abgeschlossen und sollten in der Lage sein:

- typische Materialien und Größen von HPLC-Säulen zu kennen;
- Kompatibilitätsprobleme, die zwischen verschiedenen Säulen und Fittings auftreten können, zu erkennen;
- die Grundlagen der axialen und radialen Kompression zu verstehen.

5 Detektoren

5.1 Einleitung

Vereinfachend ausgedückt besteht die Funktion eines Detektors in der HPLC in der „Beobachtung" der mobilen Phase hinter der Säule. Das Ausgangssignal des Detektors ist ein elektronisches Signal, das proportional zu irgend einer Eigenschaft der mobilen Phase und/oder der Probe ist. Der Brechungsindex z.B. ist sowohl eine Eigenschaft der Probe als auch der mobilen Phase. Einen Detektor, der eine solche Eigenschaft mißt, nennt man einen unselektiven Detektor (engl.: bulk property detector). Im anderen Fall, wenn die Eigenschaft wesentlich durch das Probemolekül bestimmt wird, wie z.B. die Absorption von UV/Vis-Strahlung oder die elektrochemische Aktivität, so nennt man diese Detektoren selektiv (engl.: solute property detector). In der HPLC wurden viele empfindliche, teils auch sehr komplizierte Detektoren entwickelt. Jedoch werden nur einige von ihnen heute routinemäßig eingesetzt. In diesem Kapitel werden wir fünf dieser Detektoren genauer vorstellen, doch zunächst einmal müssen wir uns überlegen, welche Anforderungen an einen „idealen" Detektor gestellt werden.

Die wichtigsten sieben Eigenschaften sind:

(a) Empfindlichkeit und Nachweisgrenze
(b) Linearität
(c) Universelle oder selektive Response
(d) Voraussagbare Response, unbeeinflußt durch Änderungen in den Bedingungen
(e) Kleines Totvolumen
(f) Zerstörungsfrei
(g) Preiswert, zuverlässig und bedienerfreundlich

Kein Detektor besitzt all diese Eigenschaften, und leider sind die Eigenschaften nicht alle unabhängig voneinander, so daß die Verbesserung eines Detektors in einer Eigenschaft oftmals eine Verschlechterung in einem anderen Punkt zur Folge haben kann.

(a) Das Ziel besteht darin, für eine kleine Probenmenge ein möglichst großes Detektorsignal zu erhalten; d.h. die Empfindlichkeit, also das Verhältnis zwischen Eingangs- und Ausgangssignal, sollte möglichst hoch sein. (Anm. der Übersetzer: Eigentlich versteht man unter unter Empfindlichkeit, welche Konzentrationsunterschiede noch bestimmbar sind; häufig wird im allgemeinen Sprachgebrauch die Empfindlichkeit mit der Nachweisgrenze gleichgesetzt.) Jeder Detektor leidet unter einem instrumentbedingten (hauptsächlich elektronischen) Rauschen, dessen Amplitude die minimale Menge an Probemolekülen, die detektiert werden kann, bestimmt. Das Detektorsignal kann u.U. so klein werden, daß man es nicht mehr vom Rauschen unterscheiden kann. Die Empfindlichkeit des Detektors wird oft in einer Rauschäquivalentkonzentration c_N angegeben. Diese gibt die Konzentration an Probe an, die ein Signal in der Höhe des Detektorrauschens verursacht. c_N ist von der Probenmatrix abhängig.

(b) Ein linearer Detektor hat eine Response, die direkt proportional zur Menge oder Konzentration der Probe ist. Der lineare Bereich des Detektors ist der Konzentrationsbereich, in dem diese Proportionalität erfüllt ist. Es ist zwar möglich einen Detektor, dessen Linearitätsbereich überschritten ist, für qualitative Untersuchungen zu verwenden, die quantitative Analytik wird jedoch erheblich erschwert, wenn nicht sogar unmöglich.

(c) und

(d) Ein universeller Detektor spricht auf jede Verbindung in der Probe an, wohingegen ein selektiver Detektor nur bestimmte Komponenten detektiert. Zum analytischen Arbeiten benötigt man beide Detektortypen. Im Idealfall würde unser Detektor eine gleich hohe Empfindlichkeit für alle Probemoleküle haben und in der Lage sein, universell oder selektiv zu arbeiten. Der Detektor hätte dann eine Response, die nicht von den Arbeitsbedingungen beeinflußt wird. In der Realität aber können diese Anforderungen nicht alle auf einmal erfüllt werden. Die bestmögliche Voraussage besteht darin, wie sich die Response des Detektors für verschiedene chemische Molekülarten und variierende Arbeitsbedingungen (z.B. Säulentemperatur oder Fluß) ändern wird.

(e) Da ein Totvolumen im Detektor zu einer Bandenverbreiterung außerhalb der Trennsäule führt, muß dieses Totvolumen möglichst klein gehalten werden. Dies schließt das Zellvolumen des Detektors selbst und auch die Länge und Bohrung jeder angeschlossenen Kapillare mit ein. Bei spektroskopische Detektoren führt eine Verringerung des Zellvolumens zu einem Verlust an Empfindlichkeit.

Einige dieser charakteristischen Eigenschaften sind für verschiedene Detektoren in Tabelle 5.1a aufgeführt:

Tabelle 5.1a Charakteristische Eigenschaften von Detektoren, die in der HPLC eingesetzt werden; a.u. = absorbance units (dt. Absorptionseinheiten); r.i.u. = refractive index units (dt.: Brechungsindexeinheiten)

Typ	Response	Rauschpegel	c_N in /ml	Linearer Bereich	Zellvolumen in µl
UV/Vis-Absorption	selektiv	10^{-4} a.u.	10^{-8}	$10^4 - 10^5$	1 - 8
Fluoreszenz	selektiv	10^{-7} a.u.	10^{-12}	$10^3 - 10^4$	8 - 25
Leitfähigkeit	selektiv	10^{-2} µS/cm	10^{-7}	$10^3 - 10^4$	1 - 5
Amperometrie	selektiv	0,1 nA	10^{-10}	$10^4 - 10^5$	0,5 - 5
Brechungsindex	universell*	10^{-7} r.i.u.	10^{-6}	$10^3 - 10^4$	5 - 15

* Die Brechungsindizes der Probe und der mobiler Phase müssen sich unterscheiden.

Der Rauschpegel ist für verschiedene Modelle desselben Detektortyps natürlich verschieden. Für ein gegebenes Modell hängt das Rauschen stark vom Einsatzbereich des Detektors ab. Die Rauschäquivalentkonzentration c_N bezieht sich auf ein bestimmtes Probemolekül mit günstigen Eigenschaften und kann für andere Probemoleküle viel höher sein.

5.2 Nachweisgrenzen

Will man bei einer bestimmten Trennung die minimale Menge einer Substanz, die noch zuverlässig im Chromatogramm zu erkennen ist, angeben, so bedient man sich der sog. Nachweisgrenze. Gewöhnlich wird die Nachweisgrenze mit einem bestimmten Probemolekül in einer Standardlösung bestimmt. In einer Realprobe ist die Nachweisgrenze im allgemeinen aufgrund der Basislinienschwankungen oder Überlappungen durch die Matrix oder andere Komponenten höher (d.h. sie ist schlechter).

Experimentell ist die Nachweisgrenze die Substanzmenge, die einen Peak mit einer Höhe ergibt, die einem bestimmten Vielfachen des Basislinienrauschens entspricht. Vielfache von 2, 3 oder 5 werden üblicherweise angegeben (dies ist das sog. Signal-Rausch-Verhältnis S/N; (engl. signal to noise). Die Nachweisgrenze scheint umso besser zu sein, je kleiner der Multiplikationsfaktor gewählt wird. Von den Herstellern werden Nachweisgrenzen oft in Konzentrationseinheiten (z.B. ppm oder ppb) angegeben. Ohne Angabe des S/N-Verhältnis und des Injektionsvolumens ist die Angabe in Konzentrationseinheiten nur wenig aussagekräftig, da man die Masse an detektierter Substanz nicht berechnen kann.

Zur Bestimmung der Nachweisgrenze muß man zuerst eine gewisse Zeit lang das typische Basislinienrauschen messen. Beachten Sie bitte, daß sich das Rauschen oft aus zwei Komponenten zusammensetzt, einer hochfrequenten Komponente mit kleiner Amplitude und einem niederfrequenten Auf und Ab oder Driften. Beide Anteile müssen berücksichtigt werden. Ein weit verbreiteter Trick, um (unrealistisch) niedrige Nachweisgrenzen zu erhalten, besteht darin, nur das hochfrequente Rauschen zu berücksichtigen. Man mißt dann die Peakhöhe (in derselben Einheit wie für das Rauschen) und berechnet dann die Menge an Substanz, die ein Peak mit der 2-, 3- oder 5-fachen Höhe des Basislinienrauschens ergibt.

Übung 5.2a

Berechnen Sie die Nachweisgrenze für Chlorid aus dem Chromatogramm, das in Bild 5.2a dargestellt ist. Benutzen Sie 2 x S/N und geben Sie das Ergebnis sowohl in der Konzentration als auch in der Masse an Chlorid an.

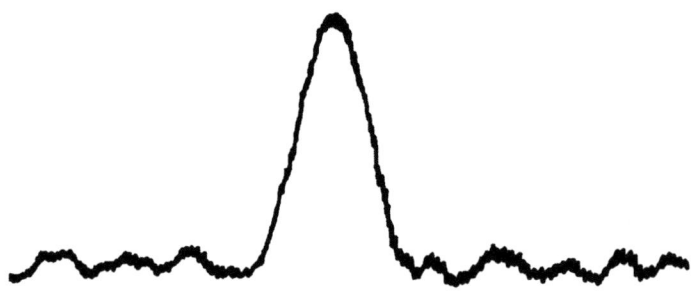

Injektion: 100 µl von 2 ppm Chlorid

Bild 5.2a Berechnung der Nachweisgrenze

5.3 UV-Absorptions-Detektoren

UV-Absorptions-Detektoren sind die mit Abstand am meisten benutzten Detektoren. Das Meßprinzip beruht darauf, daß die mobile Phase, die aus der Säule eluiert wird, durch eine kleine Durchflußzelle geleitet wird. Der Strahlengang des UV/Vis-Photometers oder -Spektrometers verläuft durch diese Zelle. Diese Detektoren sind insofern selektiv, daß man mit ihnen nur solche Probenmoleküle detektieren kann, die UV- (oder sichtbare) Strahlung absorbieren. Solche Proben schließen Alkene, Aromaten oder Komponenten, die Mehrfachbindungen zwischen C und O, N oder S haben, ein. Die mobile Phase sollte wenig oder gar nicht UV-aktiv sein.

Die Absorption der Strahlung durch die Probemoleküle ist eine Funktion der Konzentration c, die durch das Lambert-Beersche Gesetz beschrieben wird:

$$A = e \cdot c \cdot b \tag{5.3a}$$

wobei A = Absorption; b = durchstrahlte Schichtdicke der Zelle; e = molarer Absorptionskoeffizient, der eine Konstante bei gegebenem Probemolekül und gegebener Wellenlänge ist, sind.

Die Größe und die Einheit des Absorptionskoeffizienten in Gleichung 5.3a hängt von den Einheiten von c und b ab. In SI-Einheiten mit c in mol/m^3 und b in m, erhält man für e m^2/mol. In der Praxis mißt man c in mol/l und b in cm, so daß sich für e l/(mol cm) ergibt.

Streng genommen gilt das Lambert-Beersche Gesetz nur für monochromatisches Licht. Jedoch erhält man im Detektorsystem keine echte monochromatische Strahlung, sondern eher eine enge spektrale Bandbreite mit der gewählten Wellenlänge als Mitte. Wenn wir das Gesetz für ein Probemolekül bei einer Wellenlänge untersuchen, bei der die Absorption sich stark verändert, so können die verschiedenen Wellenlängen, die die Bandbreite umfaßt, durch verschiedene Mengen absorbiert werden und das Gesetz ist u.U. nicht mehr erfüllt. Der Theorie nach möchte man in flachen Bereichen des Spektrums arbeiten (Maximum, Minimum oder Schultern). In der Praxis jedoch, wenn man mehr als eine Komponente detektiert und der Detektor nicht programmierbar ist, ist dies im allgemeinen nicht möglich (siehe z.B. Bild 8.4d). Ob das Lambert-Beersche Gesetz in den steilen Gebieten des Spektrums erfüllt ist, hängt von der Qualität des Detektors ab (für moderne UV/VIS-Detektoren stellt dies normalerweise kein Problem dar).

Es sind sowohl Festwellenlängen-Detektoren als auch UV/VIS-Detektoren mit variabler Wellenlänge erhältlich. Die variablen Detektoren benutzen eine Deuterium- und/oder eine Wolfram-Lampe als Strahlungsquelle und können zwischen 190 und 700 nm betrieben werden. Sie haben eine Anzahl von einstellbaren Empfindlichkeiten (Absorptionsbereichen), die in „a.u.f.s." gemessen werden (a.u.f.s. engl.: absorbance units full scale). „a.u.f.s." bedeutet die Absorptionseinheit, bei der ein Vollausschlag an der Registriereinheit (Schreiber, Computer) erreicht wird. Festwellenlängen-Detektoren arbeiten normalerweise bei 254 oder 280 nm, aber auch andere Wellenlängen sind möglich. Tabelle 5.3a zeigt die Spezifikation von zwei modernen Detektoren mit variabler Wellenlänge.

Tabelle 5.3a Spezifikation von zwei Detektoren mit variabler Wellenlänge

Detektor	Strahlungsquelle	Wellenlänge in nm	Bandbreite in nm	a.u.f.s	Rauschen in a.u.
Cecil CE 1200	Deuterium-Lampe Wolfram-Lampe	190 - 400 380 - 600	10	0 - 2 (10)	10^{-5}
Waters 484	Deuterium-Lampe	190 - 600	8	0 - 2	$1,5 \cdot 10^{-5}$

? Stellen Sie sich vor, daß Sie einen UV-Detektor mit einem Rauschpegel von 10^{-4} a.u. benutzen. Der Detektor sei linear vom Rauschpegel bis zu $a = 1$ und hat eine Durchflußzelle mit einer optischen Weglänge von 10 mm.

(a) Was versteht man unter dem linearen Bereich des Detektors?
(b) Benutzen Sie Gleichung 5.3a, um c_N (in g/ml) für ein Probemolekül mit $M_r = 100$ und einem Absorptionskoeffizienten von $e = 1000$ l/(mol cm)

(a) 10^4
(b) Wenn c die Konzentration der Probe, die eine Absorption von 10^{-4} bewirkt, ist, dann ist

$10^{-4} = 1000 \cdot 1 \cdot c$

$c = 10^{-7}$ mol/l

$= 10^{-5}$ g/l

$= 10^{-8}$ g/ml

Dieser Wert wäre kleiner für eine andere Komponente, die einen höheren Absorptionskoeffizienten hätte.

Bild 5.3b zeigt das Schema einer einfachen UV-Durchflußzelle. Die Zelle hat einen Innendurchmesser von 1 mm und eine optische Weglänge von 10 mm. Dies ergibt ein Volumen von knapp 8 μl (nachrechnen). Moderne Apparaturen besitzen eine „Kassettendurchflußzelle", die in eine Halterung im Detektor eingesetzt wird; in älteren Detektoren gibt es die Möglichkeit, die Durchflußzelle horizontal und vertikal in den Strahlengang einzubauen. Komplizierte Detektorzellen versuchen, die Flußstörungen (engl.: flow disturbance) zu reduzieren, die durch Änderungen des Brechungsindex des Eluenten verursacht werden können, z.B. wenn man die Probe nicht in der mobilen Phase löst. Aus Bild 2.5b ist ersichtlich, daß die Probe zuerst in der Mitte der Detektorzelle erscheint und zuletzt am Rand, was zu einer Art beweglichen flüssigen Linse in der Zelle führt. Diese lenkt die Strahlen ab und kann entweder die Strahlungsmenge, die auf den Sensor im Detektor fällt,

5.3 UV-Absorptions-Detektoren

vergrößern oder verkleinern. Solche Änderungen kann man oft als charakteristischen Peak im Chromatogramm bei der Totzeit sehen.

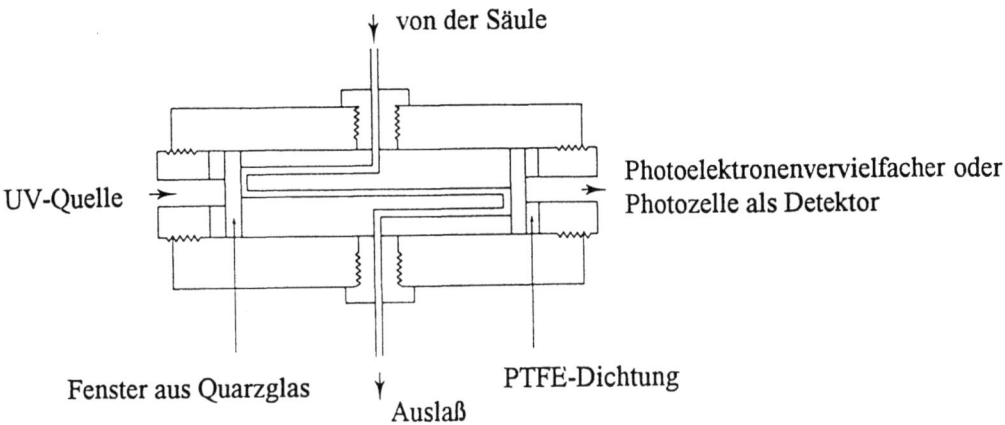

Bild 5.3b Durchflußzelle eines UV/Vis-Absorptionsdetektors

Ein anderes häufiges Problem ist, daß der Detektor die ganze Zeit sehr hohe oder sogar Absorptionen außerhalb des Detektorbereichs anzeigt, d.h. die UV-Strahlung wird stark absorbiert, obwohl dies nicht der Fall sein dürfte.

? Können Sie sich Gründe für dieses Verhalten vorstellen?

Mögliche Ursachen sind:

(a) Die mobile Phase enthält eine UV-absorbierende Komponente. Diese kann man durch Messung der Absorption der mobilen Phase mit einem anderen Spektralphotometer überprüfen. Aber stellen Sie sicher, daß die Probe direkt aus dem Lösemittelvorratsbehälter entnommen wird. Es ist nicht auszuschließen, daß die mobile Phase falsch hergestellt wurde. Durch Ansetzen eines frischen Eluenten wären die Probleme dann bereits behoben.

(b) In der Detektorzelle befinden sich Luftblasen. Diese kann man manchmal dadurch beseitigen, indem man den Eluenten mit einem höheren Fluß durchpumpt oder den Detektor vor der Säule abkoppelt und ein Lösemittel mit Hilfe einer Spritze schnell durch die Zelle drückt. Dies kann man mit einer 10-20ml-Spritze, die mit einem 1/16 inch Union (Doppelgewindestück) am Ende der Kanüle versehen ist, durchführen.

(c) Die Detektorzelle könnte ein Leck haben, so daß heruntertropfendes Lösemittel sich an der Außenseite des Detektorfensters niederschlägt, oder die Detektorfenster sind verschmutzt, oder die Zelle ist nicht richtig ausjustiert. Die Justierung kann leicht überprüft werden. Bauen Sie die Detektorfenster jedoch nur im äußersten Notfall zum Reinigen aus. Einige Typen sind ziemlich schwierig wieder zusammenzusetzen. Fehler im Detektor können dadurch erkannt werden, indem überprüft wird, ob die Null-Absorption erreicht wird, wenn man die Detektorzelle entfernt. Wenn dies der Fall ist, ist der Detektor wahrscheinlich in Ordnung.

Übung 5.3a

Bild 5.3c zeigt das UV-Spektrum von Azobenzol (Az, Konzentration $3,73 \cdot 10^{-3}$ g/l) und Phenathren (P, $3,23 \cdot 10^{-3}$ g/l). Beide Substanzen wurden in i-Octan mit einem Standard-(UV/Vis)-Spektrometer aufgenommen. Der Wellenlängen-Vorschub wurde auf 10 nm/cm eingestellt und der Absorptionsbereich betrug 2 a.u.f.s.. Die Messungen wurden gegen i-Octan in einer 10 mm-Zelle aufgenommen.

Welche Wellenlänge würden Sie wählen:

(i) Um Az ohne P zu detektieren;
(ii) um P ohne Az zu detektieren;
(iii) um beide zu detektieren;
(iv) um Az mit maximaler Empfindlichkeit zu detektieren?

5.3 UV-Absorptions-Detektoren

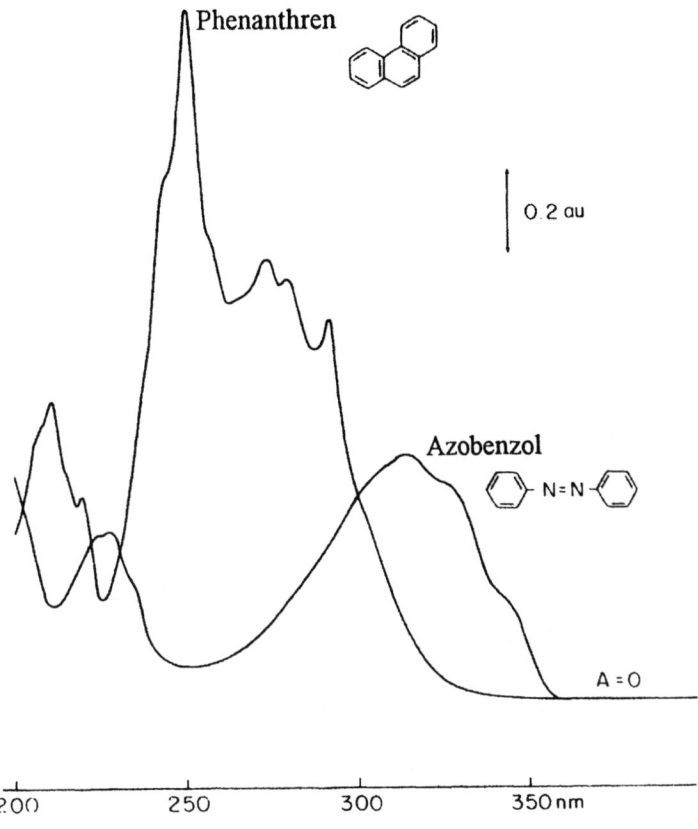

Bild 5.3c UV-Spektren von Phenanthren und Azobenzol

Übung 5.3b

Infrarotabsorptions-Detektoren sind für die HPLC erhältlich, obwohl sie nie weite Verbreitung gefunden haben. Versuchen Sie, mit dem, was Sie über die IR-Spektroskopie wissen, und was Sie bis jetzt über HPLC-Detektoren gelesen haben, zu unterscheiden, ob die folgenden Aussagen richtig oder falsch sind.

(i) Ein Infrarotspektrum enthält mehr Strukturinformationen über eine Komponente als ein UV-Spektrum;
(ii) ein IR-Detektor wäre empfindlicher als ein UV-Detektor;

(iii) einen IR-Detektor könnte man mit Lösemittelgemischen, die Wasser enthalten, betreiben;
(iv) einen IR-Detektor könnte man als einen selektiven oder universellen Detektor durch einfaches Ändern der eingesetzten Wellenlänge verwenden.

5.4 Der Diodenarraydetektor (DAD)

Der DAD wird auch gelegentlich als PDA (engl.: Photodiode Array Detector) bezeichnet.
In einem konventionellen UV/VIS-Spektrometer durchstrahlt polychromatische Strahlung die Probe und wird dann auf den Eingangsspalt eines Monochromators fokussiert, so daß eine enge Bandbreite von Wellenlängen auf den Detektor fällt. Die Absorption einer Probe erhält man durch Vergleich der Intensität der Strahlung, die den Detektor ohne Probe und nach Passieren der Probe erreicht. Um die Absorption bei verschiedenen Wellenlängen zu messen oder um Spektren zu erhalten, wird die Wellenlänge durch langsames Drehen eines Prismas oder Gitters des Monochromators variiert. Durch die beweglichen Teile im Detektor kann es zu Fehlern kommen (z.B. durch mechanische Ungenauigkeiten). Zudem dauert die Aufnahme eines Spektrums recht lange, da die Daten nacheinander aufgenommen werden.

Im DAD wird die polychromatische Strahlung nach Durchstrahlen der Probe durch ein festes Gitter spektral zerlegt und fällt dann auf eine Reihe (engl.: array) von Photodioden. Jede Diode mißt eine enge Bandbreite von Wellenlängen im Spektrum, daher hat der DAD eine parallele Datenaufzeichnung. Alle Punkte des Spektrums werden gleichzeitig aufgenommen. Dieses System hat eine Reihe von Vorteilen. Einige davon sind im folgenden aufgeführt:

(a) Wegen der parallelen Datenaufnahme kann die Verarbeitung und Speicherung in weniger als 0,5 sec erfolgen. Konventionelle Geräte benötigen dafür mehrere Minuten.
(b) Da es keine beweglichen Teile gibt, die sich abnutzen, werden Wellenlängenfehler reduziert und der Detektor ist wartungsfreundlicher als ein konventionelles Spektralphotometer.
(c) Es können also gleichzeitig mehrere Wellenlängen gemessen werden, und die Geschwindigkeit der Datenaufnahme ist hoch. Das bedeutet, daß vielfältige Techniken der Signalverarbeitung benutzt werden können, um das Rauschen zu reduzieren und die Empfindlichkeit zu verbessern.

5.4 Der Diodenarraydetektor (DAD)

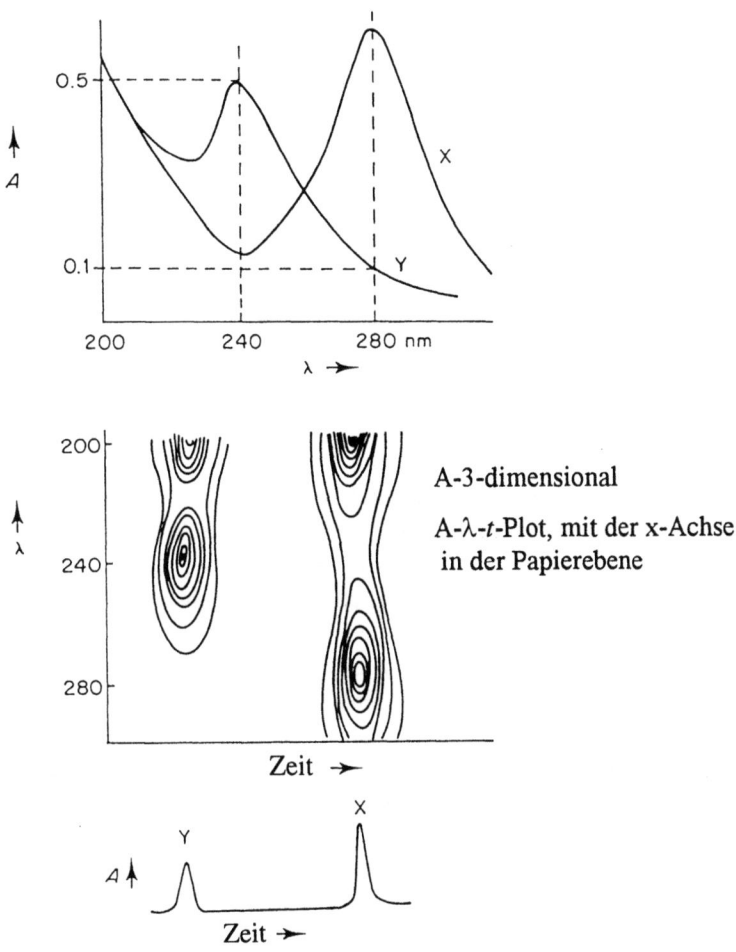

Bild 5.4a Absorptionsspektrum mit Konturplot

Ein DAD ist als HPLC-Detektor zwar viel teurer als ein herkömmlicher UV-Detektor, jedoch eröffnen sich durch seinen Einsatz eine Vielzahl von entscheidenden Vorteilen. Das Spektrum jedes Peaks im Chromatogramm kann gespeichert und anschließend mit Vergleichsspektren verglichen werden. Dadurch ist eine weitere Identifizierung der Peaks möglich. Man findet die optimale Wellenlänge für die Einzelwellenlängendetektion sehr leicht. Es ist auch möglich Änderungen der Detektionswellenlänge zu verschiedenen Zeitpunkten im Chromatogramm zu programmieren, um entweder die Peaks mit max. Empfindlichkeit zu detektieren oder um störende Peaks herauszufiltern oder beides. Die Ergebnisse können in sog. Konturplots (vgl. Landkarten, in denen Höhenlinien eingezeichnet sind) dargestellt werden, die die Beziehung zwischen Absorption, Wellenlänge und Zeit verdeutlichen. Diese können oft zur Detektion und Identifizierung von auf andere Weise nicht bemerkbaren Verunreinigungen in Proben herangezogen werden.

Bild 5.4a zeigt die Spektren von zwei Substanzen x und y zusammen mit einem Chromatogramm und einem Konturplot. Die Linien im Konturplot verbinden Punkte gleicher Absorption (in konventionellen Geräten werden die Absorptionswerte durch verschiedene Farben für verschiedene Absorptionsbereiche dargestellt). So kann man leicht erkennen, daß die optimale Wellenlänge für eine Einzelwellenlängendetektion bei 260 nm liegt. Alternativ können beide Peaks mit der max. Empfindlichkeit dadurch bestimmt werden, daß man bei 240 nm beginnt und nachdem y eluiert wurde, auf 280 nm wechselt.

Das Konturdiagramm des Peaks, der in Bild 5.4b (i) dargestellt ist, läßt auf eine Verunreinigung an der vorderen Flanke des Peaks schließen. Man kann dies näher untersuchen, indem man sich die Spektren, die an verschiedenen Punkten des Peaks aufgenommen wurden, näher betrachtet, z.B. an den Punkten a, b und c wie in (ii). Die Spektren sind hier normalisiert (d.h. auf gleiche Höhe gebracht, um die verschiedenen Konzentrationen an den beiden Punkten miteinander vergleichen zu können) und übereinandergelegt. Wenn der Peak chromatographisch nicht rein ist, überlappen die Spektren nicht exakt, wie in (iii) zu sehen ist. Beachten Sie jedoch, daß „rein" nur bedeutet, daß keine andere Substanz detektiert werden kann; es ist natürlich möglich, daß es einen koeluierenden Peak gibt, der nicht UV-aktiv ist und aus diesem Grunde auch nicht detektiert wird.

Da UV-Spektren breit und nicht sehr charakteristisch sind, ist es manchmal schwierig, zu entscheiden, ob die Spektren sich genau überlappen oder nicht. Dies ist besonders dann der Fall, wenn die betroffenen Komponenten ähnliche Spektren haben oder wenn die Konzentration einer Komponente klein ist. In manchen Fällen kann es hilfreich sein, die Spektren als erste oder noch besser als zweite Ableitung darzustellen. Bild 5.4c zeigt, wie ein wenig aussagekräftiges Spektrum nullter Ordnung durch die Darstellung seiner Ableitungen in seiner Aussagekraft verbessert werden kann. Die Bildung der Ableitung verstärkt jedoch auch immer das Rauschen (das eine kleine Amplitude, aber eine hohe Frequenz hat) auf Kosten des Spektrums (hohe Amplitude, niedrige Frequenz). Wenn das Ausgangsspektrum stark verrauscht ist, erhält man beim Ableiten nur Unsinn.

Eine andere Möglichkeit, die Reinheit eines Peaks zu untersuchen, ergibt sich aus der Bestimmung der Absorptionsverhältnisse. Kehren wir zur Bild 5.4a zurück; das Verhältnis A_{280}/A_{240} ist für die Substanz y 0,2. Wenn sich das Verhältnis für den betrachteten Peak deutlich von dem für das Spektrum berechneten Wert unterscheidet, dann stammt der Peak entweder nicht von der erwarteten Komponente oder aber eine andere Substanz koeluiert. Der DAD kann das Verhältnis (der beiden Wellenlängen) kontinuierlich über den gesamten Peak darstellen, und man erhält für einen chromatographisch reinen Peak ein Rechteck, dessen Höhen dem Verhältnis der Absorptionskoeffizienten der zwei benutzten Wellenlängen proportional ist. Diese Methode ist in Bild 5.4d graphisch dargestellt.

5.4 Der Diodenarraydetektor (DAD)

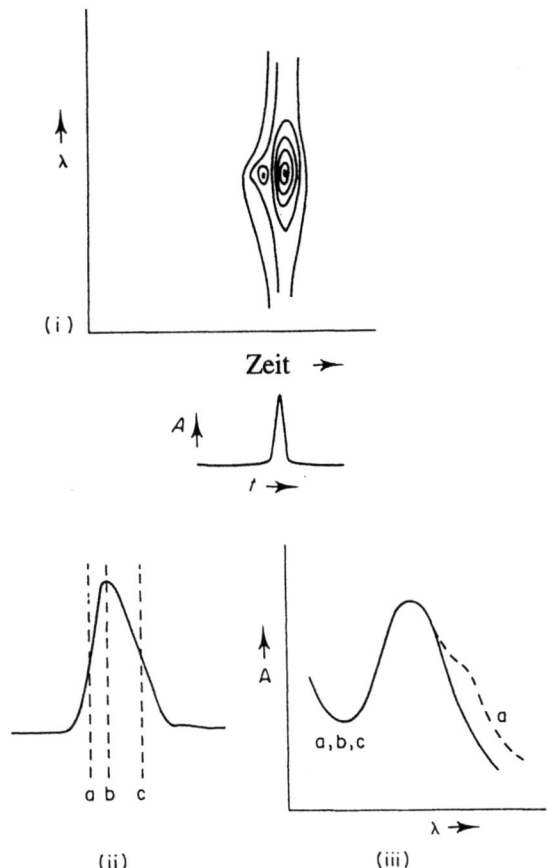

Bild 5.4b Konturplot und übereinandergelegte Spektren für einen unreinen Peak

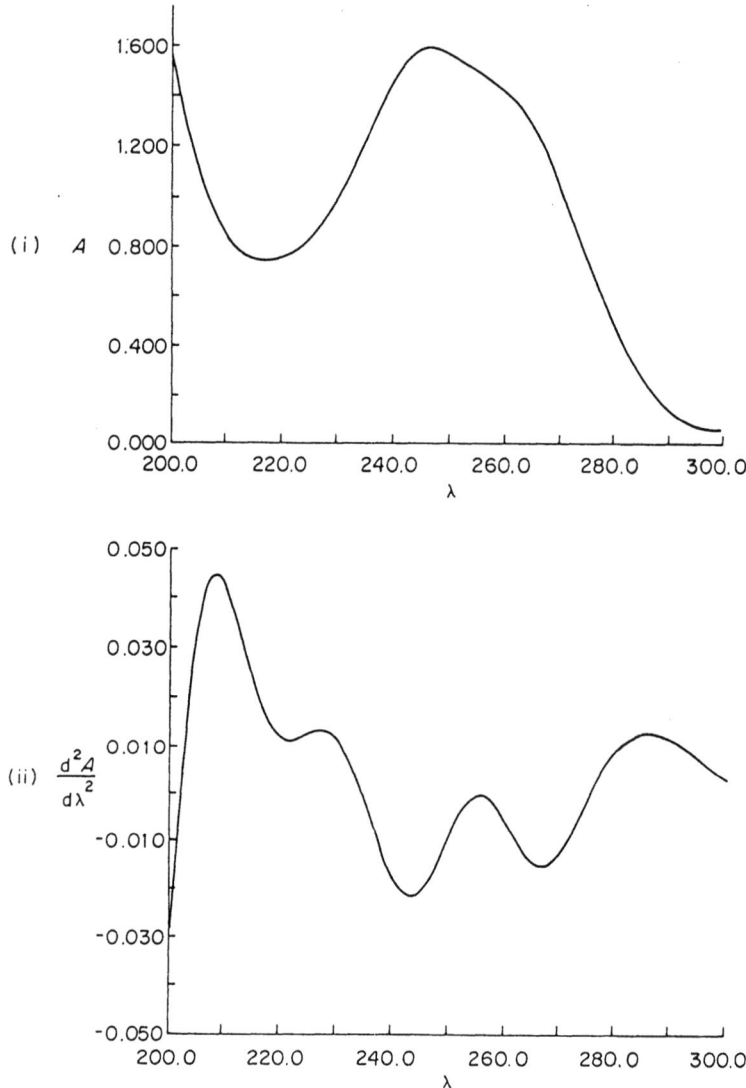

Bild 5.4c UV-Spektren nullter Ordnung (i) und die zweite Ableitung (ii). Probe: 40 ppm Thiaminhydrochlorid

5.4 Der Diodenarraydetektor (DAD)

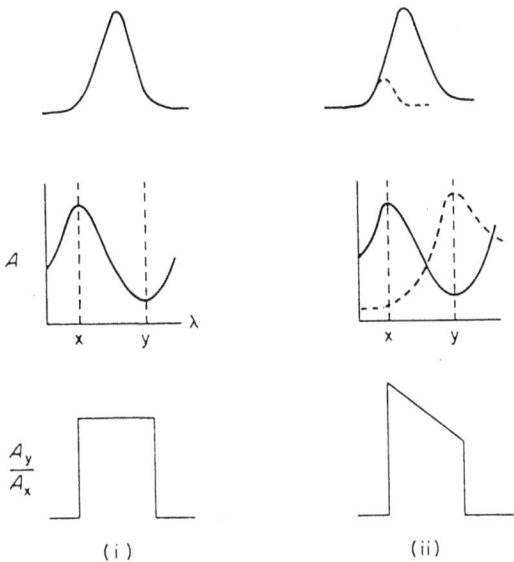

Bild 5.4d Absorptionsverhältnisse für (i) einen chromatographisch reinen Peak und (ii) einen Peak mit einer Verunreinigung an der vorderen Flanke

Ebenso wie diese graphischen Methoden gibt es auch mathematische Formalismen, die man zum Auswerten der Daten des DAD heranziehen kann. Der Reinheitsparameter (λ_w), der von Varian entwickelt wurde, reduziert die Daten eines Spektrums auf eine einzige Zahl, indem eine mittlere Wellenlänge, die auf Wellenlängen mit höherer Absorption gerundet ist, berechnet wird. Die Gewichtung wird durchgeführt, um den Effekt des Rauschens auf die Berechnung zu minimieren. Die Peak-Identität kann bestimmt werden durch den Vergleich des λ_w-Wertes eines Peak-Spektrums mit dem Spektrum einer Referenzsubstanz, das unter den gleichen chromatographischen Bedingungen aufgenommen wurde. Die Peakreinheit kann durch Vergleich der λ_w-Werte in Spektren, die an verschiedenen Stellen des interessierenden Peaks aufgenommen wurden, festgestellt werden.

Übung 5.4a

Bild 5.4e (i) zeigt das Chromatogramm von drei krampflösenden Arzneistoffen, die in einer Blutprobe bestimmt wurden. Zwei der Peaks sind teilweise durch Nebenprodukte (d.h. alle verschiedenartigen Störkomponenten in der Probe, an denen man nicht interessiert ist) verdeckt. Die Bild 5.4e (ii), (iii) und (iv) zeigen das UV-Spektrum eines einzelnen Arzneistoffes. Chromatogramme wie diese können oft durch Änderung der Wellenlänge während der Aufnahme des Chromatogramms verbessert werden (z.B. durch eine Wellenlängenprogrammierung). Auf der Grundlage, daß die Nebenprodukte stärker im kürzerwelligen Bereich des UV-Spektrums absorbieren, schlagen Sie bitte ein geeignetes Wellenlängenprogramm vor, mit dem man eine aktzeptable Empfindlichkeit für Peak 1 und auch eine Diskriminierung gegenüber den Störpeaks erhält.

5.5 Fluoreszenzdetektor

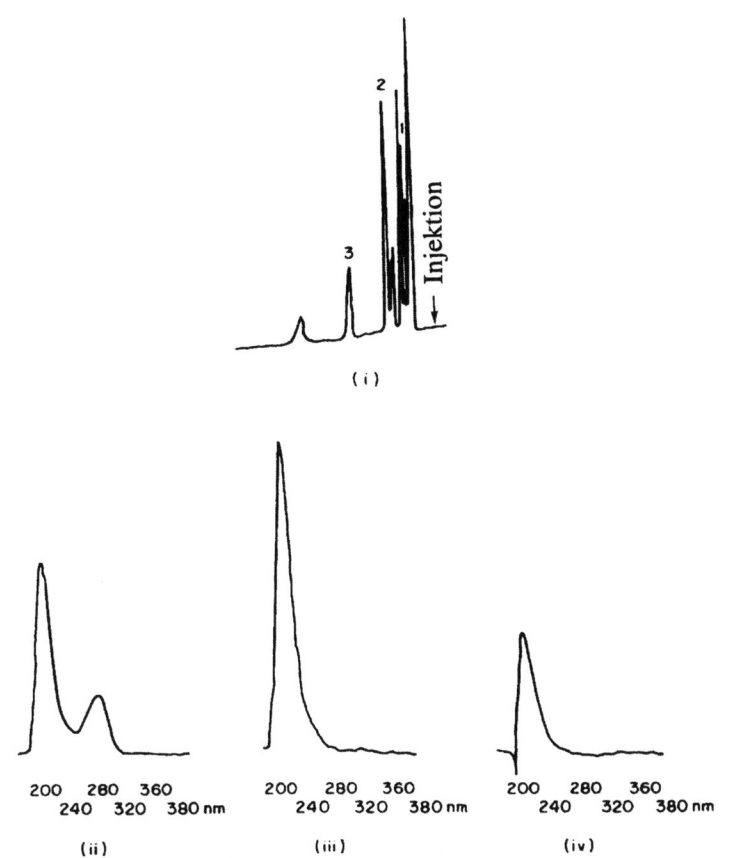

Theophyllin-Peak 1   Phenobarbiton-Peak 2   Diphenylhydantoin-Peak 3

Bild 5.4e Chromatogramm und Spektren für Übung 5.4a

5.5 Fluoreszenzdetektor

Viele Stoffe sind in der Lage, UV-Strahlung zu absorbieren und anschließend Licht mit einer längeren Wellenlänge entweder sofort (Fluoreszenz) oder zeitverzögert (Phosphoreszenz) zu emittieren. Gewöhnlich ist das Verhältnis zwischen absorbierter und wieder emittierter Energie ziemlich klein. Für einige wenige Substanzen erhält man Werte zwischen 0,1 und 1 und solche Stoffe sind für die Fluoreszenzdetektion geeignet. Stoffe, die von Natur aus fluoreszieren, haben eine konjugierte, zyklische Struktur, z.B. polyzyklische aromatische Kohlenwasserstoffe. Viele nichtfluoreszierende Substanzen können mit geeigneten Reagenzien in fluoreszierende Derivate überführt werden.

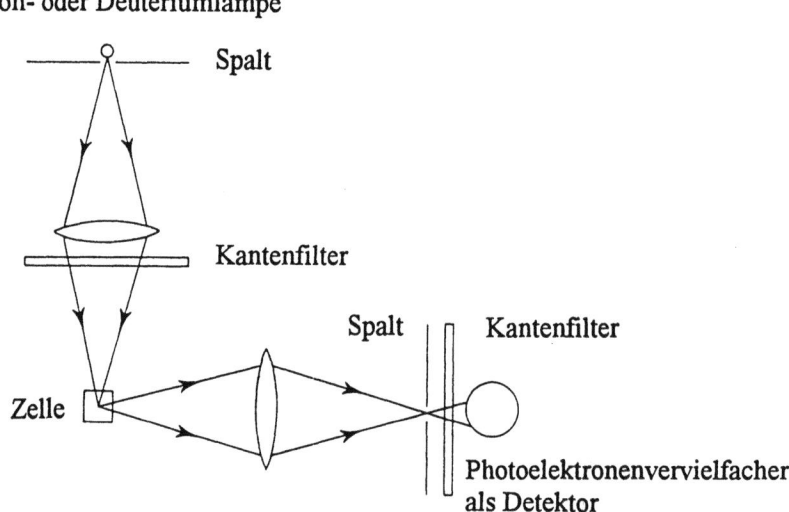

Bild 5.5a Fluoreszenzdetektor

Der Aufbau eines Fluoreszenzdetektors ist in Bild 5.5a zu sehen.

Strahlung, die von einer Xenon- oder Deuteriumlampe ausgeht, wird auf die Detektorzelle fokussiert. Ein austauschbarer Filter ermöglicht es, zwischen verschiedenen Ausgangswellenlängen zu wählen. Die Fluoreszenzstrahlung wird von der Probe in alle Richtungen abgegeben, aber im allgemeinen mißt man im Winkel von 90° zum Einfallsstrahl. Bei einigen Detektortypen wird die Fluoreszenzstrahlung reflektiert und mit einem parabolischen Spiegel fokussiert. Man erreicht dadurch eine höhere Empfindlichkeit. Der zweite Filter (Emissionsfilter) isoliert eine geeignete Wellenlänge aus dem Fluoreszenzspektrum und verhindert somit, daß diffuses Licht aus der Quelle auf die Photodiode fällt. Die Anordnung der Optik im Winkel von 90° ermöglicht es, daß man ebenfalls den Einfallsstrahl beobachten kann. Die UV-Absorption und die Fluoreszenzdetektion können demnach gleichzeitig durchgeführt werden. Bei einigen kommerzielle Detektoren wird diese Möglichkeit genutzt.

5.6 Elektrochemische (EC) Detektoren

Fluoreszenzdetektoren besitzen eine höhere Empfindlichkeit als UV-Detektoren; für geeignete Probemoleküle (wie z.B. Anthracen) kann die Rauschäquivalentkonzentration bis zu 10^{-12} g/ml betragen. Da sowohl die Anregungswellenlänge als auch die Detektionswellenlänge variiert werden kann, kann der Detektor hochempfindlich arbeiten (Anm. der Übersetzer: Dies ist auch ein Hauptgrund für die hohe Selektivität der Fluoreszenzdetektion). Dies kann besonders in der Spurenanalytik von großem Nutzen sein. Die Response des Detektors ist linear unter der Voraussetzung, daß nicht mehr als 10% der einfallenden Strahlung durch die Probe absorbiert wird. Dies ergibt einen linearen Bereich von 10^3 bis 10^4.

Polyzyklische aromatische Kohlenwasserstoffe (PAH`s, engl.: polycyclic aromatic hydrocarbons) sind weit verbreitete Luftschadstoffe, die in kleinsten Konzentrationen nachgewiesen werden müssen. Bild 5.5b zeigt die Trennung eines Standardgemisches von PAH's sehr geringer Konzentration. Mit Hilfe eines UV-Detektors sind sie gerade noch detektierbar; durch Fluoreszenzdetektion hingegen sind sie sehr leicht erfaßbar.

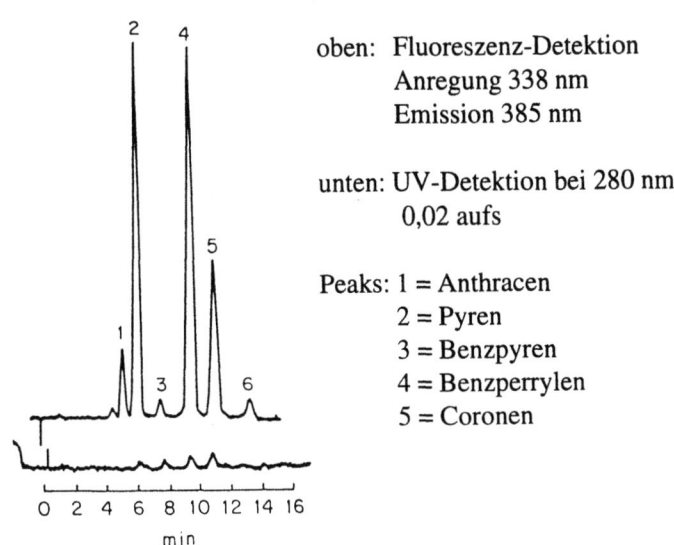

oben: Fluoreszenz-Detektion
Anregung 338 nm
Emission 385 nm

unten: UV-Detektion bei 280 nm, 0,02 aufs

Peaks: 1 = Anthracen
2 = Pyren
3 = Benzpyren
4 = Benzperrylen
5 = Coronen

Bild 5.5b Trennung von PAH's

5.6 Elektrochemische (EC) Detektoren

5.6.1 Einleitung

Elektrochemische Detektoren messen entweder die Leitfähigkeit des Eluenten oder den Strom, der durch die Oxidation oder Reduktion von Probemolekülen zustande kommt. Damit eine Detektion möglich ist, müssen die Proben für die erste Methode in ionischer Form vorliegen, und für die zweite Methode müssen sie relativ leicht zu oxidieren oder reduzieren sein.

Den ersten Typ nennt man Leitfähigkeitsdetektor. Er wird für die Detektion von anorganischen und organischen Ionen benutzt(in der Regel nach der Trennung durch die Ionenaustauschchromatographie). Der Leitfähigkeitsdetektor wird in Abschnitt 7.6.6 behandelt. Elektrochemische Detektoren, die den bei der Oxidation und Reduktion von Proben entstehenden Strom messen, nennt man amperometrische oder coulometrische Detektoren. Der Begriff „EC-Detektor" bezieht sich normalerweise eher auf diese Typen als auf den Leitfähigkeitsdetektor.

Beim Transport von Strom durch eine Lösung finden an jeder Elektrode Reaktionen statt, bei der ein Elektronenaustausch zwischen der Elektrode und den Substanzen in der Lösung vonstatten geht. An der Kathode nehmen die Substanzen Elektronen auf (Reduktion), und an der Anode geben sie Elektronen ab (Oxidation). Man kann sich die Kathode und Anode bildlich als ein Reduktions- bzw. Oxidationsmittel vorstellen, dessen Stärke vom angelegten Elektrodenpotential abhängt. Die Kathode wird ein stärkeres Reduktionsmittel, wenn ihr Potenial negativer wird, und die Anode wird ein stärkeres Oxidationsmittel, wenn ihr Potential positiver wird. Eine Substanz, die sich elektrochemisch oxidieren oder reduzieren läßt, bezeichnet man als elektrochemisch aktiv. Wenn es schwierig ist, einen Stoff chemisch zu oxidieren oder zu reduzieren, dann wird dies auf elektrochemischem Weg genauso schwierig sein. Daher benötigt man für die Reduktion eine Kathode mit einem relativ starken Potential oder für die Oxidation eine Anode mit einem stark positiven Potential. Liegen elektrochemisch aktive Substanzen in einer Lösung vor, so sollte man stets eine mögliche elektrochemische Aktivität des Lösemittels in Betracht ziehen.

In Bild 5.6a ist das Potential E einer Elektrode (gemessen gegen eine geeignete Referenzelektrode) gegen den fließenden Strom in der Zelle aufgetragen. Da die Oxidation und Reduktion zu einem Stromfluß in unterschiedlicher Richtung führt (bei der Reduktion fließen die Elektronen in die Elektrode rein, und bei der Oxidation fließen sie aus der Elektrode raus) unterscheidet man zwischen den beiden, indem man einen reduktiven Strom (einen kathodischen Strom) als positiv und einen oxidativen (anodischen) Strom als negativ definiert. Die durchgezogene Linie im Bild zeigt die Strom-Spannungskurve, die für eine Lösung, die die elektrochemisch aktiven Probemoleküle A und B (die oxidierbar sind) und C (das reduzierbar ist) erhalten wird. Die gestrichelte Linie zeigt den Hintergrundstrom (d.h. die Strom-Spannungskurve des Lösemittels in Abwesenheit von A, B und C).

5.6 Elektrochemische (EC) Detektoren

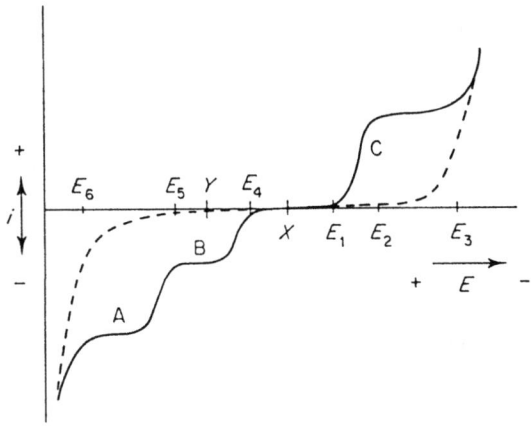

Bild 5.6a Stromspannungskurve für drei elektrochemisch aktive Proben A, B und C

Wenn man am Punkt X des Graphen beginnt und zu negativem E geht (nach rechts), beobachtet man ab E_1 einen Strom, bei dem C reduziert wird. Nach E_2 ist der Strom fast konstant (der Grenzstrom). In diesem Bereich wird C, sobald es die Elektrode erreicht hat, reduziert. Daher ist die Geschwindigkeit der Reduktion von C (und damit der Strom) begrenzt durch die Geschwindigkeit, mit der C aus anderen Bereichen der Lösung zur Elektrode gelangen kann, d.h. von Ihrer Konzentration. (Anm. auch Diffusionsgeschwindigkeit). Bei E_3 steigt der Strom stark an, da das Lösemittel reduziert wird. Die gleichen Überlegungen gelten für den anodischen Teil des Graphen. Die Oxidation von B (B wird leichter oxidiert als A) beginnt bei E_4, und von A bei E_5 (der anodische Strom von A wird durch den Grenzstrom von B überlagert). Schließlich wird das Lösemittel bei E_6 oxidiert.

Bei der EC-Detektion mißt man den Strom in einer Durchflußzelle am Säulenausgang. Man kann die Empfindlichkeit des Detektors durch Änderung des Elektrodenpotentials beeinflussen. Z.B. könnte man keine der Komponenten detektieren, wenn sich das Elektrodenpotential X in dem Bild einstellt. Bei Y würde die Elektrode B aber nicht A detektieren. Das Elektrodenpotential wird hier in einer ähnlichen Weise zur Beeinflussung der Empfindlichkeit benutzt wie die Änderung der Wellenlänge bei der UV-Detektion.

Die reduktive EC-Detektion ist dabei viel schwieriger als die oxidative. Sauerstoff wird sehr leicht reduziert. Ist Sauerstoff in der mobilen Phase gelöst, so kommt es zu einem Hintergrundstrom, der viel größer als der durch die Proben verursachte Strom ist. Um dies zu verhindern, muß der Sauerstoff sorgfältig entfernt werden; dies ist in der Praxis jedoch nicht leicht. Es gibt dennoch keinen Zweifel daran, daß der Nutzen einer EC-Reduktion umso größer ist, je schwieriger die mit EC-Methoden zu untersuchenden Substanzen werden. Ein anderer wichtiger Punkt für die EC-Detektion ist, daß die mobile Phase eine ziemlich hohe

Leitfähigkeit haben muß. Daher benutzt man wässrig-organische Mischungen, denen Salze hinzugefügt werden, oder Pufferlösungen.

? Für welche der folgenden Komponenten könnte die EC-Detektion von Vorteil sein ?
Toluol, Decan, Phenol, Nitrobenzol, 2-Chloranilin

Die Kohlenwasserstoffe sind weder leicht oxidierbar noch reduzierbar und wären somit nicht geeignet. Nitrobenzol müßte man reduktiv untersuchen, eine UV-Detektion wäre viel leichter. Phenole und aromatische Amine sind leicht oxidierbar und daher für die elektrochemische Detektion geeignet.

5.6.2 Amperometrische Detektoren

Diese Detektoren oxidieren oder reduzieren nur einen geringen Teil der Probemoleküle (weniger als 1%), so daß die beobachteten Ströme sehr klein sind (im Nanoampèrebereich). Durch den Einsatz moderner Verstärker sind solche Ströme recht einfach zu messen. Der Detektor hat eine relativ hohe Empfindlichkeit, vergleichsweise höher als UV/Vis-Detektoren. Allerdings ist die Empfindlichkeit nicht so gut wie bei Fluoreszenzdetektoren. Rauschäquivalentkonzentrationen von 10^{-10} g/ml können unter günstigen Umständen erhalten werden. Ein weiterer Vorteil dieser Detektoren besteht darin, daß das Innenvolumen sehr klein gehalten werden kann.

Bild 5.6b zeigt ein vereinfachtes Schaubild eines amperometrischen Detektors. Es werden drei Elektroden benutzt, die man als Arbeitselektrode (AE), Hilfselektrode (HE) und Referenzelektrode (RE) bezeichnet. Die AE ist die Elektrode, bei der die elektrochemische Aktivität beobachtet wird und die RE (im allg. eine Silber-Silberchlorid-Elektrode) diejenige Elektrode, die eine stabile und reproduzierbare Spannung liefert, auf die das Potential der AE bezogen werden kann. Die HE (gewöhnlich Edelstahl) ist eine Elektrode, die den Strom ableitet.

Das gebräuchlichste Material für die AE ist Graphit, das pyrolytisch aus Kohle hergestellt wird; Graphit ist ionisch aufgebaut und damit elektrisch leitend. Die etwas besseren Graphitelektroden haben eine glatte Oberfläche, die poliert wurde. Bei diesen festen Elektroden stellt sich die mangelnde Reproduzierbarkeit aufgrund der Abnutzung der Elektrodenoberfläche als Problem dar. Daher muß die Elektrodenoberfläche von Zeit zu Zeit poliert werden, z.B. durch leichtes Schmirgeln mit Schreiberpapier oder durch Säubern mit Chromschwefelsäure. Da EC-Zellen dieser regelmäßigen Wartung bedürfen, müssen sie sich leicht ein- und ausbauen lassen. Bild 5.6b (ii) zeigt den Aufbau eines kommerziellen Detektors (Waters 460). Die Graphit-AE ist in eine Borosilikatglasscheibe eingeschlossen, die auf einer Platte befestigt wird. Die Zelle wird durch einen PTFE-Dichtungsring zwischen der Scheibe und der Platte gebildet. Das Zellvolumen kann leicht durch Änderung der Dicke des Dichtungsringes variiert werden (das kleinste Volumen beträgt 2,5 μl).

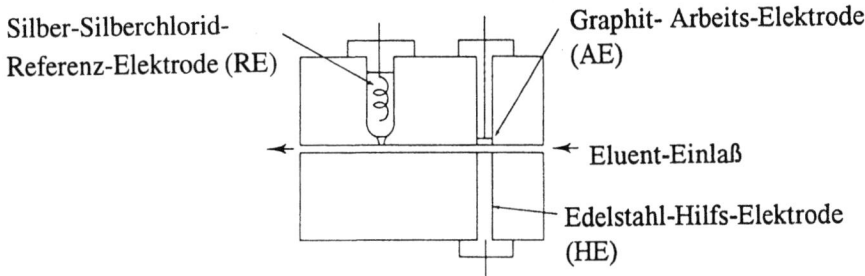

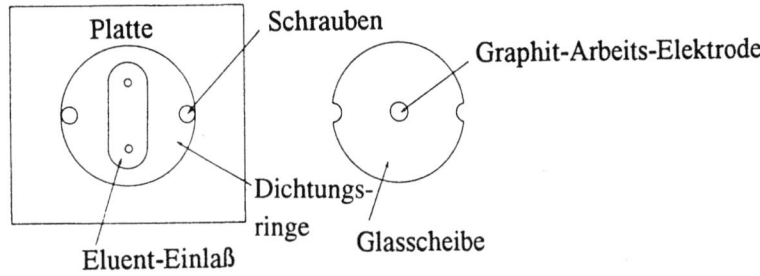

Bild 5.6b Amperometrischer Detektor

5.6.3 Coulometrische Detektoren

Der coulometrische Detektor (Coulochem, Vertrieb durch Severn Analytical) ist ein Vielelektrodengerät, bei dem man bis zu 4 poröse Graphitarbeitselektroden benutzen kann (jede mit HE und RE verbunden). Der Eluent fließt eher durch die Elektroden als an ihnen vorbei, und bei richtiger Wahl des Potentials reagiert der Detektor mit allen elektrochemisch aktiven Probemolekülen, die ihn durchfließen. Man verspricht sich davon ein besseres Signal/Rausch-Verhältnis als mit amperometrischen Detektoren. Es gibt Hinweise dafür, daß die porösen Elektroden gegenüber Oberflächenzersetzungen weniger anfällig sind als Graphitelektroden.

Die Arbeitselektroden können bei unterschiedlichem Potential betrieben werden. Das Signal jeder einzelnen oder aller Elektroden kann betrachtet werden, so daß man die Elektrodenanordnung in einer Vielzahl verschiedener Modi benutzen kann. Z.B. lassen sich bei günstigen Strom/Spannungskurven störende oder nicht interessierende Komponenten, die elektrochemisch aktiv sind, mit einer Elektrode entfernen und die interessierenden Stoffe

mit einer anderen detektieren. Bild 5.6c zeigt dieses Prinzip, mit der eine kleine Menge von B neben einem großen Überschuß der nichtaufgetrennten Komponente A bestimmt wird.
Eine andere Möglichkeit besteht darin, mit zwei Arbeitselektroden an verschiedenen Punk-

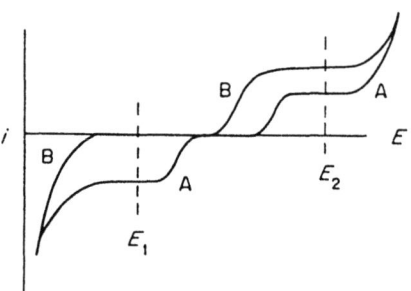

Strom-Potential-Kurven

Chromatogramm erhalten mit
einer AE-Reduktion bei E_2

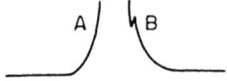

zwei AEen-Oxidationen bei E_1,
gefolgt durch Reduktion bei E_2

Bild 5.6c Coulometrische Detektion bei Gebrauch zweier Elektroden

ten auf einer gegebenen Strom/Spannungskurve zu arbeiten, um ein Verhältnis für den in Frage kommenden Peak zu erhalten. Dieses Verhältnis kann nach Vergleich mit dem für einen Standard erhaltenen Wert als Kriterium für die Peakreinheit herangezogen werden.

Obwohl EC-Detektoren empfindlicher als UV-Detektoren sind, ist ihr Gebrauch nicht einfach und daher auf ein kleines Anwendungsgebiet beschränkt. Sie werden für Spurenanalysen eingesetzt, da UV-Detektoren in diesem Bereich keine ausreichende Empfindlichkeit besitzen. Bild 5.6d zeigt einige Beispiele für Stoffe, für die die EC-Detektion eingesetzt wird.

5.6 Elektrochemische (EC) Detektoren

Tabelle 5.6d Verbindungen, die man mit EC detektieren kann

Verbindungstyp	Beispiele
Phenole, Amine	Neurotransmitter, z.B. Adrenalin, Dopamin, Aminosäuren
Stickstoffhaltige Heterocyclen	Kokain, Morphin, Alkaloide, Phenothiazine, Purine
Schwefelhaltige Verbindungen	Penicillin, Thioharnstoffe, Aminosäuren
Ungesättigte Alkohole	Vitamin C
Anionen	I^-, $S_2O_3^{2-}$, SCN^-

Übung 5.6a

Bild 5.6e zeigt die Strom/Spannungskurven von zwei elektrochemisch aktiven Stoffen X und Y. Eine Lösung enthält beide Substanzen:

(i) Welche würden Sie mit einem EC-Detektor, der bei einem Potential E_2 arbeitet, detektieren?
(ii) Welche würden Sie bei E_3 detektieren?
(iii) Bei einem Potential E_4 zu arbeiten wäre keine gute Idee, und auch E_1 wäre keine kluge Wahl. Was würde bei dem jeweiligen Potential detektiert werden, und was ist an der Wahl des Potentials falsch?

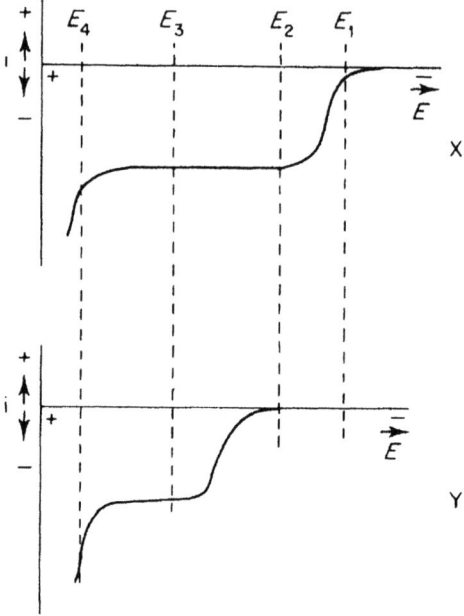

Bild 5.6e Strom/Spannungskurven für zwei elektrochemisch aktive Proben X und Y

5.7 Brechungsindex-Detektoren

Die Brechungindex-Detektoren (RI-Detektoren, RI, engl.: Refractive Index) unterscheiden die Brechnungsindizes vom Eluenten, der aus der Säule kommt, und dem Referenzstrom, bestehend aus der reinen mobilen Phase. Sie kommen einem universellen Detektor in der HPLC am nächsten, da jede Probe detektiert werden kann, sofern ein Unterschied in den Brechnungsindizes der Substanz und der mobilen Phase besteht.

? Betrachten Sie die Werte für den Brechungsindex, die in Tabelle 5.7a angegeben sind, und versuchen Sie, die unteren Fragen zu beantworten.

5.7 Brechungsindex-Detektoren

Tabelle 5.7a

Hexan	1,375
Octan	1,397
Nonan	1,405
Decan	1,410
Tridecan	4,425
Benzol	1,501
THF	1,405

(a) Wenn die Alkane (aus der Tabelle) mit Tetrahydrofuran als mobile Phase getrennt werden, für welche Alkane würde ein RI-Detektor die geringste Empfindlichkeit zeigen?
(b) Was wäre beim Einsatz von THF als mobiler Phase ungewöhnlich im Aussehen des Chromatogramms?
(c) Wie würde sich das Aussehen des Chromatogramms verändern, wenn Benzol als mobile Phase benutzt würde?
(d) Mit welcher mobilen Phase (Benzol oder THF) würde der RI-Detektor die größte Empfindlichkeit für Tridecan zeigen?

Brechungsindexdetektoren sind nicht so empfindlich wie UV-Detektoren. Die besten Rauschpegel, die man erhalten kann, liegen bei ungefähr 10^{-7} r.i.u. (Brechungsindexeinheiten, von engl. refractive index units). Dies entspricht einer Rauschäquivalentkonzentration von ca. 10^{-6} g/ml für die meisten Verbindungen. Der lineare Bereich der meisten RI-Detektoren beträgt ungefähr 10^4. Wenn man mit ihnen mit höchster Empfindlichkeit arbeiten will, muß man die Temperatur des Gerätes und die Zusammensetzung der mobilen Phase genau kontrollieren.

Wegen ihrer Empfindlichkeit gegenüber der Zusammensetzung der mobilen Phase ist es sehr schwierig, mit Gradientelution zu arbeiten, und im allgemeinen ist man der Meinung, daß die RI-Detektion dafür ungeeignet ist.

Mehrere verschiedenartig konstruierte RI-Detektoren werden in der HPLC eingesetzt. Bild 5.7b zeigt das Funktionsprinzip eines Typs, des Ablenkungsrefraktometers. Das Licht wird von der Quelle S auf die Zelle fokussiert, die aus einer Proben- und Referenzkammer besteht, die durch eine diagonale Trennwand aus Glas voneinander getrennt sind. Nach Durchlaufen der Zelle wird das Licht durch einen Strahlungsteiler B auf zwei Photozellen P1 und P2 abgelenkt. Eine Änderung des Brechungsindex verändert den Winkel, mit dem der Strahl auf den Teiler trifft. Dies verursacht eine Änderung der relativen Menge an Licht, das auf P1 und P2 fällt, und damit einen Unterschied in ihrem relativen Ausgangssignal. Dieser Unterschied wird verstärkt. Man erhält ein Fehlersignal am Verstärkerausgang, das einen Servomotor antreibt, der den Strahlungsteiler so lange dreht, bis das Fehlersignal auf Null zurückgeht. Die Bewegung des Strahlungsteilers (proportional zum Unterschied im Brechungsindex, der die Bewegung verursacht hat) wird von einem Schreiber aufgezeichnet.

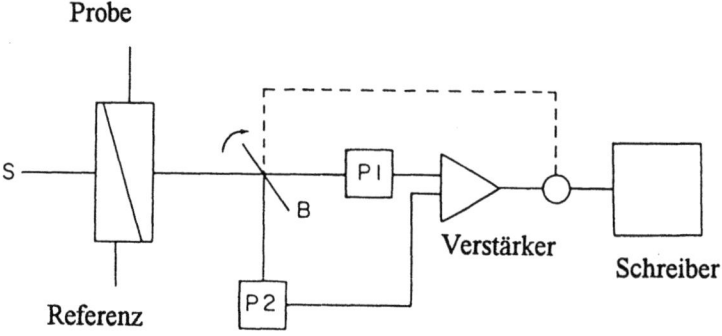

Bild 5.7b Brechungsindexdetektor (Refraktometer)

Eine Änderung im Brechungsindex des Probestroms ändert das Ausgangssignal P1 und P2, das ein Signal am Verstärker erzeugt, der einen Nullabgleich im System bewirkt.

Übung 5.7a

Für welche der folgenden Analysen ist Ihrer Meinung nach die UV-Detektion nicht geeignet? Wenn die UV-Detektion ungeeignet ist, schlagen Sie einen anderen Detektor als Alternative vor.

(i) Die Bestimmung von Arzneimitteln, die Sulfonamide in einer Tablette enthalten.
(ii) Die Trennung von Polyethylen in Fraktionen mit unterschiedlicher relativer Molekülmasse durch Einsatz der Ausschlußchromatographie.
(iii) Die Bestimmung von Phenolen als Verunreinigungen in einer Flußwasserprobe.
(iv) Die Analyse von B-Vitaminen in einer Multivitamintablette.
(v) Die Bestimmung von Riboflavin (Vitamin B_2) in Milch.

5.7 Brechungsindex-Detektoren

Grundstruktur der Sulfonamide:

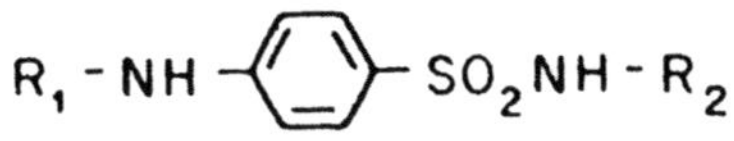

$$R_1-NH-\underset{}{\bigcirc}-SO_2NH-R_2$$

Strukturen einiger B-Vitamine:

Thiamin (B$_1$)

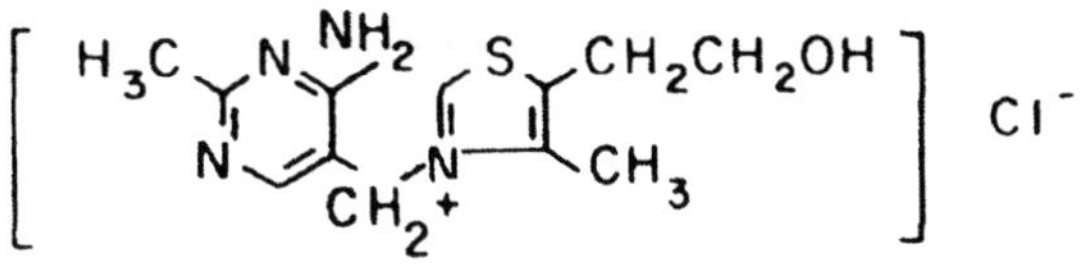

$$\left[\begin{array}{c} H_3C \overset{N}{\underset{N}{\bigcirc}} \overset{NH_2}{\underset{CH_2^+}{}} \overset{S}{\underset{N}{\bigcirc}} \overset{CH_2CH_2OH}{\underset{CH_3}{}} \end{array} \right] Cl^-$$

Pyridoxin (B$_6$)

$$\underset{HO}{\overset{H_3CN}{\bigcirc}}\overset{}{\underset{CH_2OH}{CH_2OH}}$$

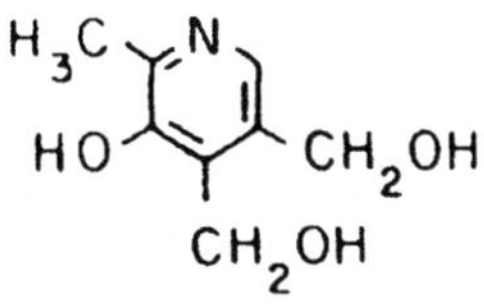

Niacinamid

$$\underset{}{\overset{N}{\bigcirc}}-CONH_2$$

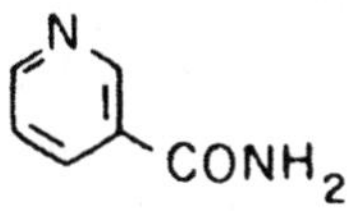

Riboflavin (B$_2$)

$$CH_2(CHOH)_3CH_2OH$$

H$_3$C — — N — N — O
H$_3$C — — N — NH
           ‖
           O

5.8 Derivatisierungsreaktion

Im allgemeinen werden in der GC Derivatisierungen durchgeführt, um die Chromatographie der Probe erst zu ermöglichen oder aber zu verbessern. Das Ziel der Derivatisierungsreaktion besteht in der HPLC gewöhnlich darin, die Detektion zu verbessern; besonders, wenn Spuren von Probemolekülen in komplexen Matrizes (wie biologische Fluide oder Umweltproben) zu bestimmen sind.

Die Derivatisierungsreaktion kann entweder vor der Trennung (Vorsäulenderivatisierung) oder danach (Nachsäulenderivatisierung) durchgeführt werden. Sie kann entweder on-line oder off-line vorgenommen werden. Die zwei am häufigsten angewendeten Techniken sind die Vorsäulen-off-line- und die Nachsäulen-on-line-Derivatisierung.

Die erstere benötigt keine Modifikation der Apparatur und hat im Vergleich zur Nachsäulenderivatisierung weniger Einschränkungen in Bezug auf die Reaktionszeit und die Arbeitsbedingungen. Auf der anderen Seite ist die Bildung eines ausreichend stabilen und genau definierten Produktes notwendig. Sowohl die Gegenwart des Reagenzes im Überschuß als auch die Anwesenheit von Nebenprodukten kann die Trennung stören. Die Derivatisierung kann die Eigenschaften der Probe verändern und die Trennung erleichtern.

Die Nachsäulen-on-line-Derivatisierung wird in einem Reaktor, der sich zwischen Säule und Detektor befindet, durchgeführt. Bei dieser Technik benötigt man keinen quantitativen Umsatz der Derivatisierungsreaktion. Natürlich unter der Voraussetzung, daß sie reproduzierbar durchgeführt werden kann und die Reaktion keine chromatographischen Störungen verursacht. Die Reaktion muß relativ schnell bei moderaten Temperaturen stattfinden, und die Reagenzien sollten nicht unter den gleichen Bedingungen wie die Derivate detektierbar sein. Die mobile Phase ist u. U. nicht das beste Medium, in dem solche Reaktionen stattfinden. Die Gegenwart des Reaktors nach der Säule verstärkt die Bandenverbreiterung außerhalb der Säule („Extra-Column-Effects").

5.8 Derivatisierungsreaktion

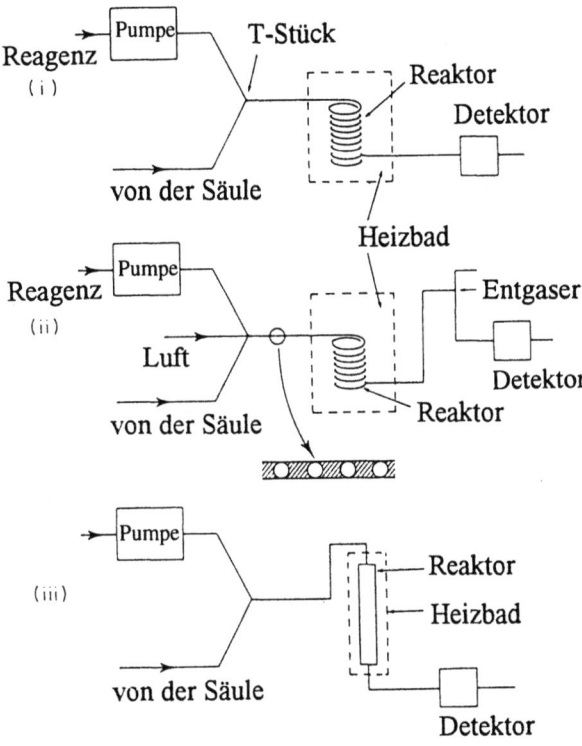

Bild 5.8a Nachsäulen-Reaktoren

(i) Offene Kapillare
(ii) Segmentierungsreaktoren
(iii) Gepackte Bettreaktoren

Bild 5.8a zeigt drei Typen von Nachsäulenreaktoren. In offenen Kapillarreaktoren wird das Reagenz (nachdem die Probenmoleküle auf der Säule getrennt wurden) über ein geeignetes Misch-T-Stück in den Eluentenstrom gepumpt. Der Reaktor, der aus einer aufgewickelten Edelstahl- oder PTFE-Kapillare besteht, gewährleistet die benötigte Reaktionszeit. Schließlich fließen die vereinigten Ströme durch den Detektor. Dieser Reaktionstyp wird besonders in solchen Fällen angewandt, in denen die Derivatisierungsreaktion relativ schnell abläuft. Für langsamerere Reakionen können Segmentierungsreaktoren eingesetzt werden. Bei diesem Typ werden Gasblasen in bestimmten Zeitintervallen in den Strom eingeleitet. Das Ziel besteht darin, die axiale Diffusion der Probenzone zu reduzieren und somit die Bandenverbreiterung außerhalb der Säule zu vermindern. Für mäßig schnelle Reaktionen werden gepackte Bettreaktoren (engl.: packed bed reactor) verwendet, bei denen der Reaktor aus einer mit kleinen Glaskugeln gepackten Säule besteht.

Mögliche Reagenzien für die Nachsäulen-Derivatisierung sind:

(a) „Fluorotags": Moleküle, die mit der Probe fluoreszierende Derivate bilden.
(b) „Chromotags": Sie bilden ein Derivat, das stark UV/Vis-Strahlung absorbiert.

Beispiele einiger beliebter Reagenzien sind in Tabelle 5.8b aufgezeigt.

Tabelle 5.8b Reagenzien für Nachsäulen-Derivatisierungen

Struktur	eingesetzt für	Detektionsbedingungen für die Derivate
Fluorophor		
[Struktur Fluorecamin]	Komponenten mit primären Stickstoffen, z.B. Amine, Aminosäuren, Peptide	Anregung 390 nm Emission 470 nm
Fluorecamin		
[Struktur Dansylchlorid mit ClSO₂ und N(CH₃)₂]	Proteine, Amine, Aminosäuren, phenolische Verbindungen	Anregung 335-365 nm Emission 520 nm
Dansylchlorid		
[Struktur OPA mit 2 CHO-Gruppen]	Verbindungen mit primären Stickstoffen	Anregung 300 nm Emission 400-600 nm
OPA		

5.8 Derivatisierungsreaktion

Chromophore

| | Aminosäuren | Absorption bei ca. 570 nm |

[Struktur: Ninhydrin – Indan-1,3-dion-2,2-diol]

Ninhydrin

| | Carbonsäuren | Absorption bei ca. 254 nm |

[Struktur: $O_2N-C_6H_4-CH_2OC(NCH(CH_3)_2)(NHCH(CH_3)_2)$]

PNBDI

Manchmal ist es möglich, die Detektion durch einfache Änderungen des pH-Wertes des Eluenten oder den Einsatz von Photometrischen Reaktionen in ihrer Empfindlichkeit zu verbessern. Barbiturate z.B., die als Therapeutika eingesetzt werden, sind schwache Säuren, die sich leicht in ihrer aciden Form (nicht ionisiert) trennen lassen. Da die konjugierten Basen viel stärkere Chromophore als die Säuren sind, kann man die Barbiturate durch Zumischen von Boratpuffer (pH = 10) nach der Säule mit einem UV-Detektor bei 254 nm detektieren. Ein Beispiel für die zweite Methode ist die Detektion von Cannabis-Derivaten in Körperfluiden. Man bestrahlt den aus der Säule austretenden Eluenten intensiv mit UV-Strahlen. Dabei reagieren die Cannabisalkohole mit einem Fluoreszenzmarker zu geeigneten Derivaten, die stark fluoreszieren.

Übung 5.8a

Betrachten Sie einen Stoff, der nach der Derivatisierung in einem Nachsäulen-Reaktor des Typs, der in Bild 5.8a dargestellt ist, detektiert wird. Was wäre die Auswirkung auf die Peakfläche dieser Verbindung bei:

(i) Verlängerung der Kapillare ?
(ii) Erhöhung der Temperatur der Reaktorspule ?
(iii) Erhöhung der Flußrate des Reagenzes im Misch-T-Stück ?

Was wäre die Auswirkung auf die Auflösung zweier Peaks im Chromatogramm bei Verlängerung der Reaktorkapillaren ?

5.9 Zusammenfassung

In der HPLC wurde eine große Anzahl von Geräten als Detektoren eingesetzt. Die charakteristischen Eigenschaften von den wichtigsten Typen wurde in Kapitel 5 beschrieben. Es wurden Beispiele für Proben, bei denen sie einsetzbar sind, gegeben. Der Nutzen der Derivatisierungsreaktion als ein Hilfsmittel für die Detektion wurde erläutert.

Lernziele

Nach Abschluß des 5. Kapitels sollten Sie nun:

- die Anforderungen, die an einen HPLC-Detektor gestellt werden, angeben können;
- die Funktionsweisen und Grenzen der wichtigsten Detektortypen verstehen;
- entscheiden können für welche Probe welcher Detektor benutzt werden kann;
- wissen, daß man Derivate zur Verbesserung der Detektionsempfindlichkeit darstellen kann.

Literatur

ALLGEMEINE ÜBERSICHTARTIKEL ÜBER DETEKTOREN

1. R.P.W. Scott, Liquid Chromatography Detectors, Elsevier, 1986.
2. E.S. Yeung (Ed.), Detectors for Liquid Chromatography, Wiley, 1986.
3. E.S. Yeung und R.E. Synovec, Analytical Chemistry, 1986, 58, 1237A-1256A.
4. C.F. Simpson (Ed.), Techniques in Liquid Chromatography, Wiley, 1984, Kapitel 6.
5. J.W. Dolan, LC-GC, 1986, 4, 526-529.

DIODENARRAY-DETEKTOREN

6. T. Alfredson und T. Sheehan, Journal of Chromatographic Science, 1986, 24, 473-482.
7. A.J. Owen, The Diode Array Advantage in UV/Visible Spectroscopy, Anachem Ltd., Charles St., Luton LU2 0EB.
8. M.V. Pickering, LC-GC International, 1991, 4(1), 20-25.

5.9 Zusammenfassung

ELEKTROCHEMISCHER DETEKTOR

9. P.T. Kissinger, Analytical Chemistry 1977, 49, 447A-456A.

DERIVATISIERUNGSREAKTION

10. R.W. Frei, H. Jansen und U.A.T. Brinkman, Analytical Chemistry 1985, 57, 1529A-1539A.

6 Die mobile Phase

6.1 Die Bedeutung der Polarität in der HPLC

Die relative Verteilung einer Probe zwischen zwei Phasen wird im wesentlichen durch die Wechselwirkungen der Probenspezies mit jeder einzelnen Phase bestimmt. Die relativen Stärken dieser Wechselwirkungen werden durch die Variation und Stärken der gegenwärtigen intermolekularen Kräfte oder, allgemeiner gesagt, durch die Polarität der Probe und der mobilen und stationären Phase bestimmt.

Diese intermolekulare Kräfte können durch Probemoleküle mit einem Dipolmoment verursacht werden, wobei das Probemolekül selektiv mit anderen Dipolen wechselwirken kann. Ist ein Molekül ein guter Protonendonator oder -akzeptor, so kann es mit anderen Molekülen, die die gleiche Eigenschaft besitzen, gut über Wasserstoffbrückenbindungen wechselwirken. Eine dritte Möglichkeit sind Dispersionskräfte. Diese sind allerdings viel schwächer als die beiden anderen und basieren darauf, daß ein Molekül von einem anderen Molekül polarisiert wird (induzierte Dipole).

Die Polarität ist ein Maß dafür, wie eine Verbindung mit einer anderen in der oben beschriebenen Weise wechselwirken kann. Der Begriff wird sehr großzügig für Proben, stationäre Phasen und mobile Phasen angewandt. Je polarer ein Molekül, umso höher ist die Stärke der Wechselwirkungen. Ist die Polarität der stationären Phase ähnlich der der mobilen Phase, ist die Wechselwirkung zwischen den beiden Phasen stark. D.h. die Adsorptionsplätze, die den Probemolekülen zur Verfügung stehen, sind durch den Eluenten besetzt. Die Probe konkurriert mit dem Eluenten um die Adsorptionsplätze. Sind die Wechselwirkungen zwischen der Probe und der stationären Phase ähnlich den Wechselwirkungen zwischen dem Eluenten und der stationären Phase, so ist es zum einen schwierig für die Probemoleküle, einen freien Adsorptionsplatz zu finden, und zum anderen werden die Proben wieder schnell von Eluentmolekülen verdrängt. Dieser Effekt ist sehr groß, da der Eluent im Überschuß vorliegt. Daraus resultiert eine geringe Retention und damit eine schlechte Trennung. Aus diesem Grund benötigen wir für Alkylgruppen als stationäre Phase (unpolar) eine polare mobile Phase, wohingegen unmodifiziertes Kieselgel, das sehr polar ist, relativ unpolare Lösemittel als mobile Phase für eine gute Trennung benötigt. Wenn wir chemisch sehr ähnliche Proben trennen wollen, soll man eine stationäre Phase wählen, die unseren Proben ebenfalls chemisch ähnlich ist. Die Retention der Proben wird für gewöhnlich durch die Variation der Polarität der mobilen Phase verändert.

6.2 Polaritätsmessung

Es ist einfach, einzusehen, daß Wasser ein polareres Lösemittel als Heptan ist. Wasser hat ein Dipolmoment und ist sowohl Protonenakzeptor als auch Protonendonator und kann ionische Proben lösen. Ebenso sind Methanol und Acetonitril polarer als Heptan, aber es ist nicht einfach, relative Polaritäten von Methanol und Acetonitril anzugeben. In der LC ist es hilfreich, quantitative Messungen von Polaritäten machen zu können, so daß z.B. die relative Polarität eines Lösemittels oder eines Lösemittelgemisches in Zahlen gefaßt werden kann. Dafür gibt es verschiedene Möglichkeiten, von denen keine völlig befriedigend ist. Aber diese ermöglichen es, die Lösemittel nach Polaritäten zu ordnen und die Polarität eines Lösemittelgemisches abzuschätzen. Einer dieser Wege, Polaritäten zu messen, ist eine Größe, der sogenannte Löslichkeitsparameter (δ), der folgendermaßen definiert ist:

$$\delta = \left(\frac{\Delta E}{V}\right) \tag{6.2a}$$

Wobei ΔE = innere Verdampfungsenergie und V = molares Volumen

In SI-Einheiten wird δ in $J^{1/2} m^{-3/2}$ oder in $Pa^{1/2}$ angegeben, obwohl viele Autoren δ in $cal^{1/2} cm^{-3/2}$ angeben. (Umrechnungsfaktor: 1 $cal^{1/2} cm^{-3/2}$ = 2,044 $Pa^{1/2}$). Eine andere Polaritätsmessung (der Polaritätsindex P') basiert auf den experimentell ermittelten gaschromatographischen Verteilungskoeffizienten dreier Testsubstanzen auf einer Vielzahl stationärer Phasen (diese Berechnungsmethode würde den Rahmen dieses Buches sprengen). Eine dritte Methode ist unter dem Namen solvatochromische Polaritätsmessung bekannt. Hier werden spektrale Bandenverschiebungen im UV/Vis-Bereich gemessen. Diese variieren für einige Verbindungen bei Änderung der Polarität.

Tabelle 6.2a zeigt δ und P'-Werte für eine Reihe von Lösemitteln angeordnet nach steigendem δ-Wert.

? Geben Sie eine Erklärung für die großen Löslichkeitsparameter von Wasser.

Wasser besitzt starke intermolekulare Kräfte neben Wasserstoffbrückenbindungen. Aus diesem Grund resultiert ein relativ großes ΔE neben einem relativ geringen molaren Volumen gegeben.

Wie aus der Tabelle hervorgeht, ergibt sich bei der Anwendung der beiden unterschiedlichen Methoden nicht unbedingt dieselbe Polaritätsreihenfolge. Z.B. ist Acetonitril nach dem Polaritätsindex polarer als Methanol, wohingegen der Löslichkeitsparameter (und auch praktische Experimente) das Gegenteil erwarten lassen.

Auf der Basis der Löslichkeitsparameter alleine sollten Lösemittel mit ähnlichen δ-Werten ähnliche Lösemitteleigenschaften aufweisen.

Tabelle 6.2 Löslichkeitsparameter und Polaritätsindex für eine Reihe von Lösemitteln

Lösemittel	δ [Pa$^{1/2}$ × 10^{-3}]	P'
Hexan	14,9	0,1
Toluol	18,2	2,4
THF	18,6	4,0
Chloroform	19,0	4,1
Butanon	19,0	4,7
Ethylacetat	19,6	4,4
Dichlormethan	19,8	3,1
1,2- Dichlorethan	20,0	3,5
Aceton	20,2	5,1
1,4- Dioxan	20,4	4,8
Methylethylether	23,3	5,5
Acetonitril	23,9	5,8
Ethanol	25,9	4,3
Methanol	29,4	5,1
Wasser	47,8	10,2

? Wählen Sie einige Beispiele aus der Tabelle aus, die zeigen, daß dies nicht notwendigerweise der Fall ist.

Sie könnten z.B. Toluol (δ = 18.2, mit Wasser nicht mischbar) und Tetrahydrofuran (δ = 18.6, mit Wasser in allen Verhältnissen mischbar) auswählen oder Dioxan (δ = 20.4), Aceton (δ = 20.2, beide sind mit Wasser mischbar) und Dichlormethan (δ = 20, nicht mischbar mit Wasser) auswählen. Diese Unterschiede zwischen Lösemitteln, die die gleiche Polarität aufweisen, werden als spezifische Effekte bezeichnet. Der Grund dafür ist, daß δ alle intermolekulare Wechselwirkungen angibt, die alle zusammen in ΔE enthalten sind. Zwei Lösemittel mit der gleichen Polarität können aus unterschiedlichen Beiträgen zur Polarität zusammengesetzt sein, z.B. können die intermolekularen Kräfte in einem Lösemittel hauptsächlich aus Wasserstoffbrückenbindungen resultieren, während in dem anderen Molekül diese Kräfte von Dispersionskräften herrühren. Wir benötigen also ein Modell, das in der Lage ist, nicht nur die gesamten intermolekularen Wechselwirkungen, sondern zusätzlich die individuelle Verteilung dieser Wechselwirkungen für jedes Molekül anzugeben. Ein nützlicher Schritt in diese Richtung ist die Einteilung der Lösemittel nach Snyder, die unten ausführlich diskutiert wird.

6.3 Die Einteilung der Lösemittel nach Snyder

Dieses Modell teilt die Lösemittel auf der Basis von P'-Werten ein und berücksichtigt ebenfalls die Möglichkeit der lösemittelspezifischen Effekte. Jedem Lösemittel werden drei Einteilungsparameter zugeordnet: x_e (Protonenakzeptoreigenschaften), x_d (Protonendonatoreigenschaften) und x_n (Dipoleigenschaften). Dann werden die Lösemittel in acht Gruppen, basierend auf ähnlichen x-Parametern, eingeteilt. Lösemittel mit ähnlichen Polaritäten (gemessen als P' oder δ) werden nun nur noch dann als ähnlich angesehen, wenn Sie in derselben Gruppe stehen.

Tabelle 6.3a Selektivitätsparameter für eine Reihe von Lösemitteln

Lösemittel	Gruppe	P'	x_e	x_d	x_n	Substanzklasse
Hexan	I	0,1	-			aliphatische Kohlenwasserstoffe,
Diethylether	I	2,8	0,53	0,13	0,34	Ether
Methanol	II	5,1	0,48	0,22	0,31	Aliphatische Alkohole
Ethanol	II	4,3	0,52	0,19	0,29	
THF	III	4,0	0,38	0,20	0,42	Pyridine, THF, Sulfoxide
DMSO	III	7,2	0,39	0,23	0,39	
Essigsäure	IV	6,0	0,39	0,31	0,30	Carbonsäuren
Benzylalkohol	IV	5,7	0,40	0,30	0,30	aromatische Alkohole
Dichlormethan	V	3,1	0,29	0,18	0,53	aliphatische halogenierte Kohlenwasserstoffe
1,2- Dichlorethan	V	3,5	0,30	0,21	0,49	
1,4- Dioxan	VI	4,8	0,36	0,24	0,40	aliphatische Ketone und Ester
Acetonitril	VI	5,8	0,31	0,27	0,42	Dioxane, Nitrite, Sulfone
Ethylacetat	VI	4,4	0,34	0,23	0,43	
Aceton	VI	5,1	0,35	0,23	0,42	
Toluol	VII	2,4	0,25	0,28	0,47	aromatische Kohlenwasserstoffe,
Chlorbenzol	VII	2,7	0,23	0,33	0,44	Nitroverbindungen, aromatische
Nitroethan	VII	5,2	0,28	0,29	0,43	Ether, halogenierte aromatische Kohlenwasserstoffe
Wasser	VIII	10,2	0,37	0,37	0,25	Wasser, fluorierte Alkohole

Tabelle 6.3a zeigt eine Auswahl von Lösemitteln aus jeder Gruppe (bei Lösemitteln mit geringerer Polarität werden die einzelnen Parameter nicht gesondert angegeben).

Die Einteilung wurde durch eine Untersuchung von 81 Lösemitteln erhalten und die Ergebnisse wurden in einem Selektivitätsdreieck, wie in Bild 6.3b ersichtlich, dargestellt.

Die acht teilweise überlappenden Kreise stellen die x-Parameterregionen dar, die von den verschiedenen Klassen eingenommen werden. Die Vorgehensweise, um ein Lösemittel in eine Gruppe im Diagramm einzuordnen, wird ebenfalls am Beispiel des Acetonitrils gezeigt. Die Art und Weise dieser Vorgehensweise macht es uns unmöglich, eine große Anzahl chemisch verschiedener Lösemittel in einer begrenzten Anzahl von Selektivitätsklassen unterzubringen. Eine praktische Konsequenz daraus ist: Falls ein Lösemittel für eine Trennung nicht genügend Selektivität zeigt, wird sich ein anderes Lösemittel aus dieser Gruppe ähnlich verhalten.

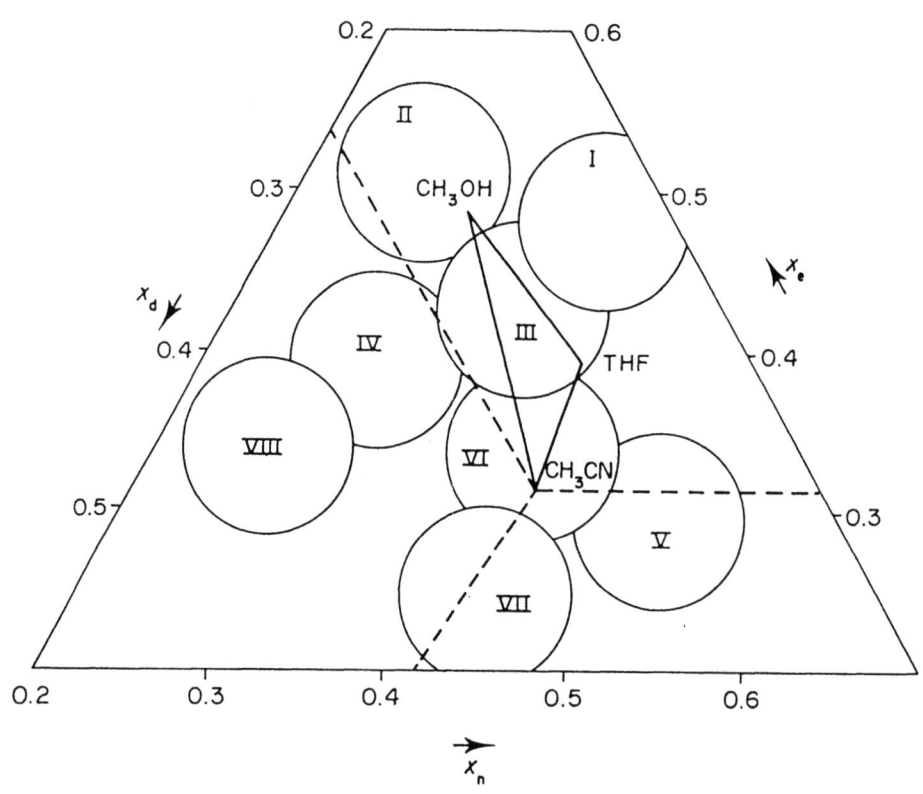

Bild 6.3b Lösemittel-Selektivitäsdreieck

Wenn wir eine mobile Phase bestehend aus drei Lösemitteln auswählen, wollen wir die Lösemittel so aussuchen, daß sie eine möglichst große Palette an unterschiedlichen Selektivitäten aufweisen, so daß man durch die Veränderung der Zusammensetzung der mobilen Phase die Selektivitätsunterschiede bestmöglich nutzen kann. Daher wählt man die Lösemittel möglichst aus den Gruppen des Lösemitteldreiecks, die voneinander am weitesten entfernt sind. (Erinnern Sie sich aber bitte daran, daß immer auch noch andere Faktoren eine wichtige Rolle spielen, wie z.B. Löslichkeit, Viskosität, UV-Durchlässigkeit und Toxizität). Bei einer RP-Trennung werden wir Methanol, Acetonitril und Tetrahydrofuran auswählen. Diesen wird dann ein viertes Lösemittel (Wasser) zugesetzt, um die Polarität so einzustellen, daß die k-Werte unserer Proben im erforderlichen Bereich liegen.

Die Zusammensetzung dieser vier Lösemittel, die die optimale Trennung ergibt, muß dann experimentell bestimmt werden (wie dies geschieht, wird ausführlich an späterer Stelle in diesem Kapitel beschrieben). In der Praxis werden viele HPLC-Trennungen lediglich mit einem binären Gemisch als mobile Phase durchgeführt (z.B. Methanol/Wasser oder Acetonitril/Wasser für RP-Trennungen), aber je komplexer die zu analysierenden Proben sind, umso notwendiger ist der Einsatz von ternären oder quarternären Gemischen als mobile Phase. Ein weiterer Ansporn für den Einsatz solcher Gemische ist, daß dadurch Gradientelutionen durch isokratische Elutionen ersetzt werden können.

6.4 Isoeluotrope mobile Phasen

Der Löslichkeitsparameter eines Lösemittelgemischs (δ_m) kann mit Hilfe eines einfachen Gesetzes bestimmt werden:

$$\delta_m = \sum_i \Phi_i \delta_i \tag{6.4a}$$

wobei Φ_i der Volumenanteil (Molenbruch) und δ_i der Löslichkeitsparameter der Komponente i ist. Somit können wir die Polarität eines Lösemittelgemischs einstellen, indem wir eines oder mehrere Lösemittel mit einer größeren Polarität mit einem oder mehreren Lösemitteln mit einer niedrigeren Polarität mischen. Z.B. für ein binäres Gemisch aus Methanol (M) und Wasser (W) berechnet sich die Lösemittelstärke zu:

$$\delta_m = \Phi_W \delta_W + \Phi_M + \delta_M$$

$$= \delta_W(1 - \Phi_M) + \Phi_M \delta_M \quad (\text{wenn: } \Phi_M + \Phi_W = 1)$$

$$= \delta_W - \Phi_M(\delta_M - \delta_W) \tag{6.4b}$$

In der RP-Chromatographie werden Mischungen verschiedener Lösemittel, die die gleiche Gesamtpolarität besitzen, als isoeluotrope Gemische bezeichnet (z.B. wenn sie dieselbe Lösemittelstärke besitzen). In der Praxis hat es sich gezeigt, daß durch den Ersatz einer mobilen Phase durch ein isoeluotropes Gemisch zwar ungefähr die gleiche Analysenzeit resultiert, die k-Werte der einzelnen Komponenten der Probe aber variieren. Dies ist auf die bereits vorher erwähnten spezifischen Lösemitteleffekte zurückzuführen. Somit ändert sich beim Wechsel der mobilen Phase auch die Auflösung.

Übung 6.4a

Berechnen Sie die Zusammensetzung der binären Gemische THF/Wasser und Acetonitril/Wasser, die isoeluotrop zu einem Methanol/Wasser 50:50 -Gemisch sind.

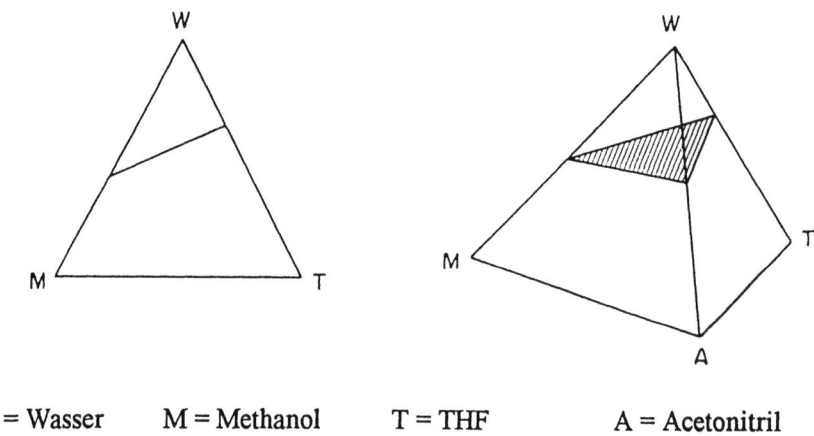

W = Wasser   M = Methanol   T = THF   A = Acetonitril

Bild 6.4a Ternäre und quarternäre Lösemittelgemische, in denen isoeluotrope Regionen dargestellt sind.

Ein ternäres Lösemittelgemisch wird im Dreiecksschema als Punkt dargestellt und ein quarternäres Gemisch als ein Punkt in einer Pyramide, wie in Bild 6.4a gezeigt. In dem Pyramidenschema stellt jede Kante ein Lösemittel dar, Ecken sind binäre Gemische, und jede Fläche ist eine der vier möglichen ternären Gemische. Im ternären Schema ist eine Linie eingezeichnet, die isoeluotrope Methanol/Wasser- und THF/Wasser-Zusammensetzungen verbindet. Punkte auf dieser oder ähnlichen Linien stellen eine ternäre Zusammensetzung dar, die isoeluotrop zu den beiden binären Gemischen ist. Genauso können wir in dem quarternären Schema eine isoeluotrope Ebene definieren, deren Kanten isoeluotrope Zusammensetzungen von Methanol/Wasser, THF/Wasser und Acetonitril/Wasser verbinden. Jeder Punkt auf dieser Ebene stellt ein quarternäres Lösemittelgemisch dar, das isoeluotrop zu den binären Gemischen ist.

6.5 Optimierung der mobilen Phasen

Wenn man eine HPLC-Methode entwickelt, will man für gewöhnlich eine akzeptable Trennung aller interessierenden Komponenten in einer Probe in möglichst kurzer Zeit erreichen. Möglicherweise will man alle Komponenten mit einer bestimmten minimalen Auflösung trennen oder ein Maximum an Auflösung in einer bestimmten Zeit erreichen, oder man will evtl. ein oder zwei bestimmte Komponenten von den anderen abtrennen usw.. In gewissem Maße kann die Trennung durch apparative Parameter wie z.B. Säule, Temperatur und Fluß beeinflußt werden. Natürlich setzt dies voraus, daß man von den apparativen Gegebenheiten aus die Parameter entsprechend variieren kann bzw. eine ausreichend große Auswahl an Säulen zum Testen zur Verfügung steht. Der bei weitem wichtigste Faktor zur Optimierung einer Trennung ist die Zusammensetzung der mobilen Phase.

Erreicht man durch Verwendung eines binären Lösemittelgemisches als mobile Phase keine befriedigende Trennung, so kann durch ein ternäres oder quarternäres Lösemittelgemisch möglicherweise eine bessere Trennung erreicht werden. Wie bereits vorher erwähnt, können Gradienttrennungen häufig durch isokratische Trennungen unter Verwendung von ternären oder quarternären Lösemittelgemischen ersetzt werden. Wenn solch eine passende Zusammensetzung existiert, wird sie irgendwo in den Dreieck- oder Pyramidenformen der Bild 6.4a zu finden sein (diese Tatsache wird als Raumfaktor bezeichnet). Das Problem bei der Optimierung der mobilen Phase liegt nun darin, herauszufinden, wo diese optimale Zusammensetzung liegt. Klar ist, daß es nichts bringt, den kompletten Raum abzusuchen, um die optimale Zusammensetzung der mobilen Phase zu finden; z.B. wird in der Pyramide in Bild 6.4a bei einer RP-Trennung die Zusammensetzungen in der Nähe der „Wasserkante" zu sehr langen Analysezeiten führen. Diese Zusammensetzungen würden in der Nähe der anderen drei Kanten sehr kurze Analysezeiten mit schlechten Auflösungen ergeben. Der erste Schritt in einem Optimierungsprozeß ist also die Einengung des Raumfaktors, z.B. in eine isoeluotrope Linie oder Ebene, die dann nach dem Optimum abgesucht wird.

Die Optimierung der mobilen Phase war in den letzten zehn Jahren Forschungsgegenstand vieler Arbeitsgruppen; die meisten Arbeiten beschäftigten sich dabei mit der RP-Chromatographie. Als Ergebnis dieser Arbeiten wurden eine Reihe von Optimierungsstrategien entwickelt, von denen einige ausführlich diskutiert werden.

6.5.1 Sequentielle Methoden

Die meisten dieser Methoden basieren auf aufeinanderfolgenden einfachen Algorithmen, bei denen eine multidimensionale sequentielle Suchstrategie angewandt wird, um ein experimentelles Optimum aufzufinden. Eine minimale Anzahl an Startexperimenten ist notwendig. Auf diesen basiert dann der Algorithmus. Dieser führt dann die experimentellen Ergebnisse von schlechten zu besseren Trennungen. Der Algorithmus nutzt eine geometrische Form mit einer Kante mehr als die Anzahl der Variablen, die untersucht werden. Somit wird für zwei Variablen z.B. ein Dreieck benutzt, bei dem jede Kante einen Satz von Operatoren enthält. Chromatogramme werden nun unter jeder dieser drei Bedingungen aufgenommen und die Güte der Trennung wird für jeden Satz beurteilt. Der Satz, der die schlechteste Trennung liefert, wird verworfen und eine neue Kante durch Berechnen der geometrischen

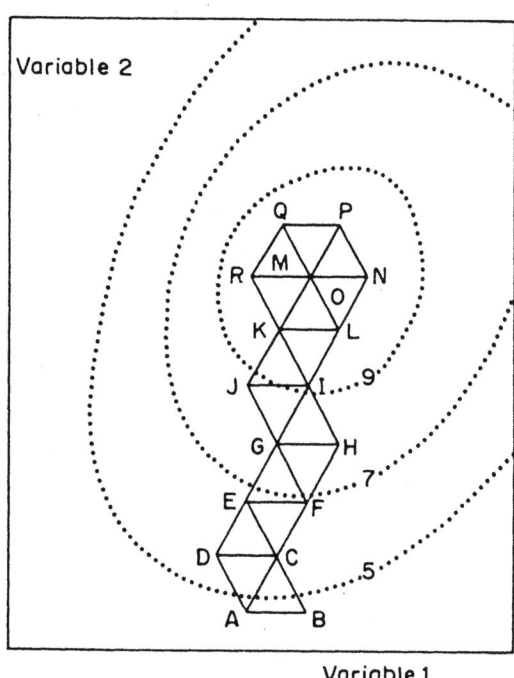

Bild 6.5a Zwei-Variablen-Optimierung. Die gepunktete Linie stellt Bereiche gleicher Trennungsgüte dar.

Figur, die als Grundlage diente, und Verbinden der verbliebenen Kanten mit dem neu berechneten Punkt, erstellt. Eine wiederholte Durchführung dieser Vorgehensweise führt zu einem Satz von Operatoren, der sich in der Nähe des Optimums bewegt. Die Vorgehensweise ist in Bild 6.5a illustriert. Startexperimente lieferten die Bedingungen, die durch A, B und C geschrieben werden. Satz B ergibt die schlechteste Trennung, also wird er verworfen, und das Dreieck wird zu Punkt D hin aufgespannt. Ein weiteres Experiment wird nun unter den Bedingungen von D durchgeführt. Von den drei Sätzen A, C und D wird nun A verworfen und ein neues Dreieck berechnet, das den Satz E liefert usw. Diese Vorgehensweise führt nach und nach zu immer günstigeren Ergebnissen und nähert sich langsam dem Optimum O.

Um das Optimum herum wird die Berechnung des Dreiecks manchmal zu einer Position gelangen, bei der eine Messung bereits vorliegt, z.B. MNL, wobei N das schlechteste Ergebnis liefert. Anstelle N nun zu verwerfen und K wieder zu messen, wird nun das zweitschlechteste Ergebnis (L) verworfen und das Dreieck in Richtung P aufgespannt. Diese Vorgehensweise wird nun so lange wiederholt, bis R erreicht wird. Danach sind keine Messungen mehr möglich, bei denen entweder das schlechteste oder das zweitschlechteste Ergebnis verworfen werden kann, und die Optimierung stoppt nach 17 Experimenten. Bei einer Zwei-Variablen-Optimierung, wie sie für die Optimierung einer dreikomponentigen Lösemittelmischung benutzt wird, wären die beiden Variablen zwei der drei Volumenanteile der Komponenten der Mischung. Das ist ausreichend, um eine Mischung zu definieren, denn die Summe aller drei Volumenanteile der Komponenten muß 1 ergeben.

Eine wichtige Bedingung dieser und anderer Optimierungsmethoden ist, daß ein objektives Kriterium gefunden werden muß, um die Güte einer Trennung beschreiben zu können, oder mit anderen Worten: Wir müssen die Güte eines Chromatogramms mit einer Zahl ausdrücken können. Für dieses Unterfangen wurden bereits viele verschiedene Ansätze unternommen. Einer der einfachsten Ansätze berechnet die Auflösung des kritischen Peakpaares, also des Peakpaares, welches am schlechtesten aufgelöst ist, oder berechnet die Summe oder das Produkt aller benachbarten Peakpaare. Simplex-Optimierungen benutzen meist etwas komplexere chromatographische Parameter, in denen als Gütekriterium die Summe aller Auflösungen benachbarter Peakpaare und zusätzlich Terme enthalten sind, die die Anzahl der vorhandenen Peaks, die Analysenzeit und verschiedene Gewichtungsfaktoren beinhalten.

Die zwei hauptsächlichen Nachteile der Simplex-Methoden sind: Erstens ist u.U. eine große Anzahl von Experimenten notwendig, und zweitens kann der Raumfaktor eine Reihe von Regionen beinhalten, in denen gute Ergebnisse erhalten werden (lokale Optima), die die Optimierung möglicherweise beenden, bevor das beste Ergebnis (globales Optimum) gefunden wurde. Das zweite Problem kann manchmal dadurch gelöst werden, daß man bei der Simplex-Optimierung einfach von verschiedenen experimentellen Startpunkten ausgeht. Dies erhöht auch die Anzahl der Experimente die durchgeführt werden müssen.

6.5.2 Prädektive (vorhersagende) Methoden

Die Methoden beginnen i.d.R. mit einer Verringerung des Raumfaktors, z.B. wird bei einer Optimierung eines vierkomponentigen Lösemittelgemischs die Pyramide auf eine isoeluotrope Ebene reduziert. Der günstigste Weg ist dabei, einen Gradientlauf von 0 bis 100 % Wasser/organische Lösemittel (Methanol oder besser Acetonitril) durchzuführen. Aus diesem Lauf ist es möglich, die passende organische Lösemittel/Wasser-Zusammensetzung für die isokratische Trennung zu bestimmen, bei der die k-Werte im Bereich zwischen 1 und 10 liegen. Ist diese Zusammensetzung bekannt, können die beiden anderen isoeluotropen binären Zusammensetzungen (z.B. THF/Wasser oder Acetonitril/Wasser) berechnet werden. Diese bilden dann die drei Ecken der isoeluotropen Ebene. Die Berechnungen werden auf der Grundlage empirischer Übertragungsregeln durchgeführt, die ihrerseits wiederum auf der experimentellen Bestimmung von Probenretentionen einer Reihe von ternären Lösemittelgemischen basieren. Diese Übertragungsregeln ergeben leicht andere Ergebnisse als die, die man erhält, wenn man die Mischungsregel der Löslichkeitsparameter (Gleichungen 6.4a und 6.4b) anwendet.

Die isoeluotrope Ebene repräsentiert eine Region von Lösemittelzusammensetzungen, bei denen bei jedem Punkt der Ebene theoretisch die gleiche Analysenzeit zu erwarten ist, obwohl die Retention der Einzelkomponenten bei verschiedenen Lösemittelzusammensetzungen variieren kann. Ist experimentell die Lage der Ebene festgelegt, werden weitere

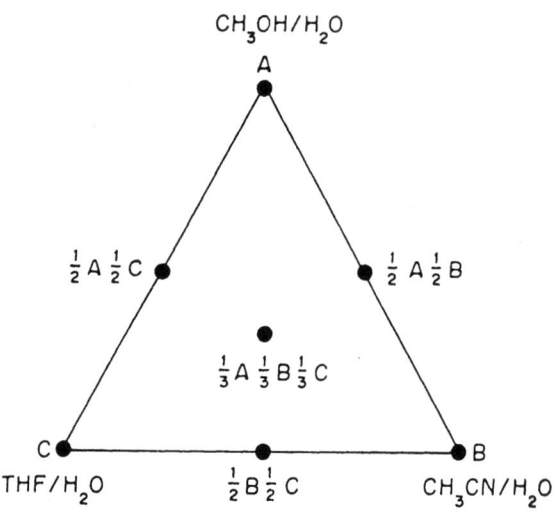

Bild 6.5b Die statistische 7-Punkt-Strategie

Läufe von verschiedenen Punkten der Ebene herausgenommen. In Bild 6.5b ist eine solche Optimierungsstrategie dargestellt. Man bezeichnet diese als „statistische 7-Punkt-Strategie". Ein Computeralgorithmus benutzt die so erhaltenen Ergebnisse, um Vorhersagen über das Retentionsverhalten jeder einzelnen Komponente über den gesamten Bereich der Oberfläche der Ebene zu machen. Um dies zu realisieren, gibt es eine Reihe von mathematischen Funktionen, von denen jede einen Anfangslauf auf der Ebene benötigt. Das Ergebnis dieses Modellprozesses ist eine Retentionsoberfläche (eine Karte des Retentionsverhaltens jeder Komponente über die gesamte Oberfläche der Ebene). Von der Retentionsoberfläche kann eine Response-Oberfläche berechnet werden, die eine Karte der chromatographischen Güte darstellt. Aus dieser Response-Oberfläche kann nun die optimale Zusammensetzung der mobilen Phase bestimmt werden.

Das Modell, das in diesen Methoden benutzt wird, beinhaltet eine gewisse Ungenauigkeit. Das Hauptproblem der vorhersagenden Methoden ist jedoch die Peakzuordnung. Es ist notwendig, in der Retentionskarte der experimentellen Ergebnisse die Retentionszeit jedes Peaks in jedem Chromatogramm zuordnen zu können. Ändert sich die Zusammensetzung der mobilen Phase, kann sich die Retentionsreihenfolge der Peaks ändern, oder einer oder mehrere Peaks können koeluieren. Dies führt zu dem Problem, die entsprechenden Peaks zu identifizieren. Es versteht sich, daß dies durch Injizieren von Standards bei jeder Zusammensetzung der mobilen Phase herausgefunden werden kann, aber dies ist ein sehr mühsamer Prozeß. Aus diesem Grund versuchen vorhersagende Methoden sog. „Peak-Spuren" in die Computer-Software zu legen, indem sie Peaks aufgrund ihrer UV-Spektren und/oder Peakflächen wieder erkennen (nicht identifizieren).

6.5 Optimierung der mobilen Phasen

Im folgenden wird nun das Optimierungsschema beschrieben, das in einem Forschungszentrum der Firma ICI benutzt wird. Die Probe wird hierbei zunächst mit einer entsprechenden isokratischen Methanol/Wasser (oder Puffer)-Mischung getrennt. Diese wird aus einem vorherigen Gradientlauf ermittelt. Anschließend wird die Probe mit einem isoeluotropen binären THF/Wasser- und Acetonitril/Wasser-Gemisch analysiert. U.U. kann bereits mit einer dieser Eluentenmischungen die gewünschte Auflösung erzielt werden. In einem solchen Fall ist natürlich keine weitere Optimierung der mobilen Phase nötig. Wenn die Trennung nicht ausreichend ist und wir nur geringe Selektivitätenänderungen zwischen den beiden Zwei-Komponenten-Mischungen feststellen, ist eine weitere Optimierung der mobilen Phase nicht gerechtfertigt und die vorhergehenden Schritte werden mit einer anderen stationären Phase (z.B. C8 statt C18) wiederholt. Falls jedoch markante Selektivitätsunterschiede zwischen den Trennungen mit den verschiedenen zweikomponentigen Lösemittel-Gemischen bestehen, wird die Optimierung mit der 7-Punkt-Strategie, die in Bild 6.5b dargestellt ist, fortgesetzt. Diese wird dann mit einem Computerprogramm gekoppelt. Bild 6.5c zeigt die Ergebnisse einer Trennung einer Probe, bestehend aus Anthrachinon und verschiedener substituierter Anthrachinonderivate. Beachten Sie, daß die Trennung bei jeder der zweikomponentigen isoeluotropischen Lösemittelmischungen unbefriedigend ist. In (i) bis (iii) werden aber große Selektivitätsunterschiede zwischen den einzelnen Trennungen beobachtet. Bild 6.5c (iv) zeigt die Trennung, die im vorhergesagten Optimum der quaternären Lösemittelzusammensetzung erhalten wird.

Optimierungspakete, die auf sequentiellen und vorhersagenden Methoden basieren, sind kommerziell erhältlich. Auf sie wird in Abschnitt 6.5.4 näher eingegangen.

6.5.3 Iterative Methoden

Bei diesen Methoden wird ein einfaches Modell an einige wenige experimentelle Datenpunkte angepaßt, um so die optimale Lösemittelzusammensetzung vorherzusagen. Dieses Gemisch wird dann getestet. Ist die Trennung unbefriedigend, werden die Ergebnisse des Laufes dazu benutzt, das Modell zu verbessern und so ein Optimum zu erreichen. Im folgenden Beispiel wird ein ternäres Gemisch aus Methanol, THF und Wasser zur Trennung einer Probe bestehend aus einem Gemisch von 6 Aromaten optimiert. Zunächst wird wie in dem vorherigen Abschnitt eine Methanol/Wasser-Mischung mittels Gradientelution ermittelt, bei der die Proben in einem k-Wert-Bereich zwischen 1 und 10 eluieren. Die Zusammensetzung wurde zu Methanol/Wasser (50:50) bestimmt. Nun werden zwei Analysen durchgeführt: Eine mit diesem Gemisch und eine mit der isoeluotropen THF/Wasser-Zusammensetzung (s. Bild 6.5d, Chromatogramm (i) und (ii)). Aus diesen Läufen ergeben sich zwei Chromatogramme mit ungefähr gleicher Analysenzeit, aber unterschiedlichen k-Werten für die Einzelpeaks.

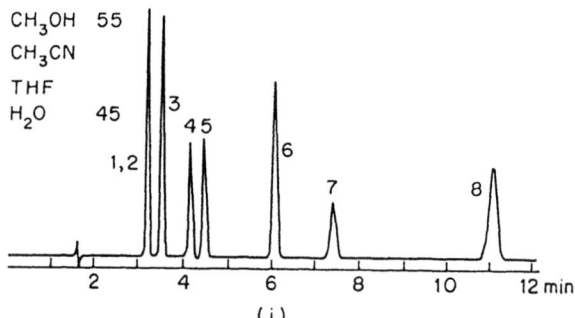

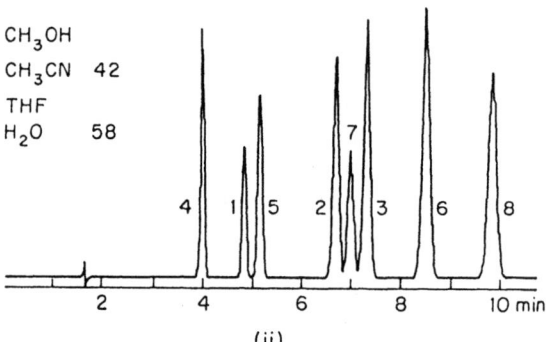

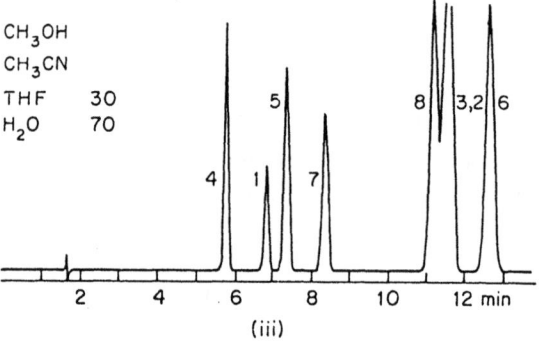

6.5 Optimierung der mobilen Phasen

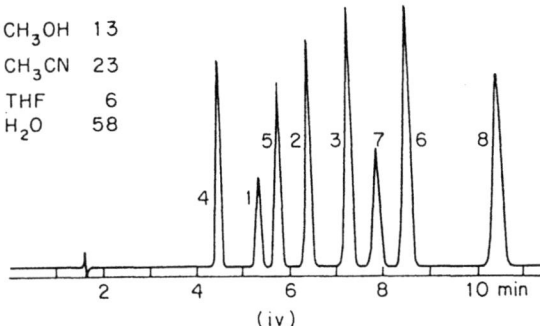

1	1,5-Diamino
2	1,8-Dinitro
3	1,5-Dinitro
4	2-Amino
5	1,8-Diamino
6	1-Nitro
7	1-Amino
8	Anthrachinon

Bild 6.5c Optimierung der mobilen Phase für substituierte Anthrachinone

Die Retention jeder einzelnen Komponente im ternären isoeluotropen Gemisch wird nun dadurch berechnet, indem man einen linearer Zusammenhang zwischen ln k und den einzelnen Volumenteilen annimmt. Unter Benutzung dieser Annahme wird ein Diagramm erstellt (s. Bild 6.5d (iii)). In einem solchen Diagramm werden die experimentell bestimmten ln k - Werte jeder einzelnen Probenkomponente aus den beiden isoeluotropen zweikomponentigen Lösemittelgemischen aufgetragen und durch Geraden miteinander verbunden. Diese Retentionsdaten werden nun dazu benutzt, um eine Aussage über die Güte einer Trennung über die komplette Bandbreite der Zusammensetzung der mobilen Phase zu gewinnen.

Diese Aussage ist hier das Produkt aller Werte für die Auflösung zwischen allen benachbarten Peaks im Chromatogramm (ΠR_s). Jeder koeluierende Peak ergibt $\Pi R_s = 0$, analog zu jedem Schnittpunkt der Geraden der aufgetragenen ln k-Werte. Das Diagramm sagt z.B. voraus, daß eine Mischung bestehend aus 10 % THF, 35 % Methanol und 55 % Wasser eine Koelution der Peaks 4, 5 und 6 zur Folge haben wird (s. Bild 6.5d, Chromatogramm (iv)). Die optimale Zusammensetzung bezüglich des Maximums ΠR_s ist in Chromatogramm (v) der Bild 6.5d dargestellt. In diesem Beispiel ist das erste vorhergesagte Optimum befriedigend. Bild 6.5e zeigt ein Beispiel, in dem das erste vorhergesagte Optimums des Diagramms zur Auswahl der mobilen Phase (i) ein Chromatogramm liefert, das noch unaufgelöste Peaks enthält (ii). Die Retentionsdaten dieses Chromatogramms werden nun dazu genutzt, um ein verbessertes Diagramm zur Auswahl der mobilen Phase zu berechnen (iii).

Dieses Chromatogramm sagt nun ein von der ersten Berechnung verschiedenes Optimum voraus. Das daraus resultierende Chromatogramm ist in (iv) dargestellt. Beide Beispiele wurden der Literatur [7], die am Ende des Kapitels aufgelistet ist, entnommen.

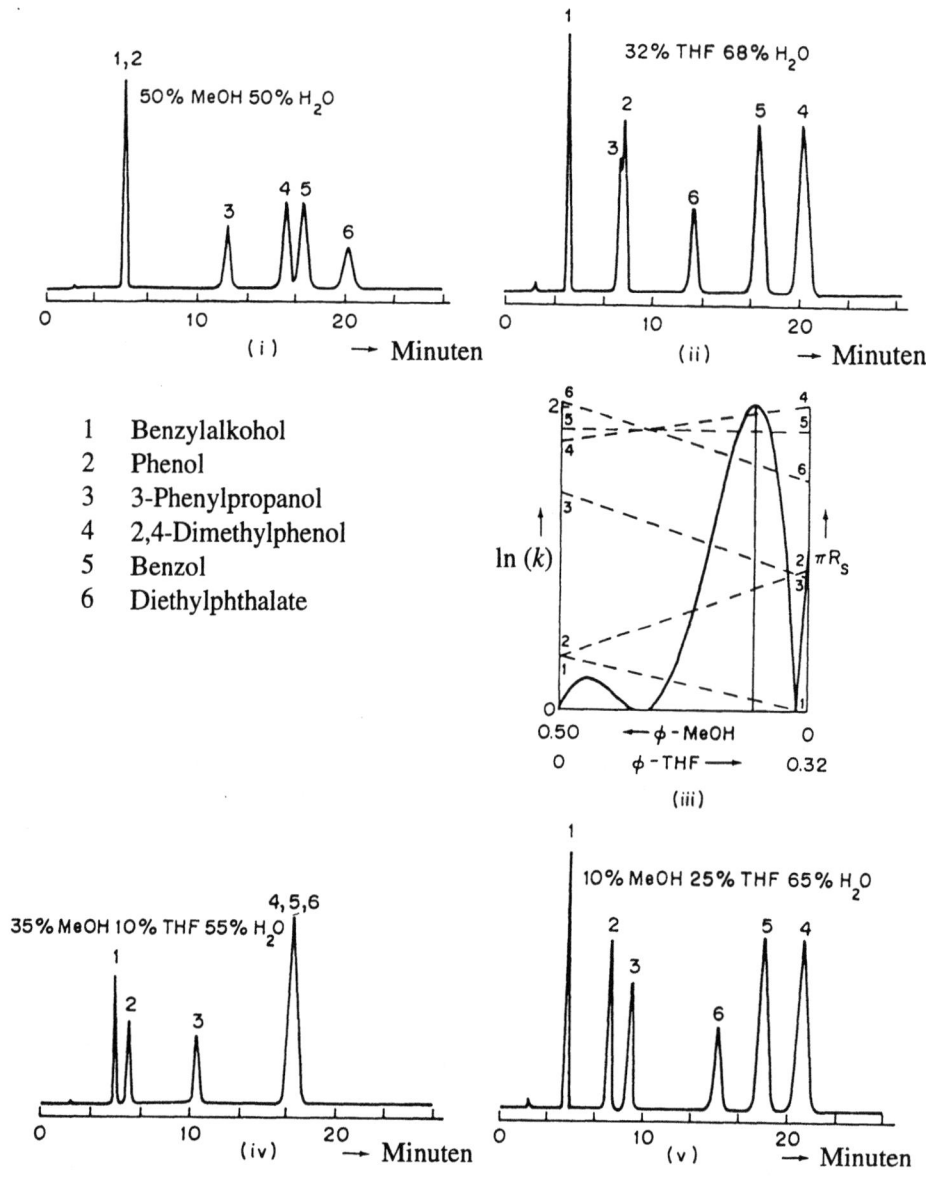

1 Benzylalkohol
2 Phenol
3 3-Phenylpropanol
4 2,4-Dimethylphenol
5 Benzol
6 Diethylphthalate

Bild 6.5d Optimierung einer ternären mobilen Phase

6.5 Optimierung der mobilen Phasen

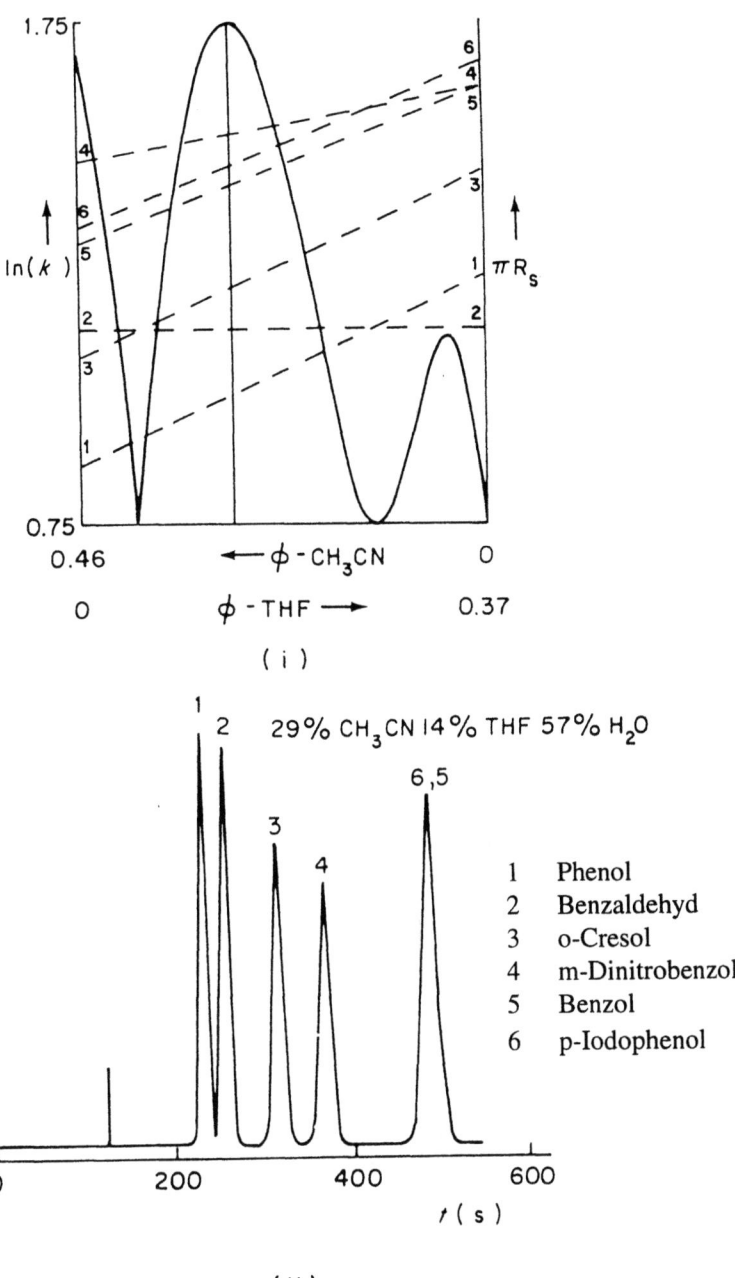

Bild 6.5e Optimierung einer ternären mobilen Phase

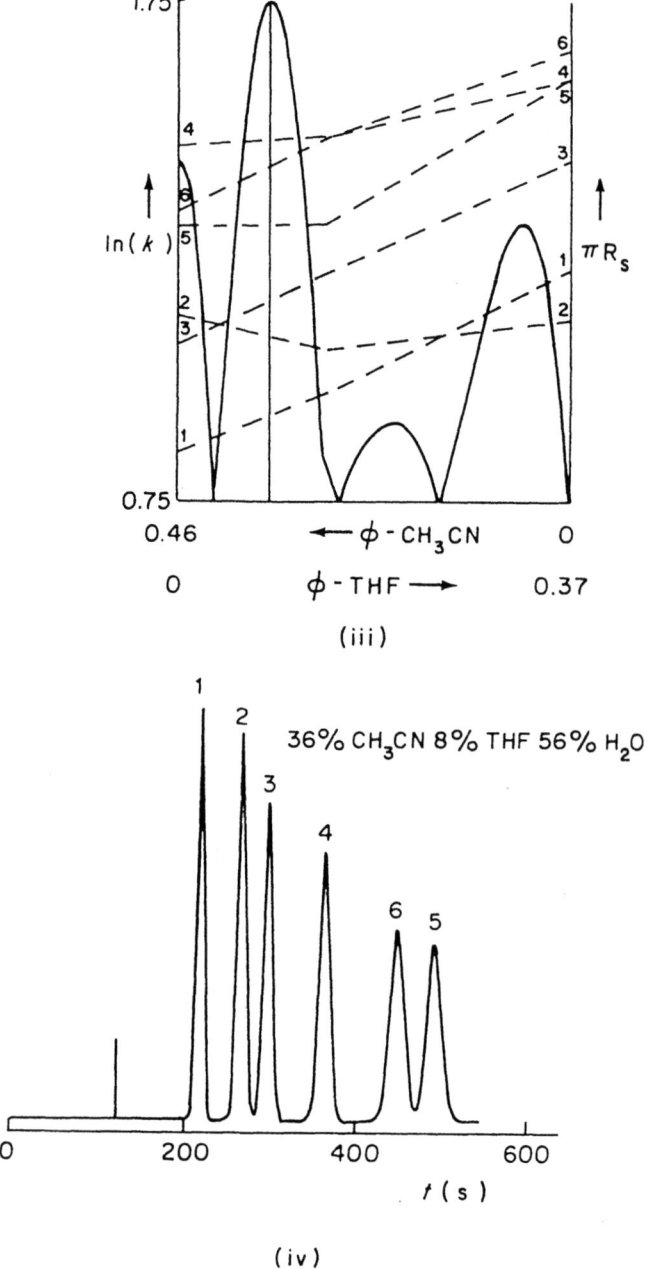

Bild 6.5e Optimierung einer ternären mobilen Phase (Fortsetzung)

6.5.4 Kommerzielle Systeme

Z.B. benutzt das Philipps PU 6100 System ähnliche Methoden, wie sie im Abschnitt 6.5.2 beschrieben werden. Eine passende isoeluotrope Ebene wird zwischen den vier Lösemitteln Wasser (bzw. Puffer), Methanol, THF und Acetonitril mit Hilfe der im vorhergehenden Abschnitt beschriebenen Methode konstruiert. Eigentlich ist es für die Ebene nicht unbedingt notwendig, daß sie exakt isoeluotrop ist. In diesem Fall sind allerdings beträchtliche Änderungen der Analysenzeiten an drei Ecken der Ebene dann aber in Kauf zu nehmen. Für das System zur Chromatogrammodellierung sind ca. zehn experimentelle chromatographische Läufe notwendig, wie in Bild 6.5f dargestellt wird. Einer dieser zehn Läufe wird als Referenzchormatogramm herausgenommen. Dieses Chormatogramm beinhaltet Dioden-Array-Spektren aller Peaks. Diese Dioden-Array-Spektren werden zur Peak-Erkennung in allen zehn Chromatogrammen benutzt. Unterschiedliche Positionen der einzelnen Peaks können so festgestellt werden. Verschiedene chromatographische Methoden werden dazu benutzt, koeluierende oder überlappende Peaks zuzuordnen. Dies ist notwenig, um die Retentionszeit jedes einzelnen Peaks in einem zusammenfallenden Peaksatz festzulegen.

Nun wird die Retentionszeit jedes Peaks über die komplette Ebene berechnet und aus der resultierenden Retentionsoberfläche die Ergebnisoberfläche ausgegeben. Die Ergebnisoberfläche ist eine dreidimensionale Kante, die zeigt, wie sich die Qualität des Chromatogrammes mit der Lösemittelzusammensetzung über die gesamte Ebene ändert. Verschiedenartigste Qualitätskriterien können dazu benutzt werden, um die Ergebnisoberfläche zu berechnen. In dem Beispiel, das weiter unten näher diskutiert wird, wird lediglich die Auflösung zwischen zwei kritischen Peakpaaren als Qualitätskriterium für die Ergebnisoberfläche herangezogen.

Die Ergebnisse werden bequemerweise in der Form einer dreieckigen Konturkarte dargestellt. Dies ist eine zweidimensionale Ansicht der Ergebnisoberfläche, die Regionen unterschiedlicher chromatographischer Qualität in unterschiedlichen Farben darstellt. Die Konturkarte ist mit einem Cursor ausgestattet, der nach seiner Positionierung immer das entsprechende vorhergesagte Chromatogramm an dieser Stelle anzeigt.

Eine Anwendung dieser Optimierungsmethode wurde publiziert (R. J. Lynch, S. D. Pattersson und R. E. A. Escott, LC-GC International 1990, 3,54). Der Gegenstand dieser Publikation war die Verbesserung der Trennung zweier Stellungsisomere einer aromatischen Nitroverbindung (diese Verbindung wurde für kommerziell interessant gehalten). Diese Isomere wurden zuvor mittels eines Wasser/Acetonitril-Gradienten (s. Bild 6.5g) getrennt.

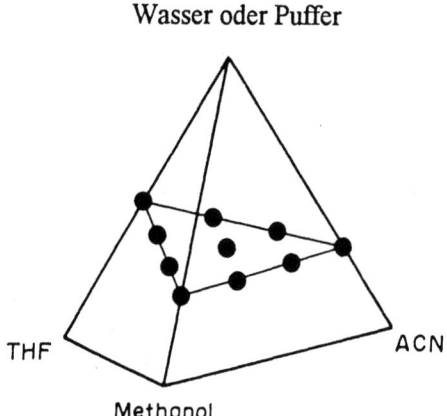

Bild 6.5f Isoeluotrope Ebene, in der die 10 experimentellen Punkte eingezeichnet sind.

In Bild 6.5h sind die Chromatogramme dargestellt, die man erhält, wenn man als Eluenten die drei Ecken der isoeluotropen Ebene verwendet. Die Retentionszeitänderungen in dem Chrormatogramm bewegen sich in einem tolerierbaren Rahmen. Diese drei Chromatogramme neben den sieben anderen, die aus den Punkten der Bild 6.5f erhalten wurden, wurden dazu benutzt, das Retentionsverhalten zu berechnen und die Ergebnisoberfläche der Bild 6.5i zu erzeugen. Das Dreieck in der Bild stellt die isoeluotrope Ebene dar. Die Qualitätsfunktion wurde auf der vertikalen Achse aufgetragen. Die optimale Zusammensetzung der mobilen Phase ist an der Stelle, an der die Qualitätsfunktion ein Maximum erreicht. Dieses befindet sich in der Nähe der THF/Wasser-Ebene.

Bild 6.5j zeigt den entsprechenden Konturplot und Bild 6.5k das entsprechende Chromatogramm, das man mit der vorhergesagten mobilen Phase erhält.

? Was hat man durch die Optimierung der mobilen Phase in diesem Beispiel erreicht?

6.5 Optimierung der mobilen Phasen

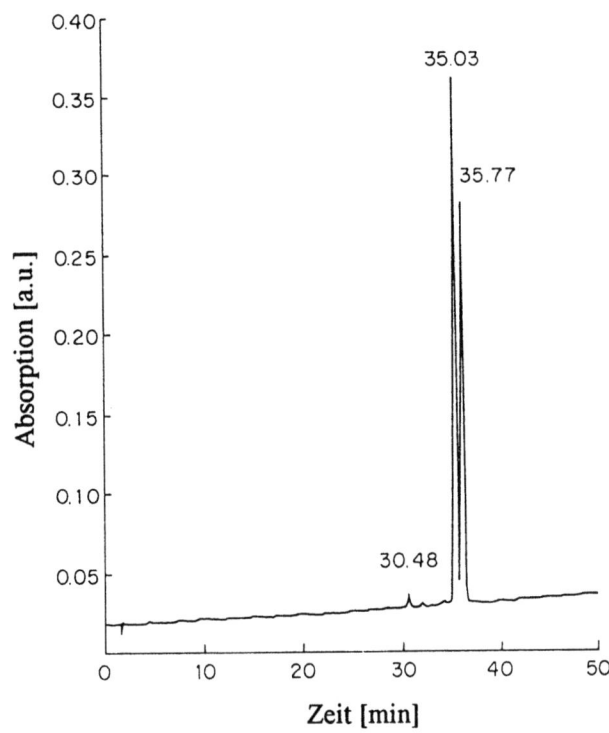

Bild 6.5g Trennung von Stellungsisomeren mittels Gradientelution

Säule:	Spherisorb S5 ODS 2, 25 cm x 4,6 mm
Mobile Phase:	A: Acetonitril/Wasser 20:80
	B: Acetonitril/Wasser 80:20
	Gradient: 50 - 100% B, 50 min
Fluß:	1 ml/min
Detektion:	UV- Absorption, $\lambda = 280$ nm

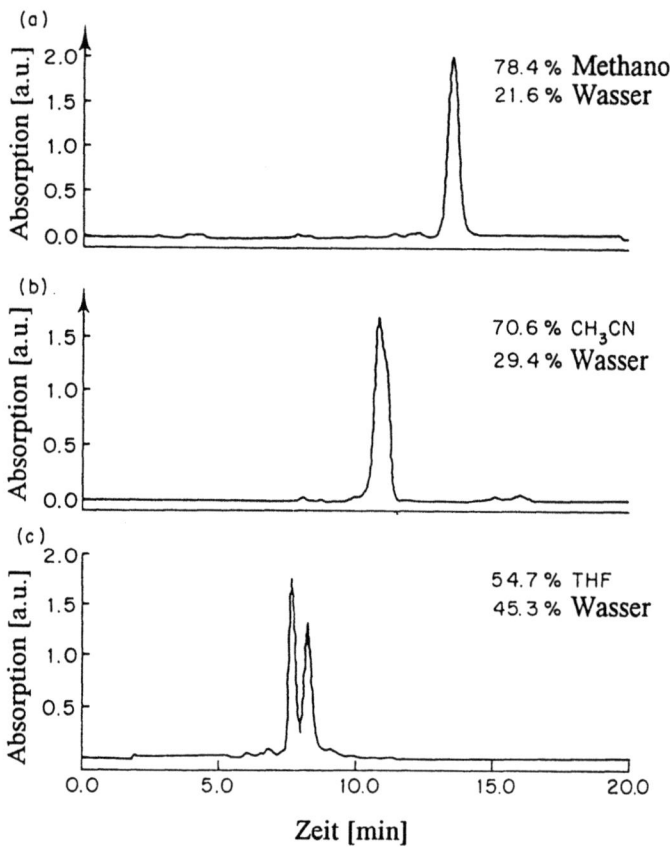

Bild 6.5h Chromatogramme an den Ecken der isoeluotropen Ebene

6.5 Optimierung der mobilen Phasen

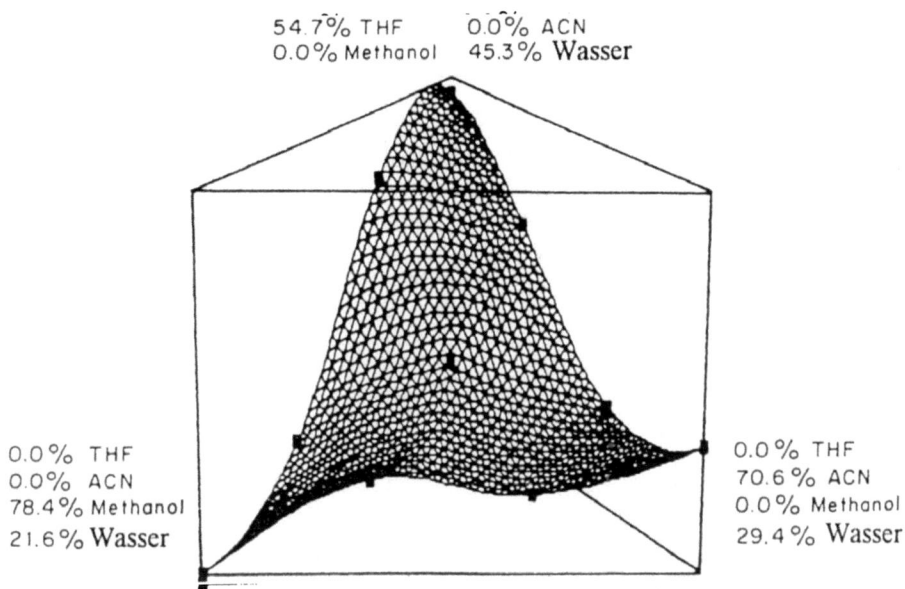

Bild 6.5i Ergebnisoberfläche zur Trennung von Stellungsisomeren

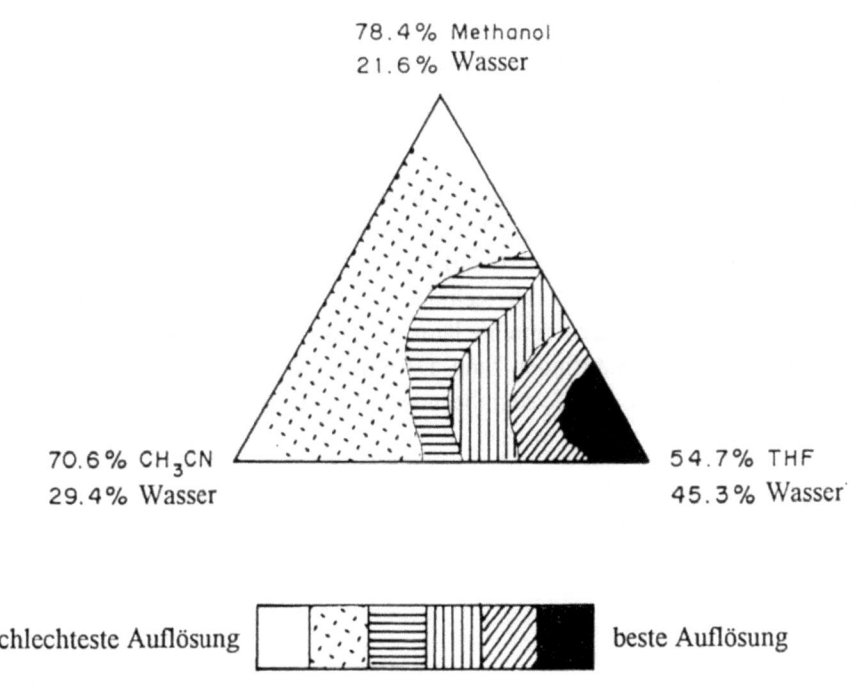

Bild 6.5j Konturplot der Trennung von Stellungsisomeren

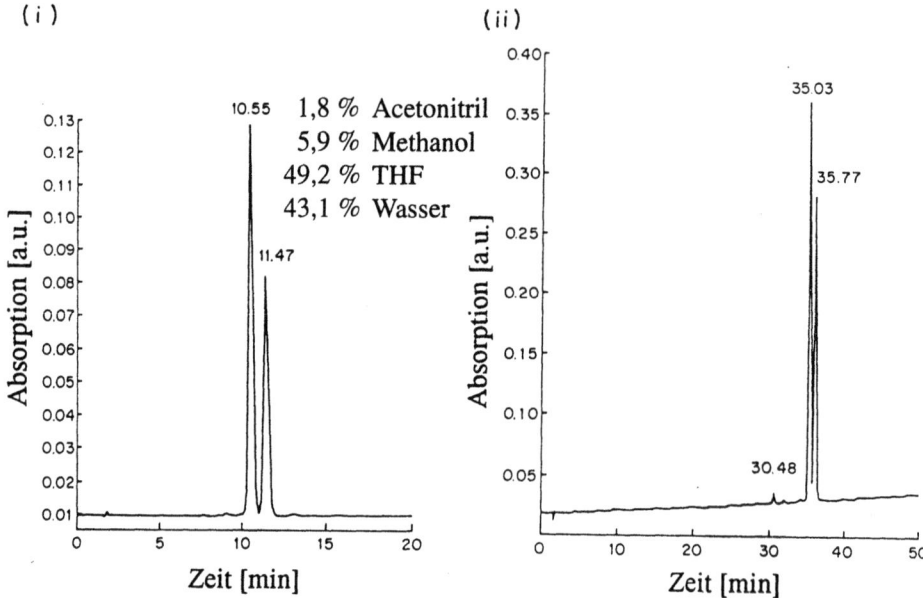

Bild 6.5k Trennung von Stellungsisomeren (ii) mittels Gradientelution (i) unter Verwendung der optimalen Zusammensetzung der mobilen Phase

Die Auflösung der beiden Isomeren ist besser und die Analysenzeit verringerte sich von etwa 35 Minuten (plus der Zeit zur Reäquilibrierung der Säule nach dem Gradientlauf) auf etwa 12 Minuten.

Das PESOS (Perkin Elmer Solvent Optimization System) beginnt ebenfalls mit einer isoeluotropen Ebene, die dann sequentiell nach einem Optimum abgesucht wird. Der LC-System-Controller ist so programmiert, daß er eine gewisse Anzahl von Experimenten bei den Bedingungen, die im Lösemitteldreieck der Bild 6.5l als Punkte dargestellt sind, durchführt. Die Durchführung der Experimente läuft automatisch ab, so daß die Suche nach dem Optimum voll automatisch stattfinden kann. Der größte Nachteil dieser Methode ist die zur Optimierung benötigte Zeit. Das System beendet die Optimierung nicht selbstständig, wenn eine akzeptable Trennung erreicht wurde.

6.5 Optimierung der mobilen Phasen

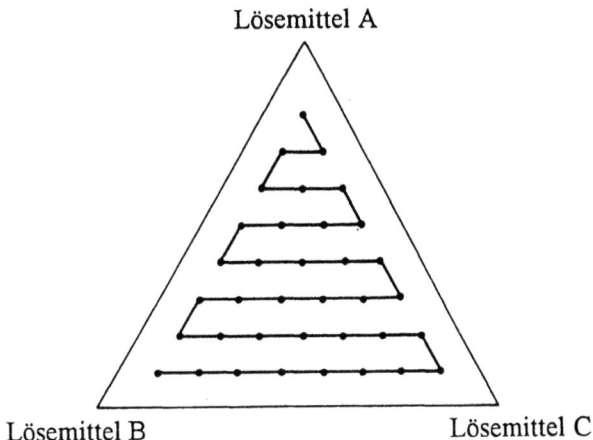

Bild 6.5l Experimentelle Vorgehensweise des PESOS-Systems.

Übung 6.5a

In Bild 6.5m sind in zwei Gruppen jeweils drei Chromatogramme dargestellt. Welches Chromatogramm ist in jeder Gruppe jeweils das Beste?

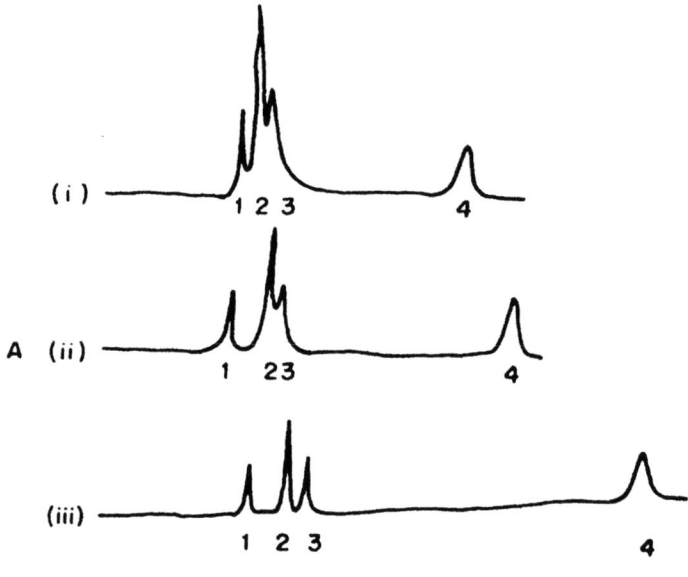
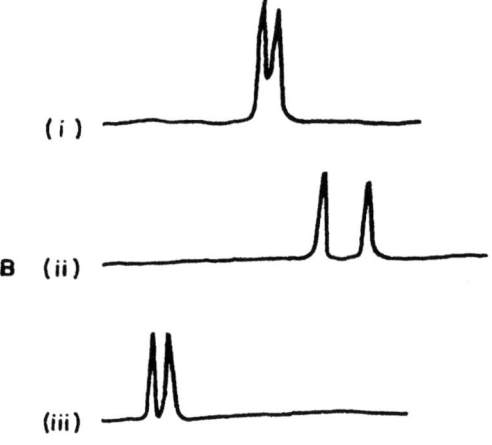

Bild 6.5m Chromatogramme zur Übung 6.5a

6.6 Zusammenfassung

Methoden zur Abschätzung von Polaritäten (Lösemittelstärken) von Lösemitteln und Lösemittelgemischen und die Einteilung der flüssigchromatographischen Lösemittel auf der Grundlage von Selektivitätseigenschaften wurden beschrieben. Einige wichtige Methoden zur Optimierung der mobilen Phase wurden vorgestellt.

Lernziele

Sie sollten nun in der Lage sein:

- Die Bedeutung der Polarität (Lösemittelstärke) in der HPLC einschätzen zu können und zu wissen, wie sie gemessen wird;
- die Polaritäten (Lösemittelstärken) von Lösemittelmischungen aus den einzelnen Lösemittelparametern berechnen zu können;
- die Einteilung der Lösemittel auf der Basis ihrer Polaritäten und Selektivitätsunterschiede einschätzen zu können;
- in groben Zügen die Methoden zur Optimierung der mobilen Phase beschreiben zu können.

Literatur

POLARITÄT UND EINTEILUNG VON LÖSEMITTELN

1. L. R. Snyder, Journal of Chromatographic Science 1978, 16, 223-234.
2. J. Schoenmakers, H. A. H. Billiet, L. de Galan, Chromatographia, 1982, 15, 205 - 214.
3. A. Sewell, B. Clarke, ACOL Chromatograophic Seperations, John Wiley, 1987, Kapitel 3.

OPTIMIERUNG DER MOBILEN PHASE

4. L. R. Snyder, J. L. Glajch, J. J. Kirkland, Practical HPLC Method Development, Wiley- Interscience, 1988.
5. J C. Berridge, Techniques for the Automated Optimisation of HPLC Separations, Wiley- Interscience, 1985.
6. P. J. Schoenmakers, Optimisation of Chromatographic Selectivity, Elsevier, 1986, Kapitel 2 - 5.
7. P. J. Schoenmakers, A. C. J. H. Drouen, H. A. H. Billiet, L. de Galan, Chromatographia, 1982, 15, 688-696.
8. J. W. Donan, L. R. Snyder, Journal of Chromatographic Science, 1990, 38, 379.
9. A. Wright, Chromatography and Analysis, April 1990, 5 - 7.

7 Säulenpackungen und Methoden der HPLC

7.1 Die stationäre Phase

Die am häufigsten in der HPLC benutzte stationäre Phase ist Kieselgel mit einem Durchmesser im Mikrometerbereich (Mikro- oder Feinkornteilchen). Es handelt sich dabei um kleine, poröse Kieselgelteilchen, die entweder sphärisch (rund) oder irregulär (unregelmäßig) geformt sind. Der nominelle Durchmesser beträgt 3, 5 oder 10 μm. Die Teilchen werden so hergestellt, daß sie eine enge Verteilung der Partikelgröße und des Porendurchmessers aufweisen. Diese kleinen Kieselgelteilchen ähneln äußerlich feinem Talgpulver. Das Trockenpacken dieser Mikroteilchen führt zu Säulenpackungen, die unter Druck nicht stabil sind. Daher werden sie mit Hilfe eines Slurrys (das Material wird in einem geeigneten Lösemittel (oder Lösemittelgemisch) aufgeschlämmt) und unter hohem Druck in die Säule gepackt.

Diese Packungsmaterialien sind auch als Dünnschichtteilchen (engl. porous layer beads (plb)) erhältlich. Dünnschichtteilchen haben einen inerten sphärischen Kern aus Glas oder Kunststoff mit einem Durchmesser von 30 bis 40 μm. Auf ihrer Außenseite ist eine Schicht aus Kieselgel oder modifiziertem Kieselgel aufgetragen. Sie werden heutzutage nur noch als Material für Schutzsäulen (vgl. Abschnitt 9.3.2) oder manchmal auch noch für die Ionenaustauschchromatographie verwendet. Für die präparative HPLC benutzt man Teilchen mit einem Durchmesser von 10 bis 20 μm oder zum Teil noch größer.

Der Einsatzbereich von Kieselgelen hat besonders bei extremen pH-Werten seine Grenzen. Um diese Nachteile auszugleichen, wurden andere Packungsmaterialien entwickelt. Solche Materialien basieren auf Fluorkohlenwasserstoffen, Kohlenstoff, Aluminiumoxid oder Polymerharzen. In einigen Bereichen der HPLC (Ionenchromatographie oder Ausschlußchromatographie) ist die Verwendung von polymeren Gelen oder Harzen weit verbreitet.

In Tabelle 7.1a sind die Eigenschaften von zwei kommerziell erhältlichen stationären Phasen aufgelistet. Die erste Phase ist ein mit Octadecylsilan modifiziertes Kieselgel mit einem Durchmesser von 3 μm, die zweite ein 10 μm unmodifiziertes Kieselgel.

Tabelle 7.1a: Eigenschaften von zwei kommerziell erhältlichen stationären Phasen

	Hypersil 3 ODS	Spherisorb S 10W
	Shandon C-18 RP-Phase end capped sphärisch	Phase Separations Kieselgel - sphärisch
Durchmesser, µm	3	10
Bereich, µm	2,9 - 3,2	8 - 12
Porendurchmesser, µm	1200	800
Bereich, µm	900 - 1500	540 - 1100
Kohlenstoffgehalt, %	10	-
Oberfläche, $m^2\ g^{-1}$	170	220
Preis (1996), DM pro 10g	170	170

Wenn Sie sich ausführlich mit der HPLC beschäftigen, werden Sie feststellen, daß es eine verwirrende Vielfalt an im Handel erhältlichen stationären Phasen gibt (das Lehrbuch von Meyer enthält eine ausführliche Liste). Es gibt heute eine große Anzahl von Herstellern dieser Materialien und auch eine zunehmende Tendenz dazu, „applikationsspezifische" stationäre Phasen herzustellen. Um dies richtig einschätzen zu können, beachten Sie bitte, daß die meisten Arbeiten in der HPLC zur Zeit mit chemisch modifizierten Kieselgelen, d.h. gebundenen Phasen, durchgeführt werden. Von diesen ist der unpolare C-18-Typ wiederum die mit Abstand wichtigste Phase. Sogar wenn man sich selbst nur auf diesen einen Phasentyp beschränkt, ist eine riesige Auswahl im Handel erhältlich. Obwohl alle Phasen für den gleichen Zweck hergestellt werden, gibt es große Unterschiede zwischen den C-18-Phasen verschiedener Hersteller. Die Eigenschaften der Phasen sind abhängig von der Größe, Form und dem Porendurchmesser der Kieselgelteilchen, dem Kohlenstoffgehalt (d.h. die prozentuale Oberflächenbedeckung der Phase) und dem Umfang des Endcapping. Das Endcapping ist eine Methode, die man zur Verminderung der restlichen adsorptiven Eigenschaften des Kieselgelbasismaterials benutzt. Das Endcapping wird später noch ausführlich besprochen.

7.2 Gebundene Phasen

Kieselgel besitzt Silanol-Gruppen (Si-OH), die chemisch so modifiziert werden können, daß sich die Eigenschaften der Kieselgeloberfläche verändern. Eine solche Reaktion ist in Bild 7.2a gezeigt. Dabei wird das Kieselgel mit einem substituierten Dimethylchlorsilan umgesetzt, wobei HCl bei der Reaktion zwischen einer Silanolgruppe an der Oberfläche und dem Silanisierungsreagenz frei wird.

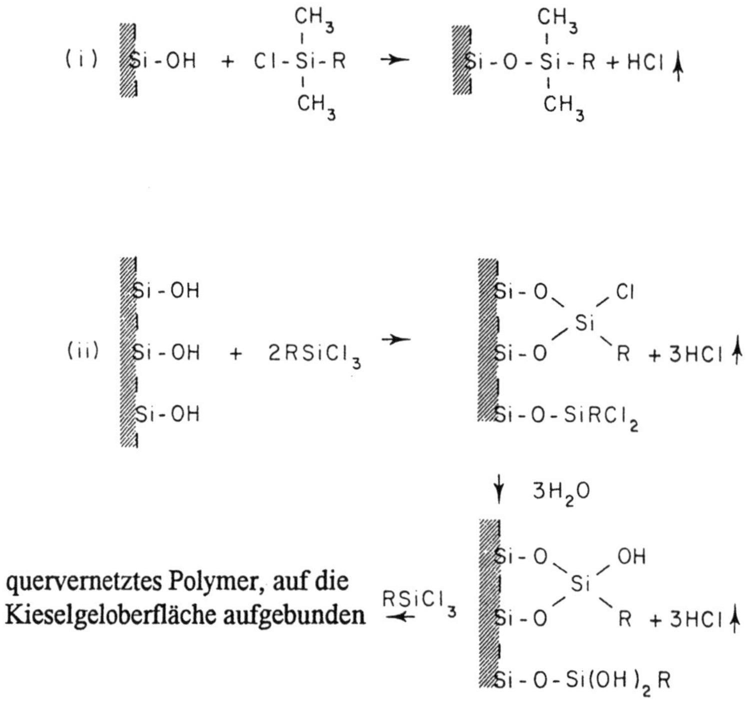

$$
\text{(i)} \quad \text{Si-OH} + \text{Cl-Si(CH}_3\text{)}_2\text{-R} \rightarrow \text{Si-O-Si(CH}_3\text{)}_2\text{-R} + \text{HCl}\uparrow
$$

$$
\text{(ii)} \quad \begin{array}{l}\text{Si-OH}\\\text{Si-OH}\\\text{Si-OH}\end{array} + 2\,\text{RSiCl}_3 \rightarrow \begin{array}{l}\text{Si-O}\diagdown\\\text{Si}\diagup^{\text{Cl}}_{\text{R}}\\\text{Si-O}\diagup\\\text{Si-O-SiRCl}_2\end{array} + 3\,\text{HCl}\uparrow
$$

$$\downarrow 3\,H_2O$$

quervernetztes Polymer, auf die Kieselgeloberfläche aufgebunden $\xleftarrow{\text{RSiCl}_3}$
$\begin{array}{l}\text{Si-O}\diagdown\\\text{Si}\diagup^{\text{OH}}_{\text{R}}\\\text{Si-O}\diagup\\\text{Si-O-Si(OH)}_2\text{R}\end{array} + 3\,\text{HCl}\uparrow$

Bild 7.2a: Herstellung von gebundenen Phasen. Reaktion des Kieselgels mit substituierten Chlorsilanen unter Bildung (i) einer monomer und (ii) einer polymer gebundenen Phase.

Vor der Reaktion wird das Kieselgel mit Säure behandelt (z.B. für einige Stunden mit 0,1 M HCl unter Rückfluß erhitzt). Durch diese Behandlung erhält man eine hohe Konzentration an reaktiven Silanolgruppen auf der Kieselgeloberfläche. Desweiteren werden Metallverunreinigungen aus den Poren des Materials entfernt. Nach dem Trocknen wird das Kieselgel dann in einem geeigneten Lösemittel mit dem substituierten Dimethylchlorsilan unter Rückfluß erhitzt; anschließend wäscht man das Material zur Entfernung des nicht umgesetzten Silans, dann trocknet man es. Mit dieser Reaktion erhält man eine sog. „monomer" gebundene Phase (auch „Bürstenphase" genannt). Jedes Molekül des Silanisierungsreagenzes kann nur mit einer Silanolgruppe reagieren.

Komplexere Oberflächenstrukturen können durch Änderung der Funktionalität des Silanisierungsreagenzes und der Reaktionsbedingungen erhalten werden. Durch Einsatz von Di- oder Trichlorsilanen in Gegenwart von Wasser kann man eine quervernetzte polymere Schicht auf der Kieselgeloberfläche erzeugen (siehe Bild 7.2a, (ii)). Monomer gebundene

7.2 Gebundene Phasen

Phasen werden bevorzugt, da ihre Struktur besser definiert ist und sie sich leichter reproduzierbar herstellen lassen als die polymeren Materialien.

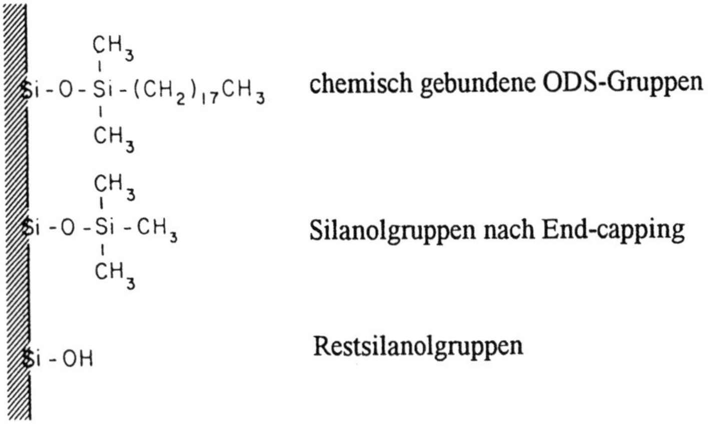

```
        CH₃
        |
Si-O-Si-(CH₂)₁₇CH₃         chemisch gebundene ODS-Gruppen
        |
        CH₃

        CH₃
        |
Si-O-Si-CH₃                Silanolgruppen nach End-capping
        |
        CH₃

Si-OH                       Restsilanolgruppen
```

Bild 7.2b Struktur einer ODS (C-18) Oberfläche

Durch Variation der Natur der funktionellen Gruppe R können verschiedene Arten von gebundenen Phasen hergestellt werden. Beispielsweise kann eine gebundene Kationenaustauscherphase durch Einsatz einer Phenyl- oder phenylsubstituierten Alkylgruppe dargestellt werden. Nach der Aufbindungsreaktion wird die Phenylgruppe mit Hilfe von Chlorsulfonsäure sulfoniert. Ein Anionenaustauscher kann mit einer chlorierten Alkylgruppe hergestellt werden, die dann nach der Reaktion mit einem tertiären Amin ein quarternäres Salz bildet.

Weitere Methoden zur Darstellung gebundener Phasen sind z.B. die Veresterung der Silanolgruppen an der Oberfläche mit Alkohol oder die Umwandlung der Silanolgruppen in Cl-Funktionen durch Thionylchlorid, gefolgt von der Reaktion mit einem Amin oder einer metallorganischen Verbindung. Ausführlichere Informationen zu diesem Thema finden Sie in der Literatur bei Knox, Hamilton und Sewell. Da es nicht möglich ist, alle Silanolgruppen umzusetzen, sind die nicht umgesetzten Silanolgruppen in der Lage, polare Moleküle zu adsorbieren. Sie beeinflussen dadurch die chromatographischen Eigenschaften der gebundenen Phase. Im allgemeinen führen bei RP-Trennungen die Wechselwirkungen der Silanolgruppen mit den polaren Gruppen zu unerwünschten Effekten wie Tailing, schlechter Auflösung und extrem starker Retention. Die Konzentration an nicht umgesetzten Silanolgruppen bei unpolaren gebundenen Phasen wird i.a. durch einen Endcapping-Prozeß verringert, bei dem die meisten der verbliebenen Silanolgruppen mit einem kleinen Silanisierungsreagenz, wie z.B. Trimethylchlorsilan, umgesetzt werden.

Bild 7.2b zeigt die Oberflächenstruktur einer Oktadecylsilanphase, die gebundene C-18 Alkylgruppen, Silanolgruppen mit einem Endcapping und eine kleine Zahl an freien Silanolgruppen enthält.

Tabelle 7.2c zeigt eine kleine Auswahl an kommerziell erhältlichen Phasen. Die meisten Hersteller veröffentlichen vergleichbare Listen.

Tabelle 7.2c

Name	Funktionelle Gruppe	Typ	Teilchenart und -größe, µm	Preis (1996) DM pro 10g	Hersteller
Hypersil SAS	C-1	NP	sphärisch, 5	520	Shandon Southern
Sherisorb S5P	Phenyl	NP	sphärisch, 5	330	Phase Separations
Lichrosorb RP-8	C-8	NP	irregulär, 10	297	E. Merck
Nova-Pak C-18	C-18	NP	sphärisch, 4	(i)	Waters
Nucleosil 3C-18	C-18	NP	sphärisch, 3	420	Macherey & Nagel
Partisil 10 SAX	quaternäres Ammonium	SAX	irregulär, 10	525	Whatman
Partisil 10 SCX	Sulfonsäure	SCX	irregulär, 10	525	Whatman
Lichrosorb CN	-(CH$_2$)$_3$CN	WP	irregulär, 10	300	E. Merck
Spherisorb S3NH2	-(CH$_2$)$_3$NH$_2$	P oder WAX	sphärisch, 3	360	Phase Separations

(i) Nur als gepackte Säulen erhältlich.
NP, WP, P = unpolar (NP = non-polar), leicht polar (wp = weak polar), polar (p)
SCX = starker Kationenaustauscher (engl. strong cation exchanger)
SAX = starker Anionenaustauscher (engl. strong anion exchanger)
WAX = schwacher Anionenaustauscher (engl. weak anion exchanger)

Die meisten stationären Phasen können in loser Form gekauft werden, entweder um Säulen zu reparieren oder um sie selbst zu packen. Obwohl es nicht schwierig ist, Säulen zu packen, kaufen die meisten HPLC-Anwender Fertigsäulen. In Tabelle 7.2d sind einige Fertigsäulen mit den dazugehörigen Preisen aufgelistet (zwei Universal-C-18-Phasen, eine weitporige spezielle Proteinsäule, eine chirale Säule, ein Ionenaustauscher auf Harzbasis und eine Ausschlußsäule).

7.3 Andere stationäre Phasen

Tabelle 7.2d

Name	Beschreibung	Länge (cm) x ID (mm)	Preis (1996) DM	Hersteller
Nova-Pak C-18	Universal C-18-Phase 4 µm, sphärisch	15 x 3,9	310	Waters
Spherisorb S5 ODS-1	Universal C-18-Phase 5 µm, sphärisch	15 x 4,6	230	Phase Separations
Vydac C8	spezielle Proteinsäule	15 x 4,6	370	Separations Group
Resolvosil BSA 7	Chirale Säule	15 x 4,0	2100	Thames Chromatography
IC-Pak A	Anionenaustauscher Polymethacryl-Harz	5 x 4,6	1720	Waters
PL-gel 5 50 Å	Polystyren-DVB GPC-Säule	30 x 7,5	2115	Polymer Laboratories

7.3 Andere stationäre Phasen

Styrol-Divinylbenzol-Harze werden sowohl in der Umkehrphasenchromatographie als auch in der Ionenaustausch- oder Ausschlußchromatographie eingesetzt. Sie werden durch Copolymerisation von Styrol und Divinylbenzol, wie in Bild 7.3a dargestellt, hergestellt. Die Menge an Divinylbenzol, die eingesetzt wird, bestimmt den Vernetzungsgrad und damit die erhaltene Porenstruktur. Durch einen hohen Vernetzungsgrad erhält man ein festes Gel, das bei hohem Druck stabil ist und beim Kontakt mit dem Lösemittel nicht quillt. Das Harz kann durch Einführen geeigneter funktioneller Gruppen modifiziert werden, z.B. C-18 für Umkehrphasenanwendungen oder Sulfonsäuren bzw. quarternäres Ammonium für Ionenaustauscher. Styrol-Divinylbenzol-Harze besitzen im wässrigen System eine bessere pH-Stabilität als Kieselgele.

Der bei hohen pH -Werten eingeschränkte Einsatzbereich des Kieselgels hat zu intensiven Arbeiten bei der Entwicklung alternativer Materialien geführt, die diesen Bedingungen standhalten. Gebundene stationäre Phasen auf Kieselgelbasis mit C-1- und C-18-Gruppen, die zwischen pH 2 und 13 stabil sind, kann man seit neuestem beziehen. Hypercarb (ein poröses Graphit, 1988 von Shandon auf den Markt gebracht) ist ein Umkehrphasenmaterial, das über den gesamten pH-Bereich einsetzbar ist. Es zeigt Vorteile bei der Trennung von basischen Proben und ist auch vielversprechend für chirale Trennungen.

Unisphere PBD (Biotage Inc.) ist eine Umkehrphase, die aus sphärischem mit Polybutadien belegten Aluminiumoxidteilchen besteht. Der Anwendungsbereich umfaßt pH-Werte zwischen 2 und 13. Der Belegungsprozeß führt zu einer hochgradig desaktiven Oberfläche. Daher können viele Trennungen ohne den Zusatz von Additiven zur mobilen Phase durchgeführt werden. Additive werden bei Kieselgelmaterialien oft zur Minimierung von Wechselwirkungen mit freien Silanolgruppen benutzt. Zusätzlich hat das Material im Vergleich zum Kieselgel deutlich bessere Flußeigenschaften und eine höhere Probenkapazität. Der Druckabfall über der Säule erreicht i.a. 25 bis 50% der Werte, die mit spärischem Kieselgel erhalten werden. Man kann daher bei höheren Flüssen arbeiten, was die Analysezeiten verkürzt. Auch die Übertragung auf den präparativen Maßstab (Scale-up) wird vereinfacht. Die Packung ist z.Zt. als 3- oder 8-µm-Material erhältlich.

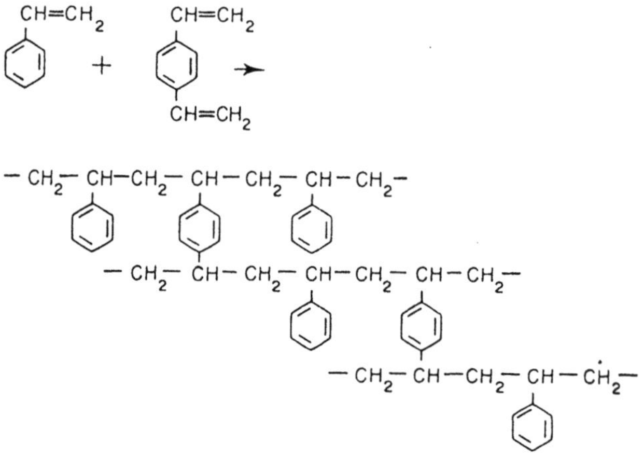

Bild 7.3a Styrol-Divinylbenzol-Harz

7.4 Trennmethoden in der HPLC

Kieselgelmikroteilchen werden bei einer Vielzahl unterschiedlicher Methoden in der HPLC eingesetzt (wie bereits in der Einleitung erwähnt):

(a) als Adsorbens;
(b) als Trägermaterial für flüssige stationäre Phasen in der Verteilungschromatographie;
(c) als gebundene Phasen;
(d) als Material für die Ausschlußchromatographie.

Die Methoden (a) und (b) wurden in den Anfängen der HPLC eingesetzt, aber sie wurden durch die starke Verbreitung gebundener Phasen weitgehend zurückgedrängt. Besonders Flüssig-Flüssig-Trennungen sind heute nur noch selten anzutreffen. Die Chromatographie mit gebundenen Phasen ist einfacher, vielseitiger und schneller als die älteren Methoden, und die Reproduzierbarkeit ist zudem besser. Bei einer gebundenen Phase wird die stark polare Oberfläche des Kieselgels durch das Aufbinden funktioneller Gruppen verändert. Diese Gruppen können unpolar (z.B. C-18, Phenyl, C-8), polar (-NH_2, -CN) oder ionisch/ionisierbar (Sulfonsäuren, quarternäres Ammoniumsalz) sein. Durch Einführung ionisierbarer Gruppen erhält man gebundene Phasen mit Ionenaustauschereigenschaften.

Bild 7.4a gibt einen Anhaltspunkt, wie man eine HPLC-Methode auf der Grundlage der Molekularmasse und der Löslichkeit der Probe auswählen kann. Man kann erkennen, daß für viele Proben mehrere Methoden zur Auswahl stehen. In vielen Fällen aber kann die Trennung mit der RP-Chromatographie mit Hilfe einer gebundenen stationären Phase auf Kieselgelbasis durchgeführt werden. Das ist die Methode der Wahl, denn sie ist oft schneller, preisgünstiger und experimentell einfacher als die Alternativen.

7.5 Normalphasen- und Umkehrphasenchromatographie

Die Begriffe Normalphase und Umkehrphase werden benutzt, um die Art der Adsorption für viele Trennungen mit gebundenen Phasen (auch in Verbindung mit Ionenaustausch oder Ausschluß) zu beschreiben. Normalphase (NP-Phase) bedeutet, daß die Polarität der stationären Phase höher als die der mobilen Phase ist. Dies ist z.B. bei Kieselgel in der Adsorptionschromatographie der Fall. Umkehrphase (RP-Phase) bedeutet, daß die Polarität der stationären Phase geringer ist als die der mobilen Phase. Dies ist der Fall bei kohlenwasserstoffgebundenen Phasen und einer polaren mobilen Phase. Polar gebundene Phasen können entweder im Normalphasen- oder Umkehrphasenmodus betrieben werden. Bei beiden Techniken werden die Proben in der Reihenfolge ihrer Polarität eluiert. Im Umkehrphasenmodus eluiert die polarste Verbindung zuerst und im Normalphasenmodus zuletzt. Man kann die Retentionszeiten der Probemoleküle durch Änderung der stationären Phase oder (noch einfacher) der mobilen Phase beeinflussen. Diese Fakten sind in Bild 7.5a zusammengefaßt. Bei ionischen Proben ist der pH-Wert der mobilen Phase ein wichtiger Faktor zur Kontrolle der Retention und somit der Selektivität.

Umkehrphasentrennungen haben ihre große Beliebtheit auf Grund folgenden Vorteile erlangt:

(a) Die Methode hat einen sehr breiten Anwendungsbereich, der es erlaubt, Proben mit einem weiten Polaritätsbereich zu trennen. Es gibt die Möglichkeit, viele verschiedene gebundene Phasen zu benutzen, so daß man auf ein sehr flexibles Trennsystem zurückgreifen kann.

(b) Die Methode benötigt relativ preisgünstige mobile Phasen und die Gleichgewichtseinstellung der mobilen Phase in der Säule erfolgt sehr schnell.

(c) Sie kann auf die Trennung von ionischen oder ionisierbaren Komponenten durch Einsatz der Ionenpaar- oder Ionensupressortechniken angewendet werden.

(d) Die Methode ist i.a. experimentell einfacher, schneller und reproduzierbarer als andere HPLC-Methoden.

Die RP-Chromatographie hat allerdings auch ihre Grenzen. Die wichtigsten sind:

(a) Viele gebundene Phasen auf Kieselgel-Basis sind nur im pH-Bereich zwischen 3 und 8 stabil. Unterhalb von pH 3 können die gebundenen Phasen hydrolysieren, und oberhalb von pH 8 ist Kieselgel in der mobilen Phase merklich löslich. Für Trennungen außerhalb dieser pH-Grenzen können die im Abschnitt 7.3 erwähnten Materialien benutzt werden.

(b) Die Anwesenheit von nicht umgesetzten Silanolgruppen auf der Kieselgeloberfläche verursacht oft ein Tailing, extrem hohe Retentionszeiten und ein unreproduzierbares Verhalten zwischen verschiedenen Säulen aufgrund der starken Wechselwirkung mit Restsilanolgruppen. Diese Effekte kann man jedoch in einigen Fällen unterdrücken. Aber dazu später mehr.

(c) Die Retentionsmechanismen in der RP-Chromatographie sind noch nicht vollständig bekannt. Eine mögliche Erklärung ist, daß die hydrophobe Oberfläche der aufgebundenen Gruppen Wechselwirkungen mit der weniger polaren Verbindung aus der mobilen Phase eingeht und sich ein flüssiger Film auf der Oberfläche ausbildet. Dann findet eine Verteilung der Probemoleküle zwischen diesem Film und der mobilen Phase statt. In vielen Fällen jedoch spielen in der RP-Chromatographie mehrere Mechanismen gleichzeitig eine Rolle (z.B. Adsorption von nicht umgesetzten Silanolgruppen). Um ein besseres Verständnis der Trennmechanismen bei gebundenen Phasen zu erzielen und somit ihren Einsatzbereich zu erweitern, wird z.Zt. sehr viel auf diesem Gebiet geforscht.

Tabelle 7.5a Charakteristische Eigenschaften der Normal- und Umkehrphasenchromatograpie

	Normalphase	RP-Phase
Polarität der staionären Phase	hoch	niedrig
Polarität der mobilen Phase	niedrig bis mittel	mittel bis hoch
Typische mobile Phase	Heptan / $CHCl_3$	CH_3OH / H_2O
Elutionsreihenfolge	die am wenigsten polare Substanz eluiert zuerst	die polarste Substanz eluiert zuerst
Möglichkeiten zur Vergrößerung der Retention	Verringerung der Polarität des Eluenten	Erhöhung der Polarität des Eluenten

7.5 Normalphasen- und Umkehrphasenchromatographie

Die Retention wird bei RP-Trennungen durch viele Faktoren bestimmt; die wichtigsten sind in Tabelle 7.5a aufgelistet. Die Moleküle werden im Normalfall nach ihrer Polarität eluiert, wobei die polarste Verbindung zuerst eluiert wird. Betrachtet man eine RP-Trennung als Verteilungsprozeß, in dem sich die Proben zwischen einer unpolaren stationären Phase und einer polaren mobilen Phase verteilen, so sind die unpolaren Verbindungen in der stationären Phase löslich und wandern langsamer durch die Säule als die polaren, die sich bevorzugt in der mobilen Phase aufhalten. Man kann das Verteilungsgleichgewicht durch Änderung der Polarität der mobilen Phase beeinflussen; z.B., wenn die mobile Phase weniger polar ist (durch Erhöhung des organischen Anteils im Verhältnis zum Wasser), verschiebt sich das Verteilungsgleichgewicht zugunsten der mobilen Phase und die Retention nimmt ab.

Man kann die Retention aber auch durch Änderung der Polarität der stationären Phase beeinflussen, die von der Art der verwendeten unpolaren Gruppe (z.B. Phenyl > C-8 > C-18) und dem prozentualen Kohlenstoffgehalt abhängt.

? Was wäre die Auswirkung auf das Retentionsverhalten einer Probe beim

(a) Wechsel von einer C-18 zu einer Phenyl-Phase?
(b) Wechsel von einer C-18 zu einer anderen C-18-Phase mit einem geringeren Kohlenstoffgehalt?

(a) Da die Phenylphase polarer als die C-18-Phase ist, würde man erwarten, daß die Retention abnimmt.
(b) Ähnlich erhöht sich die Polarität, wenn der Kohlenstoffgehalt bei einem bestimmten Phasentyp sinkt. Daher würde man bei sonst gleichen Bedingungen ebenfalls eine Verringerung der Retention erwarten. Bei kommerziell erhältlichen C-18-Materialien kann der Kohlenstoffgehalt zwischen 5 und 30 % liegen. Bild 7.5b zeigt die Chromatogramme eines Testgemischs auf einer C-18 (i) und einer CN-Phase (ii), die entweder im Normalphasen- oder im RP-Modus betrieben werden kann. In beiden Fällen wird die Verbindung mit der höchsten Polarität (der Alkohol) zuerst und die unpolarste (der Ether) zuletzt eluiert. Die Erhöhung der Polarität durch den Wechsel von C-18 auf -CN erniedrigt die Retention aller Proben.

Bild 7.5c zeigt eine RP-Trennung einiger trizyklischer Antidepressiva. Diese Verbindungen sind schwache Basen und sind bei dem vorliegenden pH vollständig protoniert (siehe Abschnitt 7.6.3). Da die protonierten Basen sehr polare Verbindungen darstellen, werden sie sehr stark durch die Restsilanolgruppen adsorbiert. Dadurch erhält man extrem starke Retentionen und ein ausgeprägtes Tailing der Peaks. Solche Effekte können auch bei Phasen mit einem Endcapping auftreten. Es gibt mehrere Möglichkeiten zur Problemlösung. Eine davon ist der Zusatz einer hohen Konzentration (relativ zur Konzentration der Probe) einer konkurrierenden Base zur mobilen Phase. Wegen ihrer relativ hohen Konzentration wird die Base bevorzugt von den Silanolgruppen adsorbiert, und die Adsorption der anderen Basen somit minimiert. Die Bild zeigt, wie drastisch sich das Ergebnis ändert, wenn Nonylamin als konkurrierende Base zugegeben wird. Eine andere Möglichkeit für dieses Trennproblem wäre der Einsatz von Ionenunterdrückungs- oder Ionenpaartechniken (Abschnitt 7.6.7).

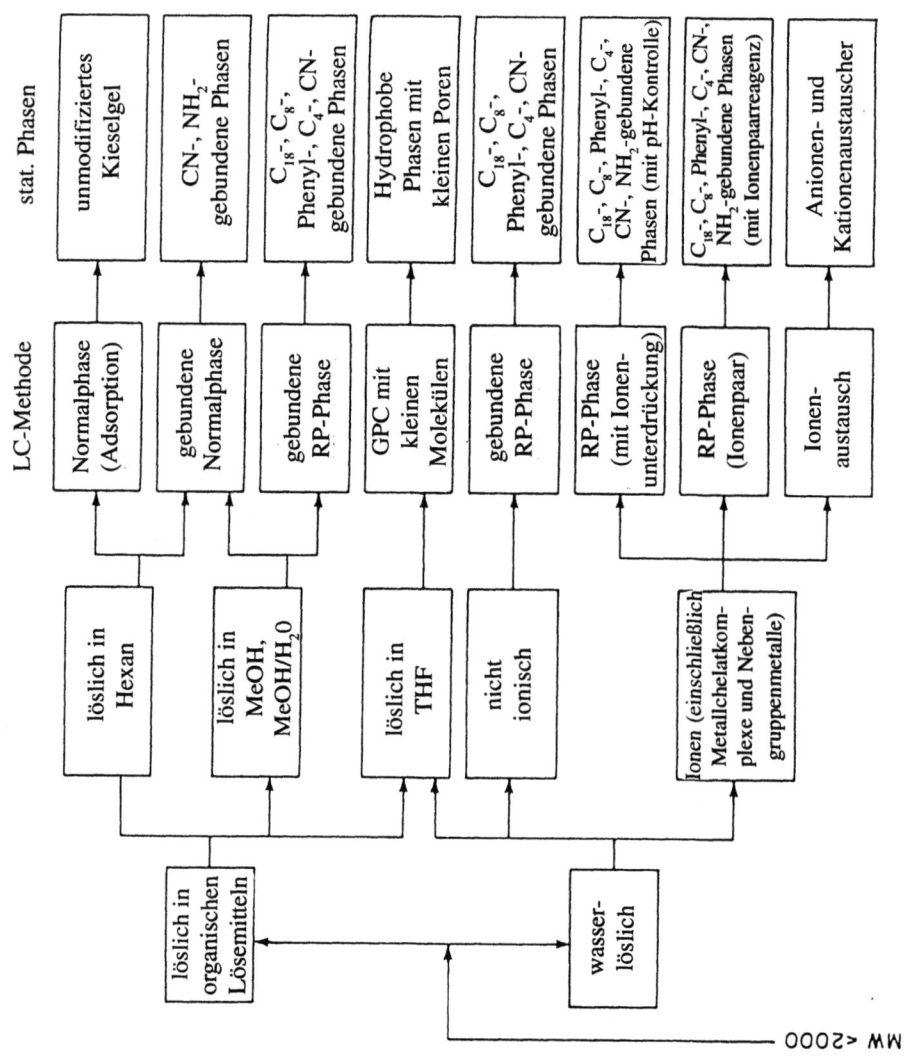

Bild 7.4a Wahl der HPLC-Methode

7.5 Normalphasen- und Umkehrphasenchromatographie

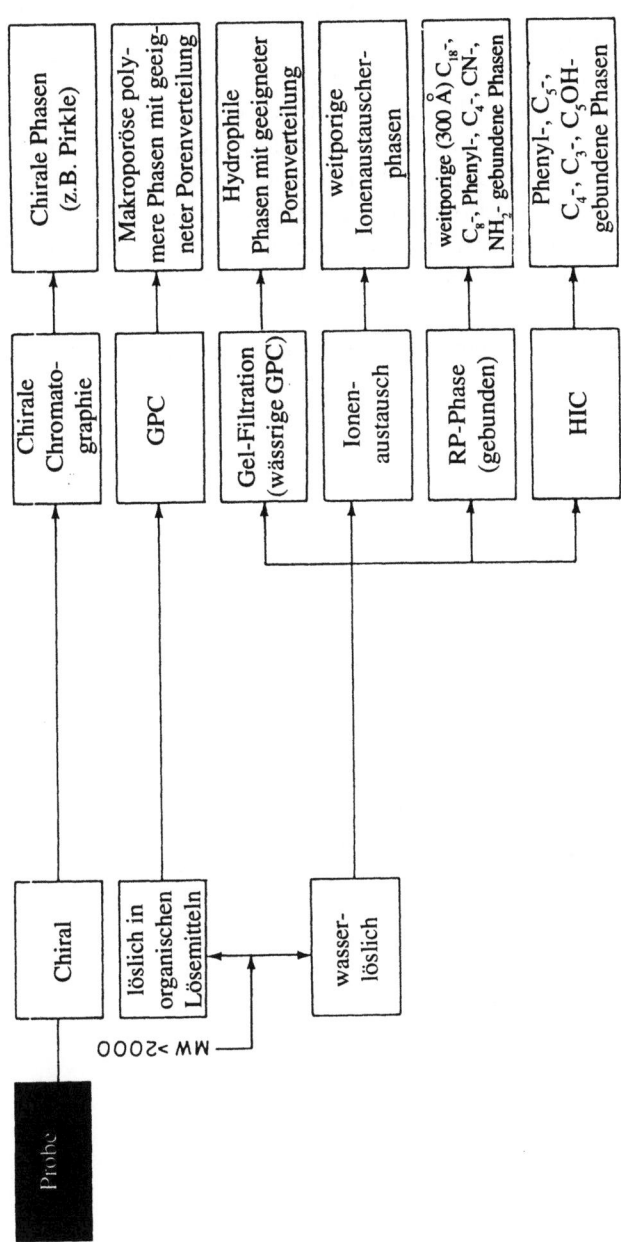

Bild 7.4a Wahl der HPLC-Methode

Das Arbeiten mit gebundenen Phasen im Normalphasenmodus ersetzt immer mehr Trennungen, die früher mit unmodifiziertem Kieselgel durchgeführt wurden. Die gebundenen Phasen zeigen im Vergleich zu Kieselgel ein geringeres Tailing und können beim Wechsel der Eluentenzusammensetzung schneller äquilibriert werden, so daß die Chromatographie i.a. reproduzierbarer wird. Diese Phasen können unterschiedliche Selektivitäten aufweisen, die von der Natur der polaren Gruppen abhängig sind. Schwach polare Phasen sind beispielsweise mit Diol-, Cyano- oder Nitrogruppen; polare Phasen mit Aminogruppen umgesetzt. In der Praxis werden polare Phasen am häufigsten im RP-Modus mit polaren Eluenten betrieben. Aminphasen zeigen insbesondere für die RP-Trennung von Kohlenhydraten gute Eigenschaften (Bild 7.5d zeigt ein typisches Beispiel); sie können auch als schwache Anionenaustauscher eingesetzt werden, z.B. zur Trennung von organischen Säuren.

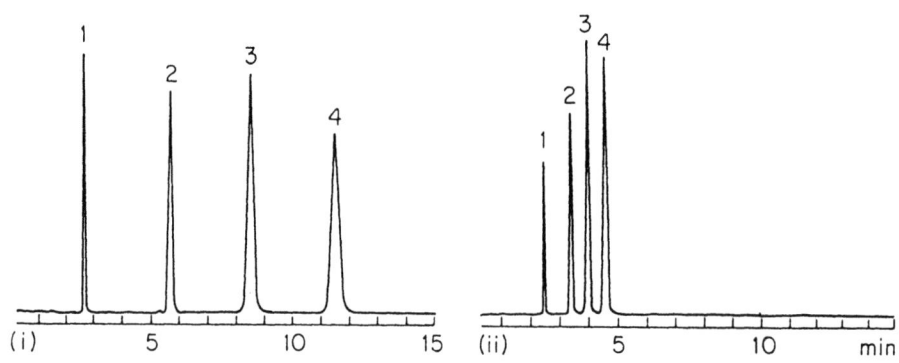

Bild 7.5b RP-Chromatogramm eines Testgemischs

Säule: (I) 4 μm C-18
(II) 4 μm CN, beide 15 cm x 3,9 mm
Mobile Phase: CH_3CN/H_2O 40:60
Fluß: 2 ml/min
Probe: 1 Benzylalkohol
2 Phenoxyethanol
3 4-Methoxybenzaldehyd
4 Methylphenylether
Detektor: UV-Absorption, 254 nm

7.5 Normalphasen- und Umkehrphasenchromatographie

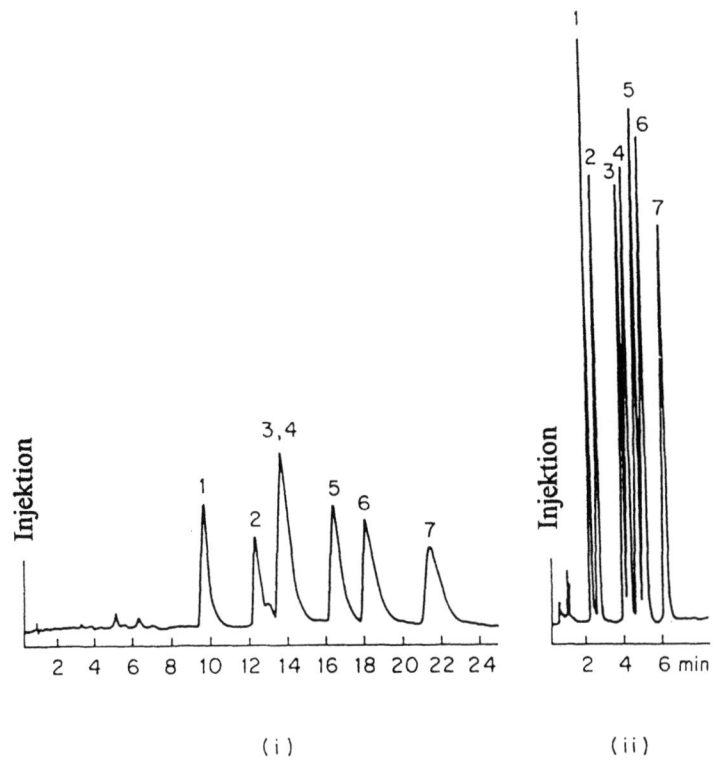

Bild 7.5c Trennung von Antidepressiva

Säule:	Gebundene C8-Phase, 15 cm x 4,6 mm
Mobile Phase:	(i) CH_3CN / 0,01 mol/l H_3PO_4, mit KOH auf pH 2,5 eingestelllt
	(ii) CH_3CN / 0,01 mol/l H_3PO_4 + 0,005 mol/l Nonylamin, pH 2,5
Fluß:	2 ml / min
Detektor:	UV-Absorption
Probe:	1 Nordoxepin 2 Doxepin 3 Desipramin
	4 Protriptylin 5 Imipramin 6 Nortriptylin
	7 Amitriptylin

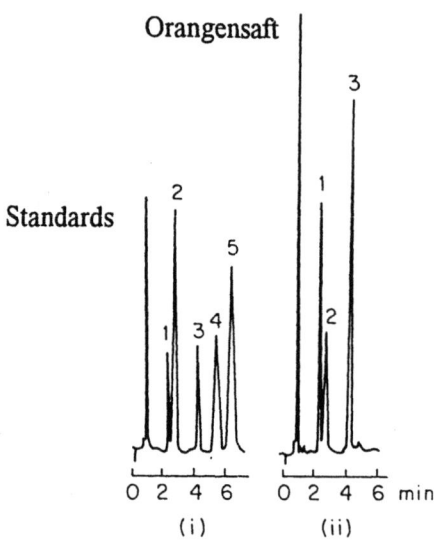

Bild 7.5d Trennung von Kohlenhydraten

Säule: 5 μm-NH$_2$-gebundene Phase, 25 cm x 4,6 mm
Mobile Phase: CH$_3$CN / H$_2$O, 78:22
Fluß: 2 ml / min
Detektor: Brechungsindex
Chromatogramme: (i) Standards
(ii) Orangensaft, zu zwei Teilen in CH$_3$CN gelöst
Probe: 1 Fructose 2 Glucose 3 Sucrose
4 Maltose 5 Lactose

Übung 7.5a

Ein Testgemisch, das Phenylmethylaceton, Nitrobenzol, Benzol und Toluol enthält, wird auf einer C18-Säule mit einer Methanol/Wasser (60/40)-Mischung als mobile Phase injiziert. Unter diesen Bedingungen eluiert das Keton zuerst.

(i) In welcher Reihenfolge werden die anderen Verbindungen eluiert?
(ii) Wie würden Sie die Zusammensetzung der mobilen Phase ändern, um die Retention der Proben zu erhöhen?
(iii) Wie würde sich die Retention der Probemoleküle beim Übergang von der C18- auf eine Phenylphase ändern?
(iv) Wenn die C18-Phase noch Restsilanolgruppen enthält, wie würde die Retention der Proben durch ein Endcapping der stationären Phase beeinflußt werden?

7.5.1 Hydrophobic-Interaction-Chromatography (HIC)

In der RP-Chromatographie von Proteinen und Peptiden ist oftmals der Einsatz organischer Lösemittel in der mobilen Phase aufgrund einer möglichen Denaturierung der Probe nicht möglich. Bei konventionellen RP-Säulen ist aber der Einsatz organischer Komponenten deshalb notwendig, um überlange Retentionszeiten zu vermeiden. In der HIC benutzt man schwach hydrophobe stationäre Phasen (d.h. etwas polarere Phasen als konventionelle RP-Phasen). Dies erreicht man durch den Einsatz einer Phase, die kurze Ketten, wie z.B. Methyl, Propyl oder Phenyl, enthält. Proteine werden mittels eines Salzgradienten getrennt, d.h. man senkt die Salzkonzentration allmählich ab. Bild 7.5e zeigt beispielhaft eine solche Trennung.

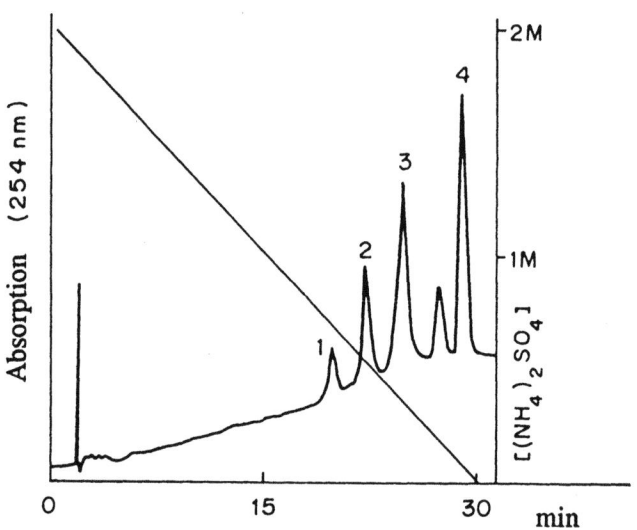

Bild 7.5e Trennung eines Proteingemisches mittels HIC

Säule: Synchropak Propyl, 7,8 cm x 7,5 mm
Mobile Phase: A 2 mol/l $(NH_4)_2SO_4$, 0,1 mol/l KH_2PO_4, pH 6,8
B 0,1 mol/l KH_2PO_4, pH 6,8
Fluß: 1 ml/min
Detektor: UV-Absorption, $\lambda=254$ nm
Probe: 1 Ribonuclease
2 Chymotrypsin
3 Chymotrypsinogen

7.5.2 Zusammenfassung

Die Oberfläche von Kieselgelen kann durch Aufbringen unterschiedlicher funktioneller Gruppen modifiziert werden. Man erhält gebundene Phasen. Die RP-Chromatographie mit gebundenen Phasen ist im allgemeinen schneller und einfacher als andere Methoden.

Lernziele

Sie sollten jetzt in der Lage sein:

- verschiedene Arten von gebundenen Phasen anzugeben, die für unterschiedliche Anwendungen eingesetzt werden;
- einige Methoden zur Herstellung gebundener Phasen beschreiben zu können;
- vorauszusagen, wie die Retentionszeiten durch eine Änderung der Polarität der stationären oder mobilen Phase beeinflußt werden können.

7.6 Die Ionenchromatographie

Die Trennung von Ionen ist heute ein wichtiges und auch schnell wachsendes Gebiet. Die Ionenchromatographie (IC) ist ein Begriff, den man gegenwärtig zur Beschreibung dieser Trennmethoden benutzt. Es gab in der Vergangenheit besonders von der Herstellerseite aus Tendenzen, die IC als eine eigene von der HPLC eigenständige Trenntechnik zu betrachten. Dies ist natürlich nicht der Fall. Das Ziel dieser irreführenden Meinung war es, die Leute davon zu überzeugen, daß man zur Ionentrennung eine teure Ionenchromatographie-Apparatur benötigen würde, obwohl solche Trennungen häufig mit vorhandenen Instrumenten durchgeführt werden können.

Ursprünglich wurde die IC mit stationären Phasen durchgeführt, die klassischen Ionenaustauscherharzen sehr ähnlich waren. Zur Detektion wurde die Leitfähigkeit gemessen. Solche Systeme sind immer noch weit verbreitet; alternativ kann man Ionenaustauscher auf der Basis von modifizierten Kieselgelen benutzen, oder oft können ionische Verbindungen auch mit RP-Methoden getrennt werden. Die Leitfähigkeitsmessung ist für einige Ionen nicht die beste Detektionsmethode; die meisten Hersteller bieten eine Reihe verschiedener Detektionssysteme an.

7.6.1 Ionenaustauschchromatographie

Ein Ionenaustauscherharz besteht aus einer unlöslichen, festen dreidimensionalen Matrix, z.B. Polystyrol, das mit einer kleinen Menge Divinylbenzol vernetzt ist, um eine hohe mechanische Stabilität zu erreichen. Die Struktur wurde bereits in Bild 7.3a dargestellt. Die Matrixoberfläche enthält ionische oder ionisierbare Gruppen (z.B. Sulfonsäure oder quarternäres Ammoniumsalz), die eine negative oder positive Ladung tragen können. Jede dieser Gruppen benötigt auch ein Ion mit entgegengesetzter Ladung (das Gegenion) zur Erfüllung der Elektroneutralitätsbedingung. Sind die ionisierbaren Gruppen positiv geladen, so sind die Gegenionen Anionen, und das Harz tauscht Anionen aus der Lösung aus:

$$R^+Y^- + X^- \rightleftharpoons R^+X^- + Y^-$$

(Harz)   (Lösung)   (Harz)   (Lösung)

In diesem Schema wird das Gegenion Y^-, das mit der R^+-Gruppe des Harzes wechselwirkt, gegen ein anderes Anion X^- aus der Lösung ausgetauscht. Um Kationen auszutauschen, benötigt man Austauschergruppen, die negativ geladen sind und an die positive Gegenionen angelagert werden:

$$R-Y + X^+ \rightleftarrows R-X + Y^+$$

(Harz) (Lösung)   (Harz)   (Lösung)

Ein Ionengemisch kann dann getrennt werden, wenn zwischen den Probeionen in der mobilen Phase und den verankerten Austauschergruppen der stationären Phase verschieden starke Wechselwirkungen bestehen.

Die Begriffe stark oder schwach geben bei Ionenaustauscherharzen an, wie sich die Austauschereigenschaften mit dem pH-Wert verändern. Ein starker Kationenaustauscher (SCX, engl.: strong cation exchanger) enthält Sulfonsäuregruppen, die oberhalb von pH 2 vollständig ionisiert sind. Ein starker Anionenaustauscher (SAX, engl.: strong anion exchanger) enthält quarternäre Ammoniumaustauschergruppen, die unterhalb von pH 10 vollständig ionisiert sind. Schwache Kationen- und Anionenaustauscher (WCX, engl.: weak cation exchanger, oder WAX, engl.: weak anion exchanger) enthalten dagegen Carbonsäure- oder Aminogruppen, die nur über einen begrenzten pH-Bereich ionisiert sind. Die Kapazität des Harzes ist ein Maß für die Menge an Stoffen, die bei vorgegebener Menge am Harz ausgetauscht werden können. Die Änderung der Kapazität mit dem pH-Wert für die verschiedenen Typen ist in Bild 7.6 gezeigt; beachten Sie bitte, daß WCX- und WAX-Harze in der Regel eine höhere Kapazität als die SCX- oder SAX-Typen besitzen.

Zusätzlich zu den oben beschriebenen Harzen sind andere Ionenaustauscher-Materialien für die HPLC erhältlich:

(a) Dünnschichtteilchen, die aus einem festen Kern aus Glas oder Kunststoff bestehen, die außen einen dünnen Film eines Ionenaustauschermaterials besitzen; oder ein Kieselgel mit Ionenaustauschergruppen an der Oberfläche.
(b) Gebundene Phasen auf Kieselgelbasis.

Tabelle 7.6b faßt die Hauptunterschiede der verschiedenen Materialien zusammen. Dünnschichtteilchen werden heutzutage in analytischen Säulen nur noch selten benutzt, obwohl sie in Schutzsäulen immer noch Verwendung finden. Das Buch von Meyer enthält eine ausführliche Liste von kommerziell erhältlichen Materialien.

7.6 Die Ionenchromatographie

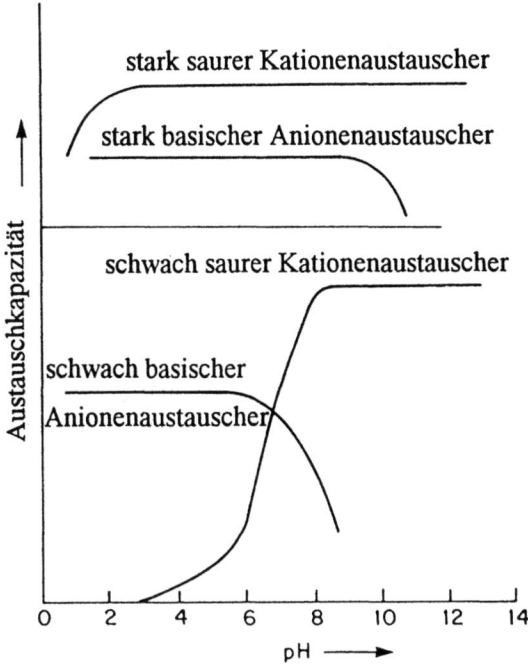

Bild 7.6a Änderung der Ionenaustauschkapazität mit dem pH-Wert

Tabelle 7.6b Ionenaustauschermaterialien in der HPLC

	Styrol-DVB	Dünnschichtteilchen	Gebundene Kieselgele
Teilchengröße, µm	5 - 20	30 - 50	5 - 10
Kapazität	hoch	niedrig	hoch
Beladung	hoch	niedrig	mittel
pH-Bereich	2 - 14	2 - 9	2 - 8
Packungsmethode	naß	trocken	naß
Effizienz	niedrig	mittel	hoch

Tabelle 7.6c Trennmethoden in der IC

	Ionenaustausch	Ionenpaar	Ionenunterdrückung	Ionenausschluß
Säule	Anionen- oder Kationenaustauscherharz, oder modifiziertes Kieselgel 5 cm - 25 cm	Kieselgel C-18 12,5 cm - 25 cm	Kieselgel C-18 12,5 cm - 25 cm	sulfonierte Harze 30 cm x 5 cm
mobile Phase	Puffer oder Puffer + organischen Modifier	Puffer + Ionenpaarreagenz oder Puffer + organischen Modifier+ Ioenpaarreagenz	Puffer + organischen Modifier	verdünnte Säure
pH-Bereich	Harze: 2-12 Kieselgel: 2-8	2-8	2-8	ca. 3
Beeinflussung der Retention	pH oder Art des Puffers oder Pufferkonzentration oder Art oder Konzentration des organischen Modifiers	pH oder Art/Konzentration des Ionenpaarreagenzes oder Art/Konzentration des Modifiers oder Puffertyp/Konzentration	pH oder Art/Konzentration des Puffers oder organischen Modifiers	nur geringe Änderungen möglich

7.6.2 Trennmethoden in der IC

Anorganische oder organische Ionen oder ionisierbare Probemoleküle können mit einer Vielzahl von Methoden getrennt werden, die in Tabelle 7.6c zusammengefaßt sind. Man kann die Proben als Ionen mit Ionenaustauscherharzen oder gebundenen Phasen trennen. Es ist aber auch möglich, Ionen in polare Moleküle zu überführen und anschließend mit einem RP-System zu trennen. Ionenausschluß ist eine neuere Methode, die für eine oder zwei spezielle Trennungen von Nutzen ist, z.B. zur Trennung von Mischungen von schwachen Säuren. Die Trennung beruht hier auf einem Ionenausschlußmechanismus (siehe Abschnitt 7.7.2). Ionen mit der gleichen Ladung wie die funktionellen Gruppen des Austauschers werden abgestoßen und dadurch am Eindringen in die Poren der stationären Phase gehindert.

7.6.3 Faktoren, die die Retention beeinflussen

Die Retention wird in der Ionenaustauschchromatographie durch die Probenmatrix, die chemischen Eigenschaften der Probe und die Konzentration anderer Ionen in der mobilen Phase, den pH-Wert, die Temperatur und das Lösemittel bestimmt. Da es sehr viele Parameter gibt, ist es oft nicht einfach vorauszusagen, welche Auswirkungen eine Änderung der experimentellen Bedingungen auf die Trennung hat. Es gibt einige nützliche Richtlinien. Betrachten wir nun die Trennung einer schwachen Säure, z.B. Benzoesäure.

$$C_6H_5COOH \rightleftharpoons C_6H_5COO^- + H^+$$

$$K_a = \frac{[H^+][C_6H_5COO^-]}{[C_6H_5COOH]} = 6{,}3 \cdot 10^{-5}$$

$$pK_a = -\log_{10} K_a = 4{,}2$$

Bild 7.6d Dissoziation der Benzoesäure

In Lösung liegt die Säure nur teilweise dissoziiert vor, d.h. es liegen sowohl das Benzoat-Anion als auch das Benzoesäuremolekül vor. Der pK_a-Wert gibt die Säurestärke an; je höher der pK_a, desto schwächer ist die Säure.

? Was wäre die Auswirkung auf das obige Gleichgewicht, wenn die Benzoesäure in einem (a) sauren oder (b) alkalischen Puffer eingesetzt wird?

Das Hinzufügen eines Ions (z.B. H^+) verschiebt das Gleichgewicht nach links, so daß bei genügend kleinem pH-Wert des Puffers nur Benzoesäuremoleküle vorliegen würden. Ähnlich kann man die Säure zur vollständigen Dissoziation bringen, wenn der pH-Wert hoch genug ist. Als grobe Faustregel gilt, daß die Dissoziation bei pK_a-1 unterdrückt wird und bei pK_a+1 vollständig ist.

In einem Essigsäure-Puffer (etwa pH 5,5) kann man davon ausgehen, daß die Benzoesäure als Benzoat vorliegt. Die Säure wird auf einer Ionenaustauschersäule retardiert, da die anionische Form der Essigsäure (das Acetation) in der mobilen Phase mit den Benzoat-Anionen der Probe um die Austauscherplätze der stationären Phase konkurriert.

$$R^+ \ {}^-OOCCH_3 \ + \ {}^-OOCC_6H_5 \ \rightleftarrows \ R^+ \ {}^-OOCC_6H_5 \ + \ {}^-OOCCH_3$$

(Harz) (Lösung) (Harz) (Lösung)

? Wenn man die Konzentration des Acetations im Puffer erhöht und den pH-Wert gleichhält, wie würde sich die Retention des Benzoats verändern ?

Eine Erhöhung der Acetat-Konzentration in der Lösung verschiebt das Gleichgewicht nach links. Die Konzentration an Benzoat in der mobilen Phase steigt an und daher sinkt die Retentionszeit. Man könnte die Retention durch Verringerung der Acetationenkonzentration erhöhen.

Eine Änderung des pH-Wertes in der Lösung ändert das Verhältnis von Benzoesäure zu Benzoat in der Probe. Eine Verringerung des pH-Werts senkt die Konzentration an Benzoat-Ionen und verringert damit die Retention. Die Gegenwart nennenswerter Mengen beider Formen verursacht vermutlich ein Tailing. Ein Gemisch von schwachen Säuren eluiert bei kleinerem pH-Wert; die starken Säuren sind stärker dissoziiert und werden daher stärker von der stationären Phase zurückgehalten. Im allgemeinen werden mehrwertige Ionen stärker retardiert als zweiwertige und diese wiederum stärker als einwertige. Besitzen die Ionen gleiche Ladung, so werden die kleineren Ionen im allgemeinen stärker retardiert als die größeren. Diese allgemeinen Regeln gelten ebenso für einfache anorganische Ionen (Anm. der Übersetzers: bei gleicher Ladung wird das kleinste Ion am stärksten retardiert; mit „Größe des Ions" ist das hydratisierte Ion, d.h. das Ion plus Solvathülle gemeint).

? Wenn das Acetat im Puffer durch Citrat ersetzt würde und es im System kein anderes konkurrierendes Gleichgewicht gäbe, was wäre die Auswirkung auf die Retention ?

Das Citrat würde von der stationären Phase stark retardiert werden, so daß die Retention der Säure abnehmen würde. Wenn jedoch der Puffer aus mehrwertigen Salzen besteht, ist die Möglichkeit einer Komplexbildung gegeben, und das vorhergesagte Verhalten des Systems würde sich verändern.

Ionenaustauschgleichgewichte stellen sich bei höheren Temperaturen im allgemeinen schneller ein. Eine Erhöhung der Temperatur verbessert die Effizienz, verringert die Retention und kann auch die Selektivität der Trennung verändern. Der Zusatz von organischen Lösemitteln als Modifier bewirkt meistens eine Abnahme der Retention. Da aber organische Lösemittel viele Parameter einer Ionenaustauschtrennung beeinflussen, ist es nicht so einfach, die möglichen Effekte vorauszusagen.

7.6.4 Fällung und Komplexierung

Sie haben in den vorhergehenden Abschnitten sehen können, daß ionisierbare Verbindungen in Lösungen in verschiedener Form vorliegen können und nicht immer nur als Ionen. Sulfate liegen z.B. bei den meisten pH-Werten in Lösung als SO_4^{2-} vor, aber bei niedrigen pH-Werten liegt es als HSO_4^- vor und bei extrem niedrigem pH sogar als H_2SO_4. Dies ist eine Auswirkung des folgenden Gleichgewichts:

$$H_2SO_4 \rightleftharpoons HSO_4^- + H^+ \rightleftharpoons SO_4^{2-} + H^+$$

$$pK_{a1} < 0 \qquad pK_{a2} = 1.99$$

Aus diesem Grund liegt Sulfat oberhalb von pH 3 hauptsächlich als SO_4^{2-} vor, unterhalb von pH 1 als HSO_4^-. Der pK-Wert gibt den pH an, bei dem gleiche Mengen an beiden Formen existieren; daher ist

$[SO_4^{2-}] = [HSO_4^-]$, wenn pH = pK = 1,99 ist.

Die in Lösung befindlichen Kationen können in Gegenwart verschiedener Anionen als Salze ausfallen. Für einen schlecht löslichen Feststoff M_aL_b ergibt sich in einer wässrigen Lösung folgendes Gleichgewicht:

$$M_aL_b \rightleftharpoons a\,M^{b+} + b\,L^{a-}$$

Das Löslichkeitsprodukt kann durch die molaren Ionenkonzentrationen ausgedrückt werden:

$$K_L = \left[M^{b+}\right]^a \cdot \left[L^{a-}\right]^b$$

Beispielsweise hat AgCl einen $K_L = 2 \cdot 10^{-10}$ mol²/l². Mischt man gleiche Volumina von $2 \cdot 10^{-3}$ mol/l $AgNO_3$ und HCl, dann erhält die resultierende Lösung $[Cl^-] = 1 \cdot 10^{-3}$ mol/l und $[Ag^+] = 2 \cdot 10^{-7}$ mol/l. Fast das gesamte Silber liegt nun als Silberchlorid vor. Für die Chromatographie ist es wichtig, die vorliegende Form der dissoziierbaren Verbindungen in der Lösung zu kennen. Man kann dann mittels der pK_a-Werte oder K_L-Werten sinnvolle Vorhersagen treffen.

Übung 7.6a

Für die folgenden Aufgaben müssen Ihnen die pK_a-Werte aus Tabelle 7.6a bekannt sein:

	pK_{a1}	pK_{a2}	pK_{a3}
H_3PO_4	2,13	7,20	12,36
H_2CO_3	6,35	10,33	
HF	3,17		
HCl	< 1		

(i) In welcher Form oder in welchen Formen liegt Phosphat bei pH 1, 2 und 9 vor? Wie würde sich bei sonst gleichen Bedingungen die Retention des Phosphats mit dem pH-Wert auf einer Anionenaustauschersäule verändern?

(ii) Sie trennen Carbonat und Chlorid auf einer Anionenaustauschersäule in einem Puffer mit pH 8,5 als mobile Phase. Bei diesem System eluiert Carbonat knapp vor Chlorid. Wie würde sich Ihrer Meinung nach die Retention dieser beiden verändern, wenn Sie als mobile Phase eine 5×10^{-3} molare KOH-Lösung verwenden?

(iii) Warum wäre es unklug, Fluorid mit einer Anionenaustauschersäule bei pH 2,5 zu trennen?

7.6.5 Detektionsmethoden in der IC

Die gebräuchlichsten Methoden sind die Leitfähigkeits-, UV-, Brechungsindex- und elektrochemische Detektion. Die Leitfähigkeitsdetektion ist eine für die meisten Anwendungen gute Detektionsmöglichkeit. Die anderen Methoden weisen eine hohe Empfindlichkeit für eine geringe Zahl von Ionen auf und werden eher als selektives Detektionssystem eingesetzt.

Sowohl die Leitfähigkeit als auch die UV-Absorption können im direkten oder indirekten Modus entsprechend einem Ansteigen oder Absinken der gemessenen Eigenschaften der eluierten Probemoleküle betrieben werden. Bei der Leitfähigkeitsdetektion ist die Grundleitfähigkeit abhängig von den verschiedenen Ionen im Puffer der mobilen Phase. Wird eine Zone gelöster Ionen eluiert (Ansteigen der Leitfähigkeit), so verdrängen die Probeionen die Ionen der mobilen Phase in diesem Gebiet (Absinken der Leitfähigkeit). Das Nettoergebnis hängt von der relativen Stärke der beiden Effekte ab (siehe Bild 7.6e).

7.6 Die Ionenchromatographie

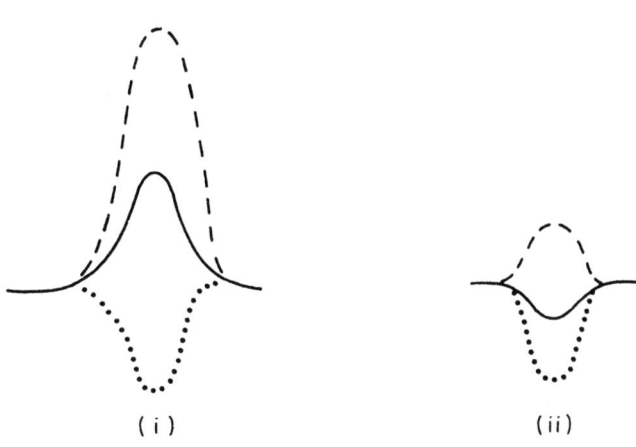

Bild 7.6e Direkte (i) und indirekte (ii) Leitfähigkeitsdetektion

? Viele Ionenchromatogramme weisen einen „Wasserpeak" auf (ein negativer Peak an der Stelle im Chromatogramm, die der Inertsubstanz entspricht). Können Sie den Grund für diesen Effekt erklären? Benutzen Sie eine ähnliche Argumentation wie oben.

Injiziert man in Wasser gelöste Ionen, so verläßt das Wasser die Säule unretardiert, und eine Bande von relativ stark leitender mobiler Phase wird durch eine Bande des sehr schwach leitenden Wassers verdrängt. Dadurch entsteht ein großer negativer Peak.

In der direkten UV-Absorption verwendet man eine UV-durchlässige mobile Phase und die Probeionen absorbieren im UV. In der indirekten UV-Detektion wird eine UV-absorbierende mobile Phase benutzt. Das nicht absorbierende Probeion verursacht dann folglich beim Passieren des Detektors eine Verringerung der Absorption.

Eine ganze Reihe von Ionen, z.B. Br^-, NO_3^{2-}, NO_2^-, SCN^- und I^- absorbieren UV-Strahlung zwischen 200 und 220 nm, und sie können daher direkt detektiert werden. Der Hauptvorteil dieser Methode besteht darin, daß eine Vielzahl von Ionen z.B. Cl^- nicht detektiert werden. Dadurch ist es möglich, Ionen wie NO_3^{2-} und NO_2^- in Gegenwart eines riesigen Überschusses von Cl^- zu bestimmen. In einigen Fällen kann die UV-Detektion erst nach einer Derivatisierung der Proben eingesetzt werden. Das bekannteste Beispiel ist die 4-(2-pyridylazo)Resorcinol- oder PAR-Derivatisierung. Die PAR-Komplexe der Übergangsmetalle absorbieren stark bei etwa 520 nm.

Die elektrochemische Detektion wird bei geringeren Konzentrationen oder der selektiven Analyse der drei wichtigen Anionen I^-, SO_3^{2-} und CN^- eingesetzt. RI-Detektion wird hauptsächlich für Borate und Polyphosphonate verwendet.

7.6.6 Techniken beim Einsatz des Leitfähigkeitsdetektors

Die Detektoren messen die Leitfähigkeit des Eluenten. Eines der Hauptprobleme der Leitfähigkeitsdetektion in der IC besteht darin, daß die mobile Phase Ionen enthalten muß und deren Leitfähigkeit im Vergleich mit den Probeionen relativ hoch sein sollte. Man scheint in der Leitfähigkeitsdetektion demnach eine kleine Änderung einer hohen Grundleitfähigkeit zu messen, was auf den ersten Blick wenig vielversprechend zu sein scheint.

? Warum muß eine mobile Phase hier Ionen enthalten ?

Die Probeionen und die Ionen der mobilen Phase konkurrieren um die Austauscherplätze auf der Oberfläche. Wären keine Ionen in der mobilen Phase, würden die Probeionen nicht von der Oberfläche des Harzes verdrängt.

Die Lösung des Problems liegt nun darin, die Leitfähigkeit der mobilen Phase zu kompensieren. Zwei Methoden werden dafür eingesetzt, die man als Ionenchromatographie mit Suppressor (dt.: Leitfähigkeitsunterdrückung; Suppressor-IC der Firma Dionex) und Ionenchromatographie ohne Suppressor (z.B. Waters) bezeichnet. Das Prinzip der Suppressor-IC besteht darin, daß der Eluent nach Durchlaufen der eigentlichen Ionenaustauschersäule eine weitere Ionenaustauschersäule passiert, die die Ionen der mobilen Phase in nicht dissoziierte oder nur sehr schwach dissoziierte Moleküle umwandelt, während die Probeionen unbeeinflußt durch diese Säule gelangen.

Als Beispiel sei hier die Trennung von Anionen mit einem Natriumcarbonat/Natriumhydrogencarbonat-Puffer als mobile Phase vorgestellt. Nach Passieren der Anionenaustauschersäule fließt der Eluent durch eine Kationenaustauschersäule in ihrer sauren Form (Suppressor-Säule). Die Natriumionen des Puffers werden gegen Protonen ausgetauscht, d.h. der Eluent enthält nur noch die schwach dissoziierte Kohlensäure.

$$R\text{-}SO_3^- H^+ + Na^+ \rightleftarrows R\text{-}SO_3^- Na^+ + H^+$$

$$\longrightarrow$$

$$H^+ + HCO_3^- \rightleftarrows H_2CO_3$$

7.6 Die Ionenchromatographie

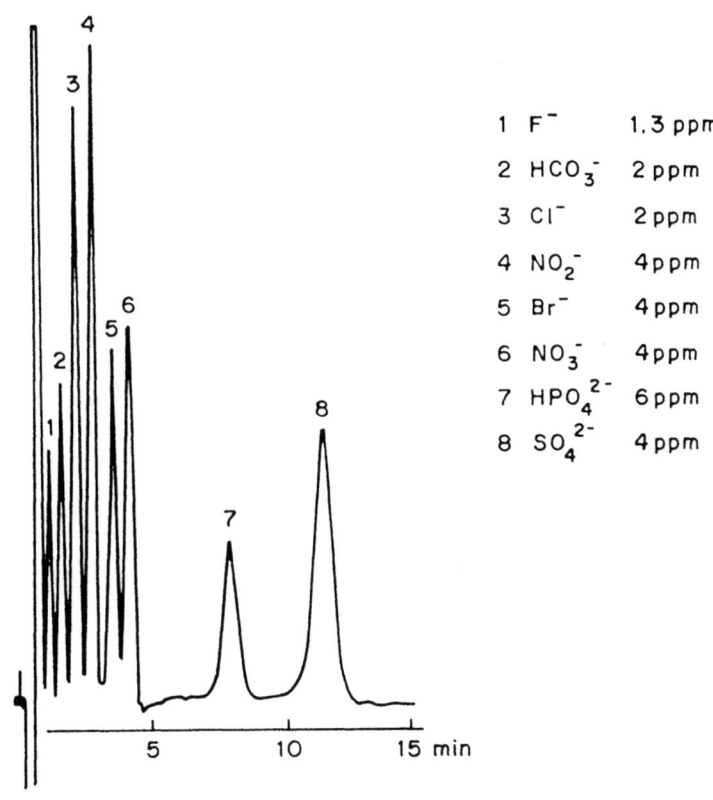

Bild 7.6f Anionentrennung durch Ionenaustausch

Säule: Waters IC-PAK A, 5 cm x 4,6 mm
Mobile Phase: 1,3 mmol/l Kaliumgluconat, 1,3 mmol/l Natriumborat; pH 8,5
Detektor: Leitfähigkeitsdetektor

? Wie würde die analoge Anordnung für die Kationentrennung aussehen ?

Die Kationen können mit verdünnter Salzsäure getrennt werden, und anschließend durchläuft der Eluent einen starken Anionenaustauscher in der Hydroxidform. So wird die Salzsäure der mobilen Phase in Wasser überführt.

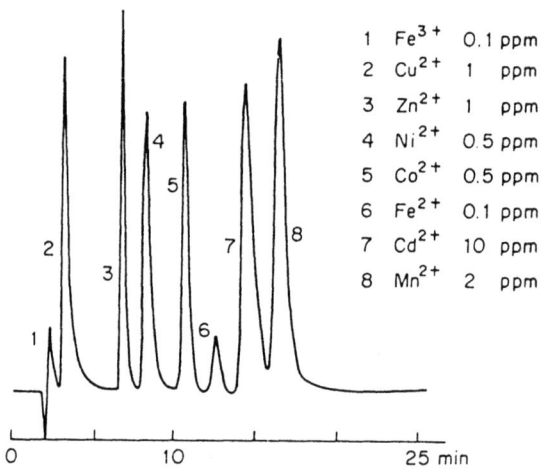

Bild 7.6g Kationentrennung nach PAR-Derivatisierung

Säule: Shimadzu IC-C1, 15 cm x 5 mm
Mobile Phase: 0,4 mol/l Milchsäure, mit NaOH auf pH 2,85 eingestellt
Fluß: 1 ml/min
Temperatur: 40°C
Detektor: UV-Absorption, 520 nm
Reagenzien: 0,2 mmol/l PAR, NH_3 3 mol/l; CH_3COOH 1 mol/l; 0,3 ml/min bei 40°C

Der Einsatz einer zweiten Ionenaustauschersäule hat allerdings eine zusätzliche Bandenverbreiterung zur Folge; desweiteren müssen die Suppressorsäulen von Zeit zu Zeit regeneriert werden. In der Praxis werden daher auch eher Geräte mit sog. Membransuppressoren eingesetzt. Diese Membransuppressoren besitzen nur ein kleines Innenvolumen und damit ein geringes Totvolumen. Auch ist eine Regeneration nicht erforderlich.

In der IC oder Suppressortechnik benutzt man eine mobile Phase mit relativ geringer Leitfähigkeit und einen Detektor, der die Leitfähigkeit der mobilen Phase elektronisch kompensiert. IC mit Suppressortechnik ist die ältere der beiden Methoden und hat daher den Vorteil, daß bereits sehr viele Arbeiten unter Anwendung dieser Technik publiziert wurden.

Sie ist jedoch relativ teuer und kompliziert. Die IC ohne Suppressortechnik ist in der Praxis die einfachere Technik. Es stehen mehr Eluenten zur Auswahl.

Bild 7.6f zeigt eine Anionentrennung mit einer Leitfähigkeitsdetektion ohne Suppressortechnik. Bild 7.6g zeigt eine Kationentrennung mit UV-Detektion nach der Derivatisierung mit PAR. Nach der Trennung wird der Eluent mit PAR in einem T-Stück vermischt. Dann folgt vor dem Detektor eine Reaktionskapillare mit einer Länge von 2 m und einem Innendurchmesser von 0,5 mm.

7.6.7 Ionenunterdrückung und Ionenpaarchromatograpie

Viele Trennungen, die früher mit Ionenaustauschern durchgeführt wurden, erreicht man heute viel leichter durch Ionenunterdrückung oder Ionenpaartechnik. Die Ionenunterdrückung wird für die Chromatographie schwacher Säuren oder Basen eingesetzt. Unter Ionenunterdrückung versteht man hier, daß die Dissoziation der Säuren oder die Protonierung der Basen durch eine Anpassung des pH-Wertes verhindert wird. Danach chromatographiert man die Probe auf einer normalen RP-Phase mittels Methanol oder Acetonitril und einer Pufferlösung als mobile Phase. Diese Technik ist dem Ionenaustausch vorzuziehen, da RP-Säulen im Vergleich zu Ionenaustauschersäulen eine höhere Effizienz besitzen, schneller zu äquilibrieren sind und allgemein ein besseres Verhalten zeigen.

Auch die Ionenpaarchromatographie wird für die Trennung schwacher Säuren und Basen genutzt, aber sie findet zusätzlich Anwendung bei der Trennung weiterer ionischer Komponenten. Die Methode hat ihren Ursprung auf dem Gebiet der Lösemittelextraktion. Ein Ion (A_{aq}^+), das im Wasser gelöst ist, kann in eine organische Phase durch Einsatz eines geeigneten Gegenions (B_{aq}^-) in Form eines Ionenpaares extrahiert werden; die Gleichung lautet:

$$A_{aq}^+ + B_{aq}^- \rightleftharpoons (A^+B^-)_{org}$$

Das Ionenpaar (A^+B^-) verhält sich wie ein nichtionisches polares Molekül, das sich in organischen Lösemitteln löst. Durch Wahl eines geeigneten Ionenpaares und Anpassen der Konzentration, kann das Ion A^+ in die organische Phase extrahiert werden. Ebenso können Anionen durch Wahl eines geeigneten kationischen Gegenions extrahiert werden. Die Ionenpaarchromatographie ist prinzipiell eine Umkehrphasentrennung mit einer C-18-Säule, wobei man das Ionenpaarreagenz der mobilen Phase zufügt. Die Ionenpaare werden als neutrale und polare Moleküle getrennt.

Der zugrunde liegende Trennmechanismus ist noch immer umstritten. Im einfachsten Modell nimmt man an, daß Ionenpaare in der mobilen Phase gebildet werden und als neutrale Moleküle durch die Säule wandern. Die Trennung beruht auf der Verteilung dieser neutralen Ionenpaare zwischen der mobilen Phase und der C-18-Phase. Mit Hilfe dieses Mechanismus lassen sich nicht alle experimentellen Ergebnisse erklären, und diese Theorie ist ohne Zweifel eine zu grobe Vereinfachung. Neuere Vorstellungen über den Mechanismus gehen von einer Kombination von Verteilung und Ionenaustausch aus.

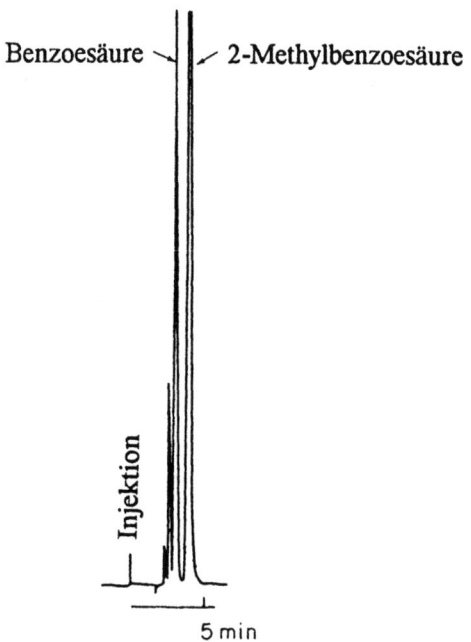

Bild 7.6h Ionenpaartrennung schwacher Säuren

Säule: 10 μm C-18 gebundene Phase, 30 cm x 4 mm
Mobile Phase: CH$_3$OH/H$_2$O 50:50 + Tetrabutylammoniumphosphat, pH 7,5.
Fluß 2 ml/min
Detektor: UV-Absorption, 254 nm

Typische Ionenpaarreagenzien sind für Kationen Alkansulfonsäuren, z. B. Pentan-, Hexan-, Heptan-, oder Octansulfonsäure und für Anionen Tetrabutylammoniumsalze. Die Retention der Probemoleküle kann in der Ionenpaarchromatographie auf vielfältige Weise beeinflußt werden:

(a) Durch Variation der Kettenlänge des Ionenpaarreagenzes. Die Retention erhöht sich mit steigender Kettenlänge.
(b) Durch Veränderung der Konzentration des Gegenions. Die Retention erhöht sich mit steigender Menge des Ionenpaarreagenzes.
(c) Arbeitet man bei einem pH-Wert, bei dem nur wenige Probenmoleküle ionisiert sind, dann werden nur die ionisierten Moleküle durch eine Änderung der Art oder Konzentration des Ionenpaarreagenzes beeinflußt; man kann die Selektivität für die ionisierten Probemoleküle verändern, ohne die Retention der anderen Proben zu beeinflussen.
(d) Durch Änderung der Konzentration des organischen Lösemittels in der mobilen Phase.

7.6 Die Ionenchromatographie

? Wie würde eine Änderung der Konzentration des organischen Lösemittels die Retention beeinflussen?

Die Retention wird nach den Regeln, die für Umkehrphasentrennungen gelten, beeinflußt (Bild 7.5a). Eine Erhöhung des Anteils des organischen Lösemittels erniedrigt die Polarität der mobilen Phase und verringert damit die Retention. Bild 7.6h zeigt die Trennung schwacher Säuren auf einer C-18-Säule mit einer mobilen Phase aus Methanol/ Wasser 50:50 und Tetrabutylammoniumphosphat. Der pH-Wert der mobilen Phase beträgt ungefähr 7,5, da bei diesem pH-Wert die beiden schwachen Säuren vollständig dissoziert sind und Ionenpaare mit dem Ionenpaarreagenz bilden.

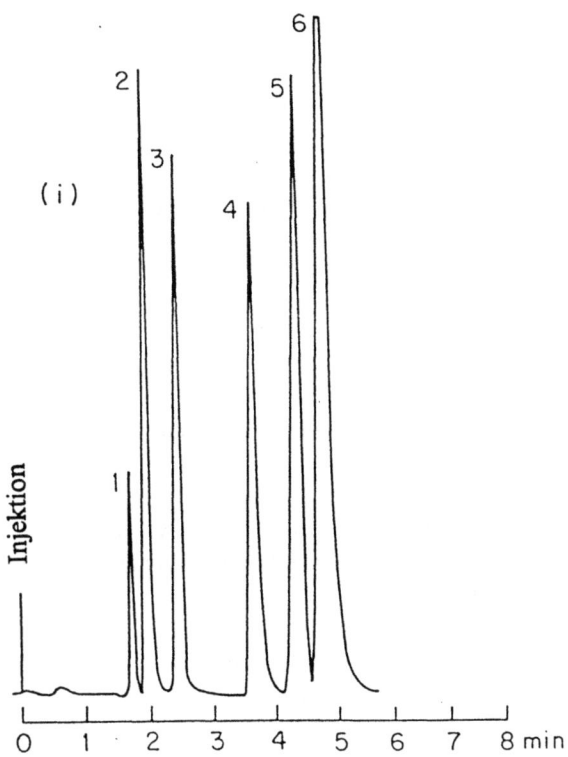

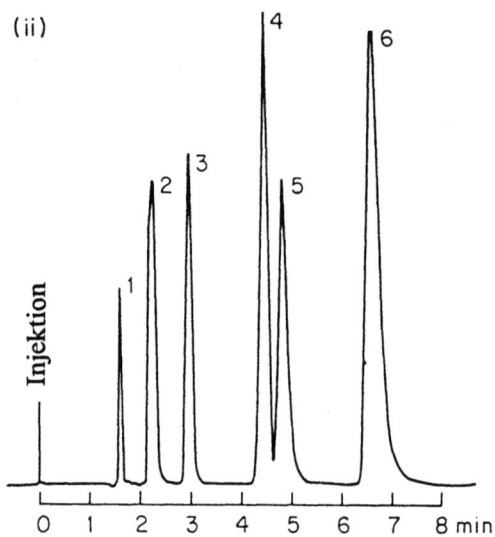

Bild 7.6i Trennung eines Gemisches von Säuren und Basen durch Ionenpaarbildung/ Ionenunterdrückung

(i) Säule: 10 μm C-18 gebundene Phase, 30 cm x 4 mm
    Mobile Phase: CH$_3$OH/H$_2$O 50:50 mit je 0,005 M Pentansulfonsäure pH 2,5.
    Fluß: 2,5 ml/min
    Detektor: UV-Absorption, 254 nm
    Probe: 1 Maleinsäure   2 Phenylephrin
                 3 Norephrin   4 Naphazolin
                 5 Phenacetin   6 Pyrilamin

(ii) Bedingungen wie in (i) mit Ausnahme, daß Hexansulfonsäure als Ionenpaarreagenz verwendet wurde.

Bild 7.6i zeigt den Einsatz einer Kombination aus Ionenpaar- und Ionenunterdrückungstechniken, um ein Gemisch aus Säuren und Basen zu trennen. Der pH-Wert der mobilen Phase beträgt ungefähr 2,5. Bei diesem pH-Wert ist die Maleinsäure nicht dissoziert und wird (wie ein sehr polares Molekül) auf der RP-Phase sehr schnell eluiert. Die anderen

7.6 Die Ionenchromatographie

Probemoleküle sind alle schwache Basen, die bei pH 2,5 vollständig protoniert vorliegen und mit Pentansulfonsäure Ionenpaare bilden.

Die Retention der Ionenpaare kann durch eine Verlängerung der Kettenlänge des Ionenpaarreagenzes erhöht werden (siehe Bild 7.6i(ii)).

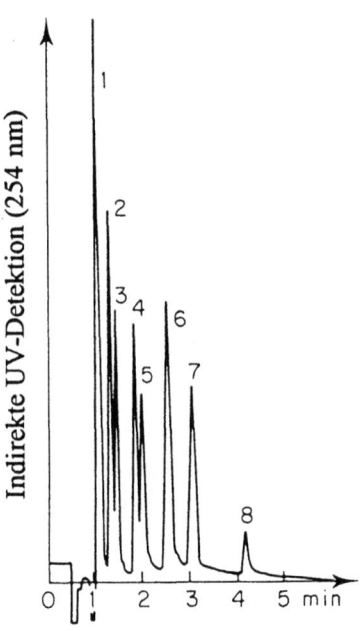

Bild 7.6j Trennung von anorganischen Ionen unter Verwendung der indirekten UV-Detektion

Säule:	5 μm C-18-Phase, 25 cm x 4,6 mm
Mobile Phase:	0,001M Tetrabutylammoniumhydroxid + Natriumhydrogenphthalat, pH= 8, Fluß 1 ml/min
Detektor:	UV-Absorption, 254 nm
Probe:	1 Chlorid 2 Nitrit 3 Nitrat
	4 Bromid 5 Phosphat 6 Phosphit
	7 Sulfat 8 Iodid

Ionenpaartechniken werden auch für die Trennung anorganischer Ionen eingesetzt. Bild 7.6j zeigt ein Beispiel. Zur Detektion wurde die indirekte UV-Absorption verwendet. Weil die Ionen selbst nicht stark absorbieren, wird der mobilen Phase eine absorbierende Substanz (Natriumhydrogenphthalat) zugefügt. Die Probeanionen, die bei dieser Wellenlänge nicht absorbieren, bewirken eine Abnahme der Grundabsorption, wenn sie am Detektor erscheinen, d. h. man erhält negative Peaks. Durch Umpolen des Integrators erhält man positive Signale.

Übung 7.6b

Erläutern Sie jeweils die im folgenden eingesetzten Methoden:

(i) Trennung von Aspirin und Norephedrin (1-Phenyl-2-aminopropanol)
   Säule: C-18; Mobile Phase: CH_3OH/H_2O 50:50 + Heptansulfonsäure (pH ungefähr 3,5).
(ii) Chromatographie von 4-Aminobenzoesäure
   Säule: C-18; mobile Phase: CH_3OH/H_2O 50:50 + Tetrabutylammonium-hydroxid (pH ungefähr 7,5)

7.6.8 Zusammenfassung

Ionische Probenmoleküle können durch Ionenaustauschchromatographie unter Einsatz von Feinkornharzen oder gebundenen Ionenaustauschern auf Feinkorn-Kieselgelbasis getrennt werden. Solche Trennungen werden oft leichter durch Ionenunterdrückungs- oder Ionenpaartechnik mit gebundenen RP-Phasen erreicht.

Lernziele

Sie sollten nun in der Lage sein:

- Die Arbeitsweise eines Ionenaustauschermaterials in der HPLC beschreiben zu können;
- die Faktoren zu erkennen, die die Retentionszeiten der Probenmoleküle in der Ionenaustauschchromatographie beeinflussen;
- einzuschätzen, daß ionische Proben oft leichter durch Ionenunterdrückungs- oder Ionenpaartechniken getrennt werden können;
- die experimentellen Bedingungen angeben zu können, die in der Ionenpaarchromatographie benutzt werden.

Literatur

1. F.C. Smith und R.C. Chang, The Practice of Ion Chromatography, Wiley, New York, 1982.
2. J.G. Tarter, Ion Chromatography, Marcel Dekker, 1987.
3. J.S. Fritz, Analytical Chemistry, 1987, 59, 35A.
4. T.H. Jupille und D.T. Gjerde, Journal of Chromatographic Science 1986, 24, 427.
5. B.D. Bidlingmeyer, Journal of Chromatographic Science 1980, 18, 525.
6. J. Weiß, Ionenchromatographie, 2. Aufl., VCH, 1991.

7.7 Adsorptions- und Ausschlußchromatographie

7.7.1 Adsorptionschromatographie

Für die Adsorptionschromatographie werden unmodifizierte Kieselgele benutzt. Die Adsorptionsstellen auf der Oberfläche des Kieselgels sind Silanol (Si-OH)-Gruppen. Diese kommen entweder als isolierte Gruppen vor, oder sie sind über Wasserstoffbrückenbindungen miteinander verknüpft. Bei chromatographischen Kieselgelen hängt die relative Anzahl der einzelnen Typen von Silanolgruppen von der Art, dem Herstellungsprozess und der Behandlung des Kieselgels ab. Die beiden Typen von Silanolgruppen haben unterschiedliches Adsorptionsvermögen, und sie können durch Wasser oder andere polare Lösemittel desaktiviert werden. Im allgemeinen werden die Kieselgele für die Chromatographie durch Erhitzen auf 150 bis 200°C aktiviert und dann durch die Zugabe kleiner Mengen Wasser oder anderer polarer organischer Lösemittel teilweise desaktiviert. Dieses Vorgehen dient der Standardisierung der Aktivität des Adsorbens. Trotzdem ist die Reproduzierbarkeit bei der Chromatographie mit unmodifizierten Kieselgelen immer ein Problem, und es ist oft ein sehr langer Konditionierungsprozeß erforderlich, um ein reproduzierbares Verhalten zu erhalten. Bei Kieselgel und der Verwendung einer unpolaren mobilen Phase, die mit einer kleinen Menge eines polaren Lösemittels modifiziert wurde, bildet sich möglicherweise eine auf der Kieselgeloberfläche adsorbierte Schicht der polaren Komponente aus, so daß sowohl Adsorption als auch Verteilung (zwischen dieser Schicht und der mobilen Phase) zur Trennung beitragen.

Die gelösten Probenmoleküle X konkurrieren mit den Molekülen S der mobilen Phase um die Adsorptionsplätze an der Oberfläche:

$$X + S_{ads} \rightleftarrows X_{ads} + S$$

Die Stärke der Wechselwirkung zwischen dem Adsorbens und den Probenmolekülen erhöht sich mit zunehmender Polarität der Probe. Daher kann man die Retention des Probenmoleküls (X) durch eine Verringerung der Polarität der mobilen Phase (S), die das obige Gleichgewicht nach rechts verschiebt, erhöhen. Polare Probenmoleküle werden auf unmodifizierten Kieselgelen stark retardiert und zeigen ein ausgeprägtes Tailing. Daher ist diese Methode nur sinnvoll für Proben mit geringer oder mittlerer Polarität.

Bild 7.7a zeigt das Chromatogramm einiger Phthalate auf Kieselgelsäulen mit Ethylacetat/iso-Octan 5:95 als mobile Phase. Einige Peaks wurden bereits zugeordnet.

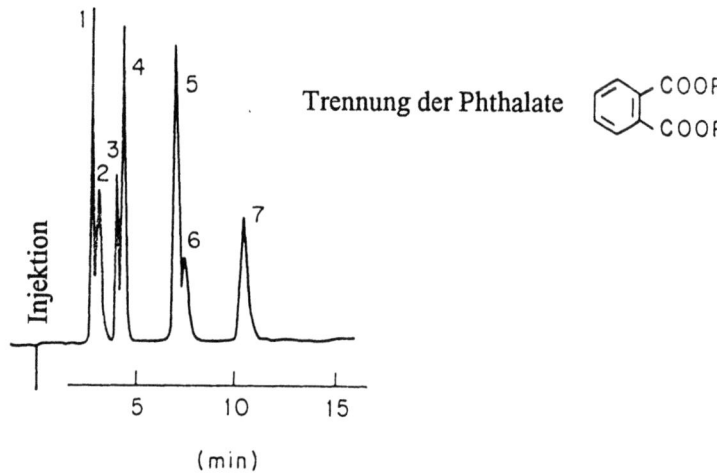

Bild 7.7a Trennung von Phthalaten

Säule: 10 μm Kieselgel 30 cm x 4 mm
Mobile Phase: Ethylacetat/iso-Octan 5:95
Fluß: 2 ml/min
Detektor: UV-Absorption, 254 nm
Probe: R = CH_3, C_2H_5, C_6H_5 (6), n-C_4H_9, iso-C_4H_9 (3), iso-C_8H_{17} (2), n-C_8H_{17}

?

(a) Welche Elutionsreihenfolge würden Sie für die anderen Proben erwarten?
(b) Welche Änderungen würden Sie erwarten, wenn man als mobile Phase Butylacetat/iso-Octan 5:95 verwenden würde?

(a) Bei einer Normalphasentrennung wie dieser eluieren die Probenmoleküle nach steigender Polarität, so daß die Elutionsreihenfolge wie folgt aussieht: Zuerst Dioctyl, gefolgt von Dibutyl, Diethyl und Dimethyl. Sie sollten dieses Chromatogramm mit Bild 8.3i vergleichen, die das Verhalten der gleichen Proben auf einem RP-System zeigt. Die Elutionsreihenfolge ist umgekehrt. Das polarste Probemolekül wird zuerst eluiert.
(b) Die mobile Phase ist jetzt etwas weniger polar, so daß man erwarten würde, daß sich die Retention für alle Probenmoleküle erhöht. Das zugehörige Chromatogramm ist in Bild

7.7 Adsorptions- und Ausschlußchromatographie

7.7b zu sehen. Eine Änderung der mobilen Phase beeinflußt auch die Selektivität. Man kann sehen, daß dies tatsächlich der Fall ist, wenn man die Diethyl- und Diphenylpeaks betrachtet, deren Elutionsreihenfolge sich umgekehrt hat.

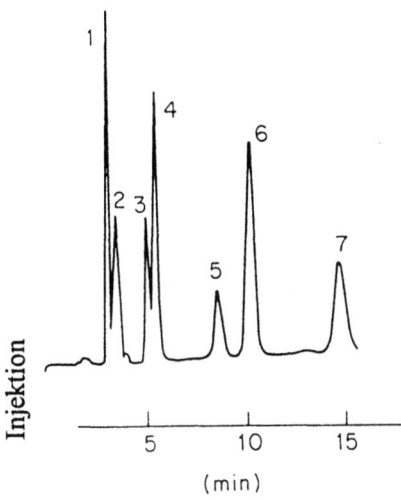

Bild 7.7b Trennung von Phthalaten

Säule:	10 μm Kieselgel 30 cm x 4 mm
Mobile Phase:	Butylacetat/iso-Octan 5:95
Detektor:	UV-Absorption, 254 nm
Probe:	1 R = n-C_8H_{17} 2 iso-C_8H_{17} 3 iso-C_4H_9
	5 C_6H_5 6 C_2H_5 7 CH_3

7.7.2. Ausschlußchromatographie

Die Ausschlußchromatographie ist eine Technik, um Moleküle aufgrund ihrer effektiven Größe zu trennen. Diese Technik wird häufig auch als Gelpermeationschromatographie (GPC) beim Einsatz organischer Lösemittel und als Gelfiltration beim Einsatz wäßriger Solventen bezeichnet.

Die in der Ausschlußchromatographie eingesetzten stationären Phasen sind poröse Partikel mit einer streng kontrollierten Porengrößenverteilung. Im Gegensatz zu anderen chromatographischen Trenntechniken sollte es bei der Ausschlußchromatographie keine Wechselwirkungen zwischen den Probemolekülen und der Oberfläche der stationären Phase geben.

In Abhängigkeit von ihrer Größe und Form können die Probenmoleküle in die Poren der stationären Phase eindringen. Moleküle, deren Größe mit den Molekülen der mobilen Phase vergleichbar ist, sind in der Lage durch das gesamte poröse Netzwerk zu diffundieren. Größere Moleküle werden von den engeren Kanälen der porösen Struktur ausgeschlossen. Sie sind jedoch in der Lage, sich in den breiteren Abschnitten frei zu bewegen. Je größer das Probenmolekül ist, desto weniger Platz findet es in der porösen Struktur, in die es eindringen kann. Schließlich gibt es Probenmoleküle, die so groß sind, daß sie von allen Poren vollkommen ausgeschlossen werden. Die so ausgeschlossenen Moleküle können nur durch die relativ weiten Kanäle zwischen den Teilchen der stationären Phase wandern und werden daher schnell von der Säule eluiert. Je kleiner das Molekül, desto leichter kann es in die Poren der stationären Phase eindringen und umso länger ist die Verweilzeit in der Säule. Dieser Prozeß ist in Bild 7.7c dargestellt.

Große Moleküle werden von den inneren Poren der stationären Phase ausgeschlossen und wandern daher in den Kanälen zwischen den Teilchen der stationären Phase. Kleinere Moleküle, die in das poröse Netzwerk eindringen können, wandern langsamer.

In der Ausschlußchromatographie setzt sich das Gesamtvolumen der mobilen Phase in der Säule aus dem Volumen außerhalb der Partikel der stationären Phase (dem Zwischenkornvolumen V_0) und dem Volumen innerhalb der Teilchenporen (dem Porenvolumen V_i) zusammen. Große Moleküle, die von den Poren vollkommen ausgeschlossen werden, haben ein Elutionsvolumen V_0. Das Elutionsvolumen kleiner Moleküle, die das poröse Netzwerk vollkommen durchdringen können, beträgt (V_0+V_i). Moleküle mittlerer Größe, die in einige, aber nicht in alle Poren eindringen können, haben ein Elutionsvolumen zwischen V_0 und (V_0+V_i). Unter der Voraussetzung, daß Ausschluß den einzigen Trennmechanismus darstellt (d. h. keine Adsorption, Verteilung oder Ionenaustausch stattfindet), muß die gesamte Probe zwischen diesen beiden Volumengrenzen eluiert werden. In Bild 7.7d ist die relative molekulare Masse der Probe M_r auf einer logarithmischen Skala gegen das Elutionsvolumen aufgetragen. Das Porenvolumen ist der Volumenbereich innerhalb dem die Trennung stattfindet. Der Größenbereich der Proben, die in diesem Volumenbereich eluiert werden, hängt von der Art der stationären Phase ab. Da V_0 und V_i konstant sind, kann man für eine gegebene Trennung das totale Lösemittelvolumen oder die für die gewählte Analyse benötigte Zeit vorhersagen. Man erhält die Kalibrierkurve durch die Bestimmung des Elutionsvolumens für Standards mit bekannter Molekülmasse.

7.7 Adsorptions- und Ausschlußchromatographie 149

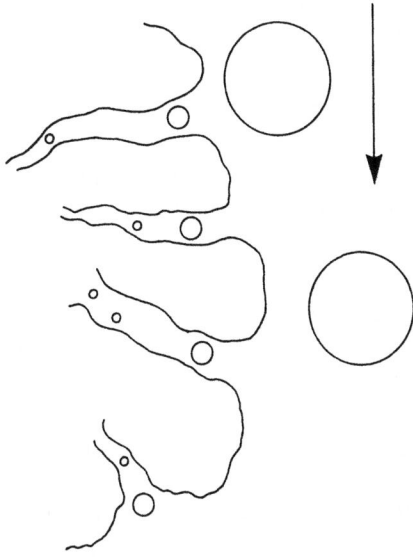

Bild 7.7c Trennung durch Ausschluß

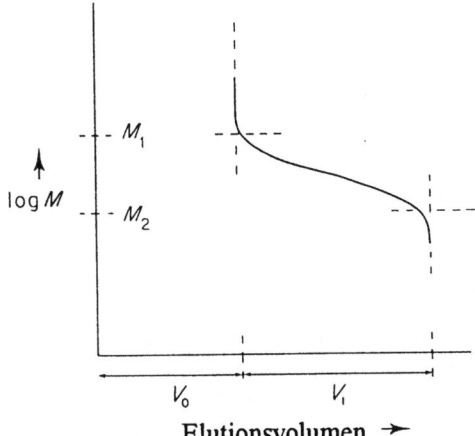

Bild 7.7d Kalibrierungskurve für die Ausschlußchromatographie

Moleküle mit relativen molaren Masse größer als M_1 werden von der stationären Phase vollständig ausgeschlossen und haben das Elutionsvolumen V_0. Moleküle mit relativen molekularen Massen kleiner M_2 können die stationäre Phase vollkommen durchdringen und eluieren bei (V_0+V_i). Moleküle, deren Massen zwischen M_1 und M_2 liegen, durchdringen die stationäre Phase teilweise und eluieren zwischen V_0 und (V_0+V_i).

Die ursprünglich für die Ausschlußchromatographie eingesetzten Materialien waren halbstarre Gele aus quervernetztem Dextran (einem Kohlenhydrat) oder Polyacrylamid. Diese halten jedoch den hohen Drücken in der HPLC nicht stand. Die heute in dieser Technik eingesetzten stationären Phasen sind Mikroteilchen, die aus Styrol-Divinylbenzol-Copolymeren, Kieselgel oder porösem Glas bestehen. Sie sind in verschiedenen Porengrößenverteilungen für die Trennung unterschiedlicher Molmassenbereiche erhältlich. Die Styrol-Divinylbenzol-Polymere werden mit organischen Eluenten betrieben, da wäßrige Eluenten oft zu einem starken Schrumpfen des Säulenbettes führen. Es entstehen dann zusätzliche Totvolumina und Kanälen, die zu einem Verlust an Effizienz führen. Tabelle 7.7e zeigt die Größen und Molmassenbereiche für stationäre Phasen aus Styrol-Divinylbenzol, die für die Ausschlußchromatographie erhältlich sind (Ultrastyralgel, hergestellt von Waters). Es hat eine Partikelgröße von $10\mu m$ und man erhält Effizienzen von ungefähr 46000 Böden pro Meter. Abgesehen von dem 100Å-Typ können sie bei Temperaturen bis 145°C eingesetzt werden.

Tabelle 7.7e Styrol-Divinylbenzol Ausschluß- Phase (Ultrastyralgel, hergestellt von Waters)

Porengröße, Å	M_r-Bereich
100	50-1500
500	100-10^4
10^3	200-3·10^4
10^4	5·10^3-6·10^5
10^5	5·10^4-4·10^6
10^6	2·10^5-10^7

Die Porengröße ist in Ångstrom ($1Å = 10^{-8}$cm) angegeben und bezieht sich auf die Kettenlänge eines Polystyrolmoleküls, das gerade so groß ist, daß es von allen Poren des Gels ausgeschlossen wird. Der Massenbereich ist der M_r-Bereich (ermittelt mittels eines Polystyrol-Standards), der teilweise ausgeschlossen wird. Um einen teilweisen Ausschluß über einen großen M_r-Bereich zu erhalten, können eine Anzahl von Säulen in Serie geschaltet werden, wobei jede Säule einen unterschiedlichen Molekülgrößenbereich abdeckt.

? Eine 30cm x 7,8mm Säule enthält die obige 10^4 Å-stationäre Phase. Diese wird mit Toluol als mobile Phase bei einem Fluß von 1,1 ml/min betrieben. Eine Probe eines in Benzol gelösten Polystyrol-Standards wird injiziert. Die Standards haben Molekularmassen von

7.7 Adsorptions- und Ausschlußchromatographie 151

775000, 442000, 6200 und 2800. Das Zwischenkornvolumen der Säule beträgt 6 ml, das Porenvolumen 5 ml.

(a) Welche Probe eluiert zuerst und wie groß ist das Elutionsvolumen?
(b) Welche Probenmoleküle werden teilweise ausgeschlossen?
(c) Wie lange dauert die Trennung?

(a) Der 775 K-Standard wird vollkommen ausgeschlossen und wird bei V_0=6 ml eluieren;
(b) Der 442 K- und der 6,2 K-Standard werden teilweise ausgeschlossen.
(c) Der 2,8 K-Standard und Benzol werden die Säule vollkommen durchdringen und eluieren zusammen bei (V_0+V_i)=11 ml. Dafür werden 11/1,1 = 10 min benötigt.

Stationäre Phasen für die Ausschlußchromatographie auf Kieselgelbasis können entweder mit organischen oder wäßrigen Eluenten betrieben werden. Einige Typen sind gebundene Phasen, andere sind unmodifiziert. Bei der Verwendung wäßriger mobiler Phasen in der Kieselgelausschlußsäule ist oft die Zugabe kleiner Mengen eines polaren Modifiers (anorganisches Salz oder polare organische Lösemittel) notwendig, um Adsorptionseffekte zu verringern.

Die Auswahl der mobilen Phase ist in der Ausschlußchromatographie einfacher als für die anderen HPLC-Methoden, da nur ein Lösemittel benötigt wird. Für Polymere ist die Auswahl der mobilen Phase oft vom Löslichkeitsverhalten bestimmt. Tetrahydrofuran oder chlorierte Kohlenwasserstoffe werden oft für Polymere, die bei Raumtemperatur löslich sind, benutzt. Für einige Polymere (z. B. Polyethylen) benötigt man Temperaturen bis ungefähr 150 °C, um diese in Lösung zu bringen: für diese kann man Di- oder Trichlorbenzole als mobile Phase verwenden.

Obwohl die Ausschlußchromatographie ursprünglich hauptsächlich für die Charakterisierung von Polymeren eingesetzt wurde, hat sich das Einsatzgebiet sehr ausgedehnt. Synthetische Polymere haben eine Molekulargrößenverteilung, und die Verteilung der relativen molekularen Masse M_r beeinflußt wichtige Eigenschaften des Polymers wie Härte, Bruchfestigkeit, Zugfestigkeit usw. Kleine Änderungen der M_r-Verteilung können große Änderungen in den Eigenschaften des Endprodukts bewirken. Vor dem Erscheinen der Ausschlußchromatographie wurde die Bestimmung der Molekulargewichtsverteilung von Polymeren im allgemeinen durch fraktionierte Fällungen durchgeführt, die schwierig, langwierig und ungenau waren. Heutzutage läßt sich die Massenverteilung und das mittlere Molgewicht M_r eines Polymers leicht mit Hilfe der Ausschlußchromatographie berechnen.

Die Ausschlußchromatographie ist auch zur Abtrennung von kleinen Molekülen von störenden Matrixbestandteilen aus großen Molekülen nützlich, z. B. in Lebensmitteln oder Proben anderen biologischen Ursprungs. Sie kann für den ersten Schritt einer mehrstufigen Analyse eines unbekannten organischen Gemisches eingesetzt werden. Dieses Gemisch wird zunächst nach seiner Molekülgröße durch Ausschlußchromatographie getrennt, dann können die aufgefangenen Fraktionen entweder mittels Normal- oder Umkehrphasenchromatographie weiter aufgetrennt werden, wobei die Trennung dabei auf den unterschiedlichen Eigenschaften beruht.

Bild 7.7f zeigt ein Ausschlußchromatogramm auf unmodifiziertem Kieselgel. Die Probe ist ein Epoxidharz mit einer mittleren Molmasse M_r von 900. Bild 7.7g zeigt die Bestimmung von Pestizidrückständen in einer Hühnerfettprobe als Beispiel für den Einsatz der

Ausschlußchromatographie zur Aufreinigung einer komplexen Probe. Zuerst injiziert man eine pestizidfreie Fettprobe zum Vergleich, dann spiked (aufstocken) man diese Vergleichsprobe mit den zu analysierenden Pestiziden, um ihr Elutionsvolumen zu bestimmen. Wenn die zu untersuchende Probe injiziert wird, fängt man den Eluenten, der die Pestizide enthält, auf. Das Lösemittel wird abgedampft, der Rückstand wird in Acetonitril aufgenommen und die Pestizide werden schließlich auf einer Umkehrphasensäule getrennt.

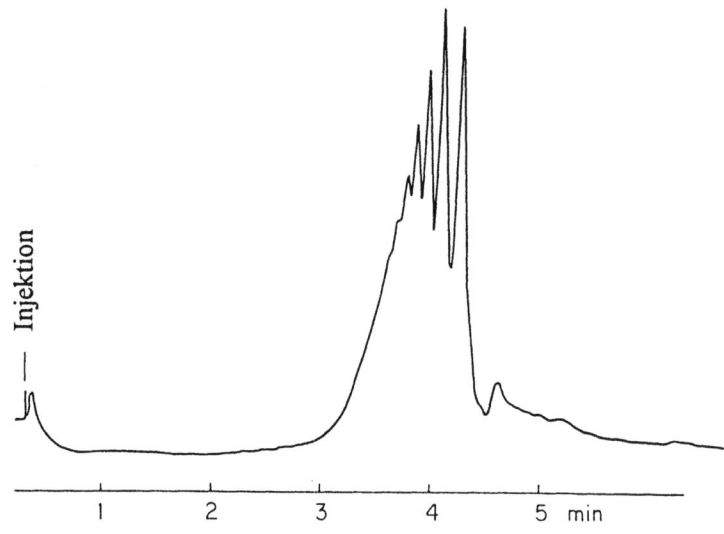

Bild 7.7f Ausschlußchromatogramm eines Epoxidharzes

Säule: 5 µm Kieselgel, 25 cm x 4,9 mm
Mobile Phase: Tetrahydrofuran + 1% Wasser. Fluß 1 ml/min
Detektor: UV-Absorption, 254 nm
Probe: 1 µl Epikote 1001 in Tetrahydrofuran

Epikote 1001 ist ein synthetisches Epoxidharz mit einem mittleren relativen Molekulargewicht von 900.

7.7 Adsorptions- und Ausschlußchromatographie

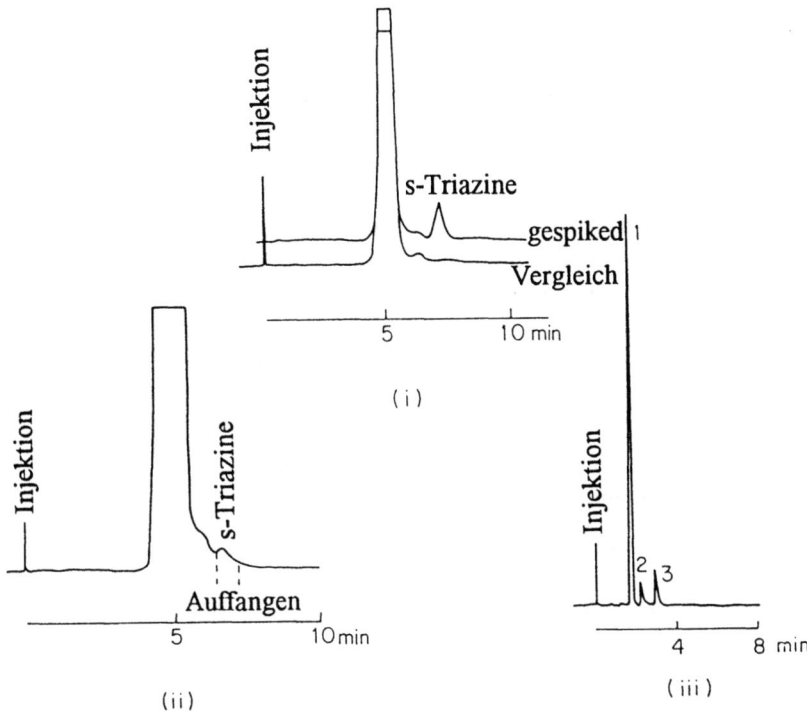

Bild 7.7g Aufreinigung einer Hühnerfettprobe, die Pestizide enthält, mittels Ausschlußchromatographie

(i) Fettprobe, Vergleichsprobe und mit Pestiziden versetzt
(ii) Fettprobe, die Pestizide enthält

Säule:	100 Å μ-Styragel (Feinkorn Styrol-Divinylbenzol-Harze, 122 cm x 7,8 mm
mobile Phase:	Chloroform, Fluß 2 ml/min
Probe:	100 μl Hühnerfett in Chloroform

(iii) Umkehrphasentrennung des Pestizidrückstandes.

Säule:	10 μm C-18, 30 cm x 4 mm
mobile Phase:	CH_3CN/H_2O 60:40, Fluß 2 ml/min
Detektor:	UV-Absorption, 254 nm
Peaks:	1 Simazin 2 Atrazin 3 Propazin

Übung 7.7a

Die folgenden Aussagen beziehen sich auf die verschiedenen HPLC-Methoden. Stellen Sie fest, welche der Aussagen wahr (w) oder falsch (f) sind.

(i) In der Adsorptionschromatographie benutzt man eine unpolare mobile Phase.
(ii) Polare Moleküle lassen sich leicht mittels Adsorptionschromatographie trennen.
(iii) Die Elutionszeiten der Probenmoleküle können in der Ausschlußchromatographie durch Variation der Polarität der mobilen Phase beeinflußt werden.
(iv) Die Ausschlußchromatographie ist nur für die Trennung großer Moleküle sinnvoll.
(v) In der Umkehrphasenchromatographie ist die mobile Phase polarer als die stationäre Phase.
(vi) In der Umkehrphasenchromatographie benutzt man gebundene Kieselgele, die aufgebundenen Gruppen sind unpolar.

Übung 7.7b

Welche HPLC-Methode würden Sie für folgende Trennprobleme wählen:

(i) Identifizierung von Weichmachern in Polychlorethan (Polyvinylchlorid). Gebräuchliche PVC-Weichmacher sind Dibutyl-, Dioctyl- und Dinonylphthalate.
(ii) Trennung von Beruhigungsmitteln.

Strukturen:

Diazepam (Valium): $R_1 = -CH_3$, $R_2 = -H$
Oxazepam (Serax): $R_1 = -H$, $R_2 = -OH$

7.7 Adsorptions- und Ausschlußchromatographie

(iii) Trennung eines Gemisches von synthetischen Lebensmittelfarbstoffen.

Strukturen:

Amaranth: $R_1 = R_2 = -SO_3Na$, $R_3 = -H$
Ponceau 4R: $R_1 = -H$, $R_2 = R_3 = -SO_3Na$

7.7.3. Zusammenfassung

In der Adsorptionschromatographie benutzt man unmodifiziertes Kieselgel mit einer im Vergleich zur stationären Phase unpolaren mobilen Phase. Sie wird für die Trennung von Probenmolekülen mit relativ geringer Polarität eingesetzt, obwohl solche Trennungen heutzutage oft leichter mit gebundenden Phasen zu erreichen sind.

In der Ausschlußchromatographie trennt man die Proben nach ihrer Größe und Form. Diese Technik benutzt man intensiv zur Untersuchung von Makromolekülen und zur Abtrennung von kleinen Molekülen von einer störenden Matrix, die aus größeren Molekülen besteht.

Lernziele

Sie sollten jetzt in der Lage sein:

- die Elutionsreihenfolge in einfachen Fällen bei Einsatz der Adsorptionschromatographie mit unmodifizierten Kieselgelen vorhersagen zu können;
- die Schwierigkeiten einschätzen zu können, um reproduzierbare Ergebnisse in der Adsorptionschromatographie zu erhalten;
- stationäre und mobile Phasen, die man in der Ausschlußchromatographie verwendet, zu nennen;

- den Mechanismus, durch den die Proben in der Ausschlußchromatographie getrennt werden, zu verstehen;
- die Gebiete, in denen man die Ausschlußchromatographie einsetzen kann, zu nennen.

Literatur

ADSORPTIONSCHROMATOGRAPHIE

1. L.R. Snyder, Principles of Adsorption Chromatography, Marcel Dekker, 1968.
2. C.F. Simpson (Ed.), Techniques in Liquid Chromatography, Wiley, 1984, Kapitel 4.

AUSSCHLUSSCHROMATOGRAPHIE

3. W.W. Yau, J.J. Kirkland und D.D. Bly, Modern Size-Exclusion Liquid Chromatography, Wiley-Interscience, 1979.
4. Kapitel 12 von Literaturstelle 2, oben.
5. J.H. Knox (Ed.), High Performance Liquid Chromatography, Edinburgh University Press, 1982, Kapitel 7.

8 Methodenentwicklung

Wenn man eine HPLC-Methode entwickelt, so sucht man zunächst immer in der chromatographischen Literatur, ob nicht zuvor jemand diese Trennung bereits durchgeführt hat und wenn ja, wie die Trennung durchgeführt wurde. Diese Information gibt Ihnen zumindest einen Hinweis auf die Bedingungen, die Sie für die Trennung benötigen und erspart Ihnen viele Experimente. Die meisten Bücher wie auch eine Reihe von Zeitschriften (z.B. Analytical Chemistry) beinhalten eine Applikationsliste. Am Ende dieses Kapitels ist eine Liste mit Applikationsliteratur angegeben, die bei den entsprechenden Säulenherstellern bezogen werden kann.

In diesem Kapitel werden wir einige einfache Fallstudien untersuchen, anhand derer gezeigt werden soll, wie eine Trennung entwickelt und verbessert werden kann. Zunächst betrachten wir eine Applikation, die von einem Säulenhersteller publiziert wurde, und versuchen, diese zu verbessern. Im nächsten Beispiel entwickeln wir ein Trennverfahren ohne vorherige Kenntnis über die dazu benötigten Bedingungen. Schließlich werden wir Methoden zur Entwicklung einer Gradienttrennung und zur quantitativen Analyse untersuchen.

8.1 Bestimmung von Coffein in entcoffeiniertem Kaffee

In Bild 8.1a sind die Chromatogramme zweier Kaffeeproben dargestellt. Die Chromatogramme sind einem Katalog für Chromatographiezubehör entnommen. Das verwendete Packungsmaterial ist ein irreguläres 5 µm C18-modifiziertes Kieselgel.

? Was ist an dem in (ii) dargestellten Chromatogramm fehlerhaft? Können Sie sich einige einfache Möglichkeiten vorstellen, um die Trennung zu verbessern? Es wird Ihnen eine Hilfe sein, sich das UV-Spektrum von Coffein in Bild 8.4d anzusehen.

Das Chromatogramm sieht wirklich schlimm aus. Der Coffeinpeak ist nur schwach sichtbar unter einer großen tailenden Bande aus unaufgelösten Peaks. Eine wesentliche Verbesserung kann einfach durch den Wechsel der Detektionswellenlänge von 254 nm zu 273 nm erzielt werden. Dies führt zu einer starken Verbesserung der Nachweisempfindlichkeit und der Selektivität. Ebenfalls wollen wir versuchen, den Coffeinpeak vom Rest des Chromatogramms abzutrennen, um so Coffein quantitativ bestimmen zu können. Vielleicht haben Sie gemerkt, daß die beiden Angaben zur verwendeten Eluenzusammensetzung keinen Sinn machen, weil das Coffein trotz unterschiedlicher mobilen Phase zur gleichen Zeit im Chromatogramm eluiert wird (vermutlich handelt es sich hierbei um einen Schreibfehler).

Nun nehmen wir ein Chromatogramm unter fast gleichen Bedingungen, wie sie in (ii) angegeben sind, auf (die Detektionswellenlänge wurde geändert). Die Probe wurde vorbehandelt, indem entcoffeiniertes Kaffeepulver in der mobilen Phase gelöst und vor der Injektion gefiltert wurde. Bild 8.1b zeigt das so erhaltene Chromatogramm.

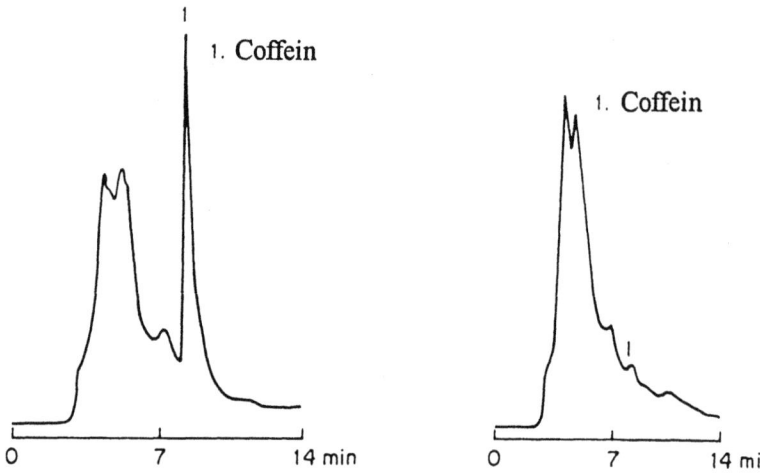

Bild 8.1a Chromatogramme zweier Kaffeeproben (entnommen aus einem Katalog)

Säule:	25 cm × 4,6 mm
stationäre Phase:	RSIL C18, 5 µm
mobile Phase:	(i) 15 % Wasser in Methanol, (ii) 50 % Wasser in Methanol
Fluß:	0,6 ml/min
Detektion:	λ=254 nm

? Wie würden Sie nun herausfinden, welcher Peak im Chromatogramm Coffein ist?

Die Injektion eines Coffeinstandards und der Vergleich der Retentionszeiten oder das Aufstocken der Probe mit etwas reinem Coffein ergibt, daß es sich bei Peak 4 um Coffein handelt. Eine weitere Absicherung bringt die Aufnahme mehrerer Chromatogramme bei verschiedenen Detektionswellenlängen und die Betrachtung der Absorptionsverhältnisse, die für Peak 4 jeweils erhalten werden (vgl. Abschnitt 5.4).

Obwohl dieses Chromatogramm bereits eine Verbesserung darstellt, ist es noch nicht quantitativ auswertbar. Die Peaks 3 und 4 sind nicht sauber aufgelöst und ein breiter unaufgelöster Peak oder eine Peakgruppe koeluieren mit dem Coffeinpeak (diese Peakgruppe ist in Bild 8.1b als gestrichelte Linie dargestellt). Um zu versuchen, die Peaks 3 und 4 voneinander zu trennen, variieren wir nun zunächst die Zusammensetzung der mobilen Phase, um die Retentionszeit zu erhöhen. Die Kapazitätsfaktoren sind: $k_3 = 1,23$; $k_4 = 1,35$. Dies ergibt eine Selektivität von $\alpha_{4,3} = 1,1$. Um die Auflösung zwischen Peak 3 und 4 zu verbessern, müssen wir aber zunächst versuchen, den k-Wert zu erhöhen.

8.1 Bestimmung von Coffein in entcoffeiniertem Kaffee

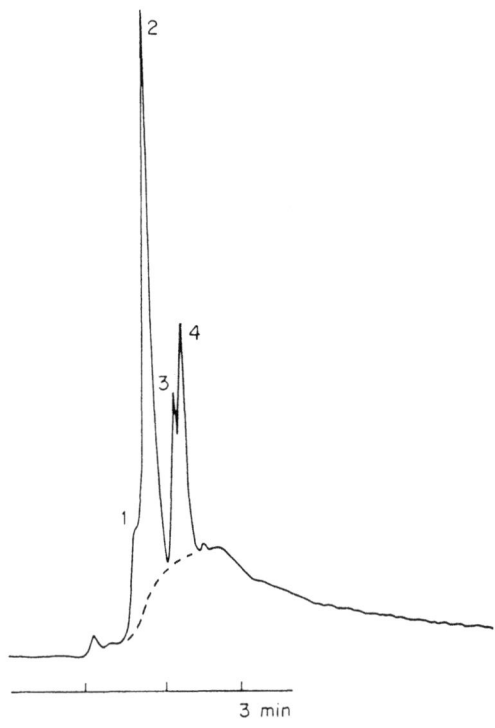

Bild 8.1b Chromatogramm von entcoffeiniertem Kaffee

Säule:	Econosphere 5 µm C-18, 15 cm x 4,6 mm
mobile Phase:	Methanol/Wasser 50:50
Fluß:	1 ml/min
Injektionsvolumen:	20 µl
Detektion:	UV-Absorption, λ=273 nm

? Wie würden Sie die Zusammensetzung der mobilen Phase ändern?

Bei einer Umkehrphasentrennung wird die Retentionszeit durch Erhöhung der Polarität des Eluenten erhöht. Deshalb benötigen wir eine mobile Phase, die mehr Wasser enthält. Bild 8.1c zeigt die Chromatogramme, die mit 30% bzw. 40% Methanol als Eluent erhalten werden. Wir würden nun erwarten, daß diese Änderung bewirkt, daß die Auflösung R_s sich erhöht, während die Selektivität α konstant bleibt. Tatsächlich wird jedoch ebenfalls ein Anstieg der Selektivität α sowohl in (i) ($\alpha_{4,3} \approx 1,3$) als auch in (ii) ($\alpha \approx 1,8$) beobachtet.

Die Auflösung, die durch den Einsatz des Eluenten Methanol/Wasser 40:60 erreicht wird, ist angemessen, aber der Coffeinpeak sitzt immer noch auf dem Tailing der vorher eluierten Peaks des Chromatogramms. Um dies zu verbessern, wird eine Technik benutzt, bei der der Kaffeextrakt zunächst mit einer gesättigten Bleiacetatlösung ausgeschüttelt wird und dann vor der Chromatographie gefiltert wird. Auf diese Art und Weise wird viel von den früh eluierenden Substanzen, die das Tailing verursachen, entfernt. Bild 8.1d zeigt die optimierte Trennung. Die quantitative Analyse dieser Probe wird in Übung 8.4c behandelt.

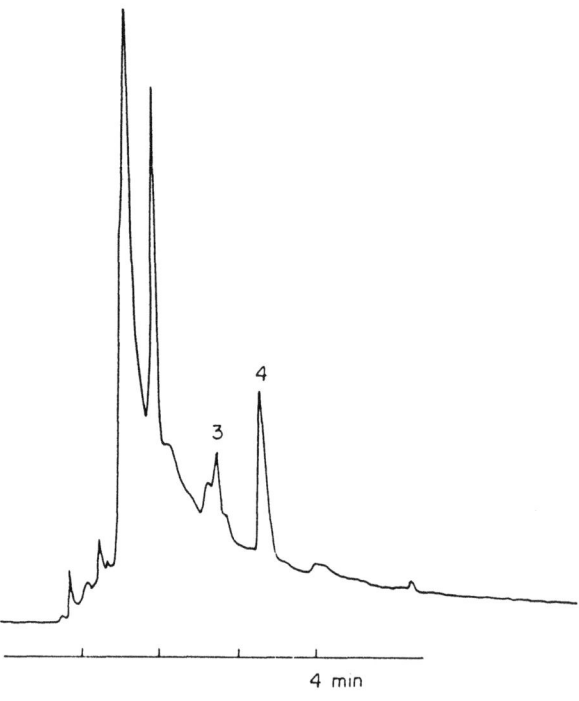

Bild 8.1c (i)   Chromatogramm von entcoffeiniertem Kaffee
Mobile Phase: Methanol/Wasser 40:60

8.1 Bestimmung von Coffein in entcoffeiniertem Kaffee 161

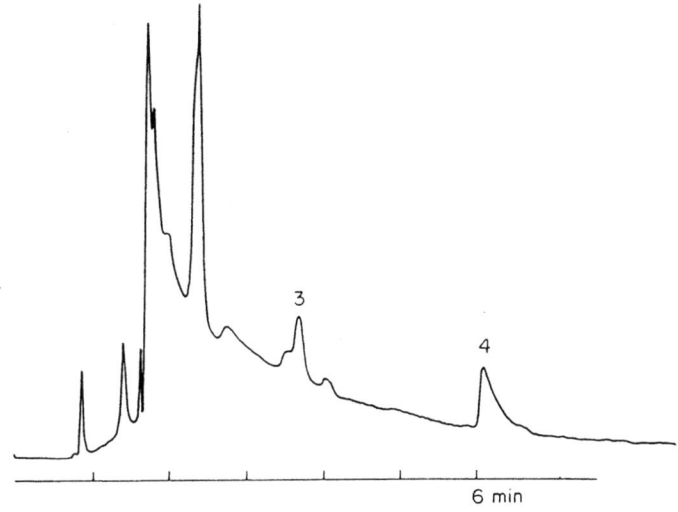

Bild 8.1c (ii) Chromatogramm von entcoffeiniertem Kaffee
Mobile Phase: Methanol/Wasser 30:70

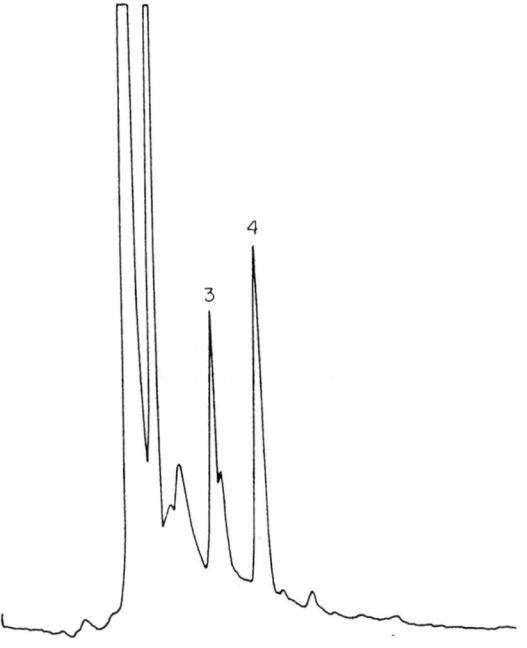

Bild 8.1d Chromatogramm von entcoffeiniertem Kaffee
Mobile Phase: Methanol/Wasser 40:60 nach der Extraktion mit Bleiacetat

8.2 Trennung von Steroiden

Dieses Beispiel zeigt die Schritte, die zur Entwicklung eines Trennsystems für einige Steroide notwendig sind. Bild 8.2a zeigt die Struktur einiger konjugierter Östrogene.

Die Aufgabe besteht darin, diese voneinander und von Bindemitteln in einer handelsüblichen Tablette zu trennen. Um eine Idee bezüglich der benötigten Trennbedingungen zu bekommen, müssen Sie sich über die Unterschiede zwischen den einzelnen Verbindungen Gedanken machen.

? Betrachten Sie sich die Struktur und überlegen Sie:

(a) Welches Packungsmaterial wird für die Trennung benötigt?
(b) Welche mobile Phase soll verwendet werden?
(c) Sind die Verbindungen in der mobilen Phase löslich oder nicht?
(d) Welcher Detektor ist am besten geeignet?

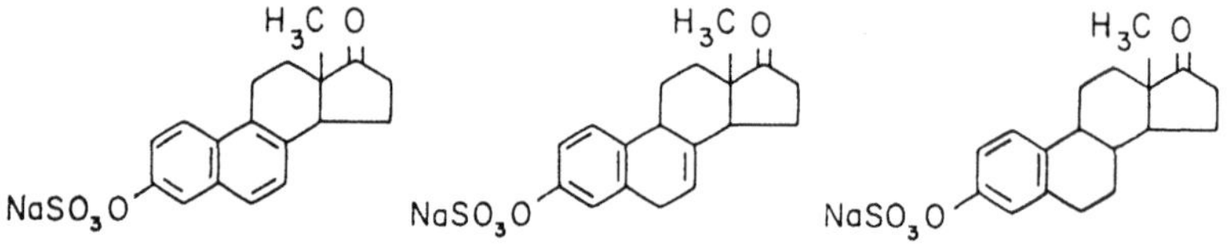

1	2	3
Equilenin Natriumsulfat	Equilin Natriumsulfat	Östron Natriumsulfat

Bild 8.2a Struktur konjugierter Östrogene

(a) Wenn Sie an ein unpolares Packungsmaterial gedacht haben, so sind Sie auf der richtigen Spur. Die Unterschiede zwischen diesen Strukturen liegen in den unpolaren Teilen der Moleküle. Also benötigen wir ein unpolares Packungsmaterial, um diese Unterschiede ausnutzen zu können. Am idealsten wäre eine Phase, die sehr ähnlich zu den funktionellen Gruppen des Moleküls ist, die sich voneinander unterscheiden. Eine Phenylphase wäre vermutlich hier am besten geeignet. In diesem Fall wurde jedoch eine unpolare C18-Phase verwendet.
(b) und
(c) Eine C18-Säule benötigt eine polare mobile Phase wie z.B. Methanol/Wasser oder Acetonitril/Wasser, so daß als Startpunkt eine Methanol/Wasser-Mischung 50:50 gewählt wurde. Weil es sich bei den drei Komponenten um Natriumsalze handelt, sollten sie in diesem Eluenten löslich sein. Dies kann relativ einfach überprüft werden, indem man Lösungsversuche mit den Standardsubstanzen der drei Komponenten unternimmt.

8.2 Trennung von Steroiden

(d) Aufgrund der aromatischen Ringe in den Molekülen sollte die UV-Detektion die Methode der Wahl sein.

Die Probenvorbereitung besteht in diesem Fall aus dem Zermörsern der Probe, dem anschließenden Lösen im Eluenten (Methanol/Wasser 50:50). Dann füllt man bis zur Marke in einem volumetrischen Kolben auf und filtert einige unlösliche Bindemittel ab. Bild 8.2b (i) zeigt die Ergebnisse der ersten Injektion.

Das Chromatogramm ähnelt einer Katastrophe. Man erhält nur eine geringe oder gar keine Trennung und fast alles wird von der Säule inert eluiert, also bei $k = 0$ oder etwas höher als 0. Im nächsten Schritt müssen wir also die Retentionszeiten der Proben, d.h. die k-Werte, erhöhen.

? Wie würden Sie weiter vorgehen?

(a) Die Menge an Methanol in der mobilen Phase erhöhen.
(b) Die Menge an Wasser in der mobilen Phase erhöhen.
(c) Zu einer mobilen Phase bestehend aus Acetonitril und Wasser wechseln.

Wie im vorherigen Beispiel gezeigt wurde, erhöht man auf einer Umkehrphase die k-Werte, indem man die Polarität der mobilen Phase erhöht. Also benötigen wir mehr Wasser in der mobilen Phase. Es wäre nicht vernünftig, in diesem Stadium der Experimente bereits zu Acetonitril/Wasser zu wechseln.

In Bild 8.2b(ii) wurde der Wassergehalt der mobilen Phase auf 65% erhöht. Dieses Chromatogramm ist nicht viel besser als das erste, jedoch erhalten wir etwas höhere Retentionszeiten und ein wenig Auflösung. Nun müssen wir herausfinden, ob die beobachtete Antrennung von den Östrogenen stammt oder ob es sich dabei um irgendwelche Verbindungen aus den Bindemitteln der Tablette handelt. Die nächsten beiden Chromatogramme (Bild 8.2c) zeigen nun Standardmischungen, bei denen zum einen 65% und zum anderen 80% Wasser im Eluenten verwendet wurde. Dies beweist, daß die Östrogene in der Tat etwas länger retardiert werden als die Bindemittel. Also sind wir auf der richtigen Spur.

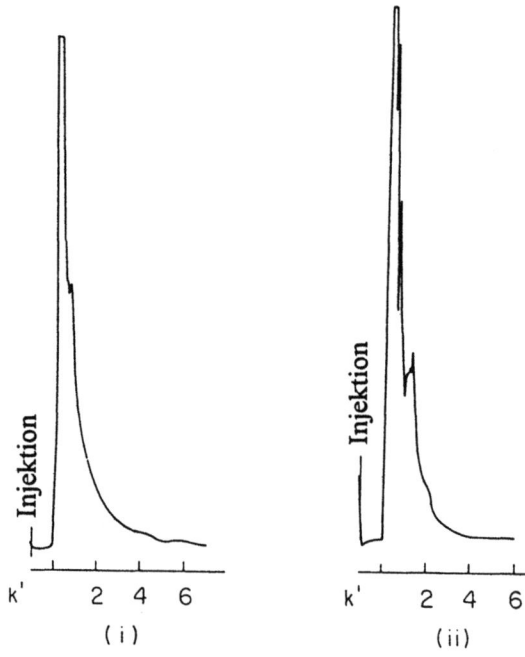

Bild 8.2b Chromatogramm einer Steroidtablette

Mobile Phase:	(i) Methanol/Wasser 50:50
	(ii) Methanol/Wasser 35:65
Säule:	10 μm C18-Phase, 30 cm x 4 mm
Fluß:	2 ml/min
Detektion:	UV-Absorption, $\lambda = 254$ nm

8.2 Trennung von Steroiden

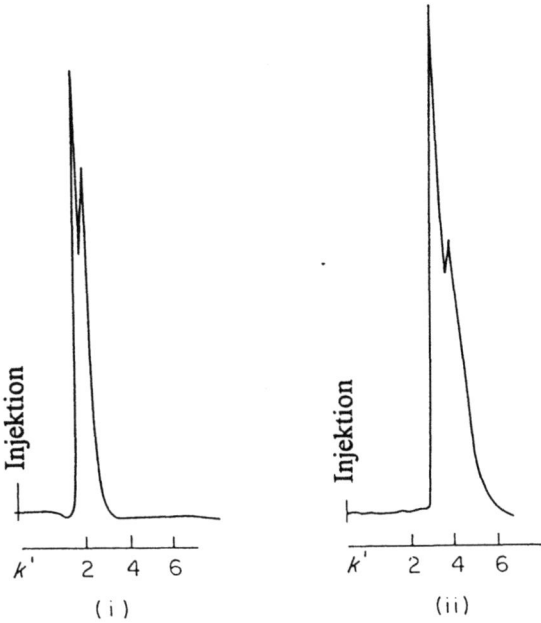

Bild 8.2c Chromatogramme von Steroidstandards

Mobile Phase: (i) Methanol/Wasser 35:65 (ii) Methanol/Wasser 20:80

Das nächste Chromatogramm (Bild 8.2d(i)) zeigt eine Injektion der Tablettenlösung mit 80% Wasserzusatz in der mobilen Phase. Aus diesem Chromatogramm kann man erkennen, daß die Östrogene einen k-Wert zwischen 3 und 5 haben und daß sie von den Bindemitteln der Tablette abgetrennt werden. Obwohl sich nun einige Dinge verbessert haben, gibt es immer noch mehrere Probleme zu lösen.

? Können Sie unerwünschte Effekte in diesem Chromatogramms erkennen?

Diese sind: (a) die Östrogene sind nicht sauber voneinander getrennt (man erkennt nur 2 Peaks) und (b) die Östrogenpeaks tailen.

Das Tailing kommt vermutlich durch einen gemischten Retentionsmechanismus zustande, z.B. durch zusätzliche Adsorption an freien Silanolgruppen. Um diesen Effekt zurückzudrängen, können wir versuchen, dem Wasser Salz zuzusetzen. Um eine bessere Auflösung zu erzielen, müssen wir die Selektivität α ändern, d.h. wir müssen die Eigenschaften der mobilen Phase ändern oder die Bodenzahl N der Säule erhöhen oder beides.

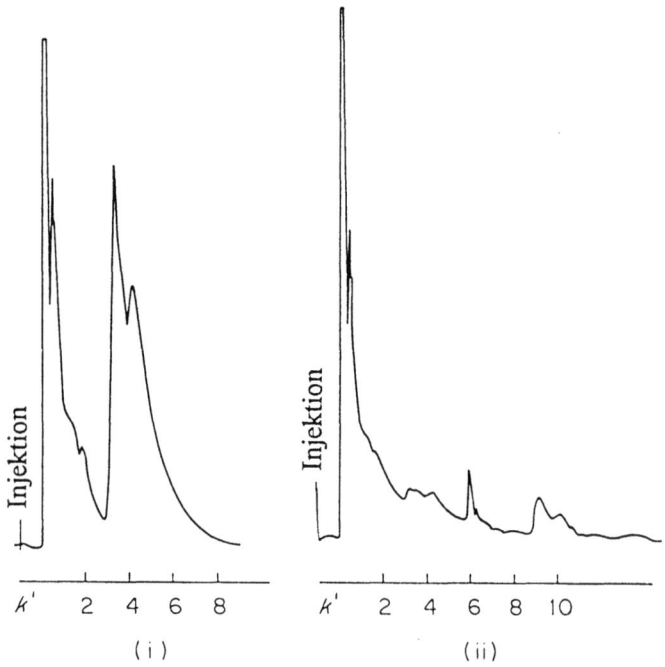

Bild 8.2d Chromatogramme von Steroidtabletten

Mobile Phase: (i) Methanol/Wasser 20:80
(ii) Methanol/10 mmol/l Kaliumdihydrogenphosphat 20:80 (pH 5)

? Denken Sie, daß der Zusatz eines Salzes den k-Wert, α oder N (oder alle zusammen) beeinflussen wird und wenn ja, wie wird sich das auswirken?

Der Zusatz eines Salzes wird keinen Einfluß auf N, aber einen starken Einfluß auf den Kapazitätsfaktor haben, weil wir die Polarität der mobilen Phase erhöhen. Wir würden erwarten, daß der k-Wert steigt. Weil der Zusatz eines Salzes den Kapazitätsfaktor und vermutlich auch die Selektivitäten ändert, müssen wir dies zunächst betrachten. Bild 8.2d(ii) zeigt das Chromatogramm, das man bei der Verwendung von 10 mmol/l Kaliumdihydrogenphosphat (pH 5) statt Wasser erhält. Was passiert? Entweder eluieren die Östrogene gar nicht mehr, oder wenn Sie doch noch eluieren sollten, dauert dies viel zu lange. Dieses Ergebnis überrascht nicht, weil wir die mobile Phase viel polarer gemacht haben und die Östrogene damit dazu gebracht haben, mit den C18-Gruppen stärker wechselzuwirken.

Man ist leicht versucht zu sagen, daß wir durch den Zusatz von Phosphat einen Fehler gemacht haben, aber bevor wir die Östrogene nicht in einen k-Wert-Bereich zwischen 1 und 10 zurückgebracht haben und uns die Peaks anschauen, können wir den Effekt des Phosphats auf das Tailing und die Selektivität nicht beurteilen. Also müssen wir nun die k-Werte verringern, d.h. das Methanol/Wasser-Verhältnis wieder verändern. Bild 8.2e zeigt das

Chromatogramm, das man mit Phosphatzusatz erhält, wenn man zum ursprünglichen Verhältnis Methanol/Wasser 50:50 zurückkehrt. Die *k*-Werte sind im gewünschten Bereich, das Problem des Tailings wurde beseitigt und die Selektivität verbessert.

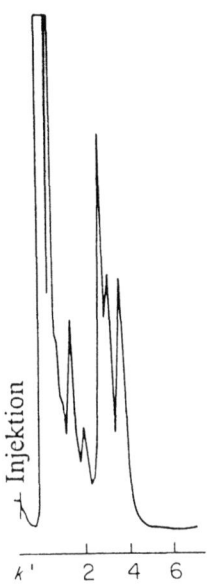

Bild 8.2e Chromatogramme von Steroidtabletten

Mobile Phase: Methanol/10 mmol/l Kaliumdihydrogenphosphat 50:50 (pH 5)

Die Auflösung muß nun noch weiter verbessert werden. Im Verlauf der weiteren Optimierung können wir entweder eine Verbesserung der Trennung durch Verwendung einer weiteren wasserlöslichen Lösemittelmischung oder durch eine Erhöhung der Bodenzahl erreichen. Die beste Lösung wäre wahrscheinlich, eine mehrkomponentige Lösemittelmischung, wie in Kap. 6 beschrieben, zu optimieren. Die Trennung kann aber auch auf Kosten einer längeren Analysenzeit durch die Verwendung zweier Säulen in Serie (wie in Bild 8.2f gezeigt) verbessert werden.

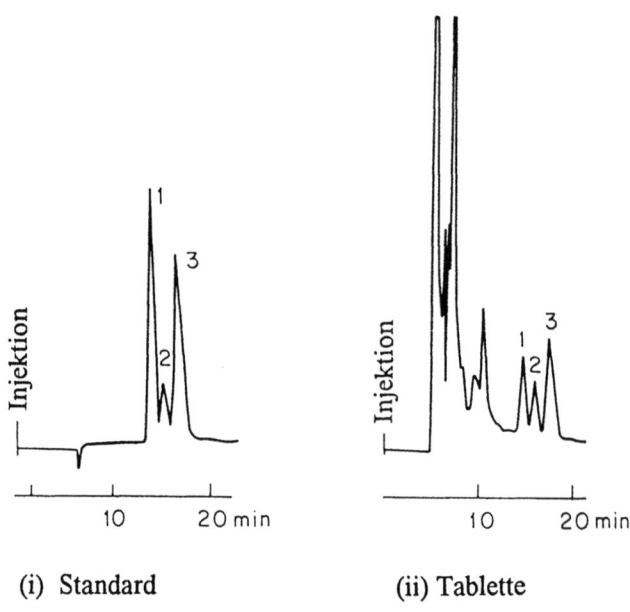

Bild 8.2f Chromatogramm einer Steroidtablette

Mobile Phase: Methanol/Kaliumdihydrogenphosphat 10 mmol/l 50:50
Säule: 2 x 10 μm C18-Phase, 30 cm x 4 mm
Fluß: 1 ml/min.
Detektion: UV-Absorption, λ = 254 nm

8.2.1 Zusammenfassung

Experimentelle Bedingungen zur Trennung von Coffein in Instantkaffee und Steroiden in handelsüblichen Tabletten wurden entwickelt.

Lernziele

Sie sollten nun in der Lage sein:

- eine passende Säule, eine mobile Phase und einen Detektor für ein gegebenes Trennproblem vorschlagen zu können;
- abschätzen zu können, wie die Säule und/oder die Zusammensetzung der mobilen Phase verändert werden muß, um die Auflösung und Peakform in einem Chromatogramm zu verbessern.

8.3 Gradientelution

Bei einer Probe, die sehr viele verschiedene Komponenten enthält, ist es manchmal unmöglich, eine passende mobile Phase zu finden, die alle Substanzen im optimalen k-Wert-Bereich eluiert. In einem solchen Fall erhält man möglicherweise ein Chromatogramm, daß so wie das in Bild 8.3a aussieht. Die früh eluierenden Peaks liegen in einem k-Wert-Bereich zwischen 0 und 1 und sind nur schlecht aufgelöst. Die Peaks 5 und 6 sind gut aufgelöst, aber Peak 7 und die folgenden unterliegen einer starken Dispersion und benötigen viel Zeit, bis sie eluieren. Um dieses Chromatogramm zu verbessern, benötigen wir eine Erhöhung der k-Werte bei den früh eluierenden Peaks. Dies wird erreicht, indem wir eine schwächere Lösemittelstärke für die mobile Phase verwenden. Die k-Werte der spät eluierenden Peaks müssen jedoch erniedrigt werden. Dies gelingt durch den Einsatz einer höheren Lösemittelstärke in der mobilen Phase.

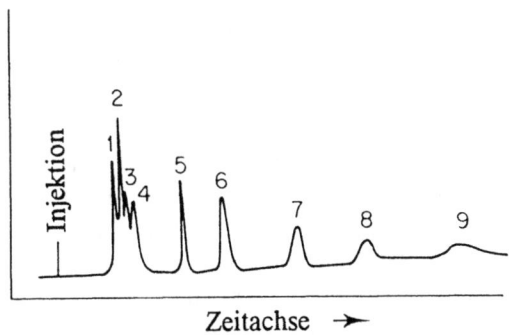

Bild 8.3a Chromatogramm unter isokratischen Bedingungen

Diese widersprüchliche Aufgabenstellung kann mittels Gradientelution gelöst werden, bei der die Zusammensetzung der mobilen Phase während der Trennung verändert wird. Dies kann, wie Bild 8.3b zeigt, auf verschiedenen Wegen geschehen.

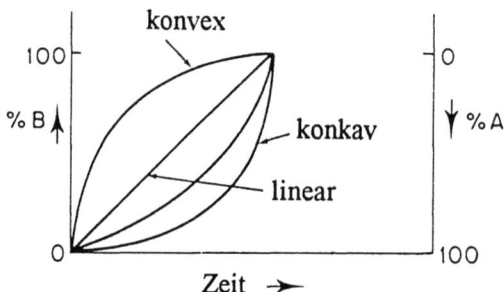

Bild 8.3b Mögliche Gradientprofile beim Mischen von Eluent B mit Eluent A

Moderne Gradientpumpen erlauben Ihnen die Auswahl eines weiten Bereiches an Gradientprofilen und Gradientdauer. Neben der Gradientform und der Gradientdauer müssen wir noch eine Reihe von anderen Faktoren bei der Gradientelution berücksichtigen. Z.B. muß die Verträglichkeit der beiden Lösemittel mit dem Detektor oder die Löslichkeit der Eluenten mit der Probe berücksichtigt werden. Wird z.B. ein UV-Detektor verwendet und die UV-Absorption der beiden Eluenten ist jeweils leicht verschieden, so wird die Basislinie während des gesamten Gradienten eine Drift zeigen. Dieser Effekt kann durch den Zusatz einer nicht retardierbaren UV-absorbierenden Substanz zu einem der Eluenten behoben werden. Diese Substanz gleicht dann die Absorption auf einen konstanten Wert ab.

Es ist wichtig, einen Blindgradienten zu fahren und die Säule nach dem Gradienten wieder zu rekonditionieren, entweder indem man den Gradienten rückwärts fährt oder bei gebundenen Phasen, indem man etwa 5 Säulenvolumina des Starteluenten wieder durch die Säule pumpt, ehe man den nächsten Gradienten startet. Bild 8.3c zeigt einen linearen Blindgradienten auf einer C18-Säule. Die Peaks im Chromatogramm sind Artefakte aus dem destillierten Wasser. Der Effekt ist dadurch zu erklären, daß das unpolare Packungsmaterial Spuren von organischen Komponenten im Wasser zunächst am Säulenkopf anreichert und später, nachdem die Lösemittelstärke im Gradienten gestiegen ist, wieder eluiert. In diesem Fall müßte das Wasser zunächst gereinigt werden. Wenn kein Blindgradient gefahren wird, werden wir nicht wissen, ob die Peaks aus der Probe oder der mobilen Phase stammen.

8.3 Gradientelution

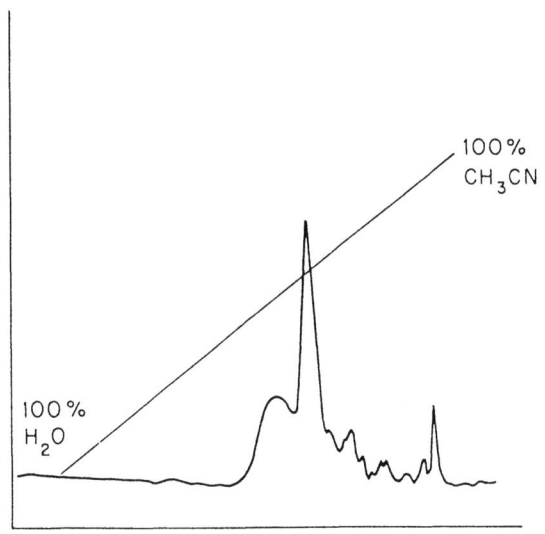

Bild 8.3c Blindgradient (Gradientlauf ohne Probeinjektion)

Säule:	10 µm C-18, 30 cm x 4 mm
mobile Phase:	A: Wasser, B: Acetonitril; 0 % → 100 % B
Fluß:	0,5 ml/min
Detektion:	UV-Absorption, $\lambda = 254$ nm

8.3.1 Die Entwicklung einer Gradienttrennung

Dieser Abschnitt beschreibt die Vorgehensweise bei der Entwicklung einer Gradienttrennung in der Praxis. Als Beispiel wird die Entwicklung der Trennung für eine Triton-X-100-Probe gezeigt. Triton-X-100 ist ein nicht ionisches Tensid. Chemisch ist es ein Polyethylenglykol mit einem relativ breiten Molmassenbereich (die mittlere Molmasse ist 624). Wir wollen versuchen, die unterschiedlichen Molekülgrößen mittels Normalphasenchromatographie auf einer Kieselgelsäule zu trennen. Bild 8.3d zeigt das Chromatogramm, das bei einer isokratischen Trennung mit Chloroform und etwas DMSO (Dimethylsulfoxid) als mobile Phase erhalten wird.

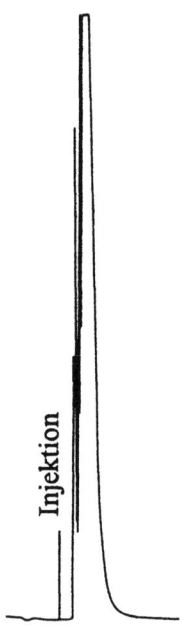

Bild 8.3d Chromatogramm von Triton-X-100 unter isokratischen Bedingungen

Säule: 10 µm Kieselgel, 30 cm x 4 mm
mobile Phase: Chloroform/DMSO 97:3
Fluß: 3 ml/min
Detektion: UV-Absorption, λ = 280 nm

Genauso wie in dem vorherigen Beispiel sehen wir nur eine geringe oder gar keine Trennung, und die Proben eluieren viel zu schnell.

? Um das Aussehen des Chromatogramms zu verbessern: Zu welcher mobilen Phase würden Sie wechseln?

(a) Dioxan/DMSO
(b) Dichlormethan/DMSO
(c) Heptan/Trichlormethan/DMSO
(d) Heptan/DMSO

Um die Retention im Normalphasenmodus zu erhöhen, benötigen wir eine unpolare mobile Phase, dementsprechend würde Möglichkeit a) das Aussehen des Chromatogramms eher noch verschlimmern. Alle anderen Lösemittelgemische sind unpolarer als Chloroform/DMSO, aber das Gemisch b) nur unwesentlich, so daß dort höchstwahrscheinlich keine Unterschiede zum ursprünglichen Chromatogramm zu beobachten wären. Heptan ist unpolarer, aber das sehr polare DMSO ist mit Heptan nicht mischbar. Am besten nimmt

8.3 Gradientelution   173

man also Chloroform/DMSO und gibt einen Modifier dazu wie in Möglichkeit c) geschehen. In einem solchen Fall kann man nämlich nach Belieben die Polarität des Lösemittelgemisches durch einfache Variation der relativen Mengen an Chloroform und Heptan im Gemisch verändern.

Die nächsten 3 Chromatogramme zeigen die Auswirkungen eines steigenden Heptangehalts in der mobilen Phase. Die verwendeten mobilen Phasen waren:
(i) DMSO/Chloroform/Heptan 3:40:60
(ii) DMSO/Chloroform/Heptan 3:20:80
(iii) DMSO/Chloroform/Heptan 3:10:87

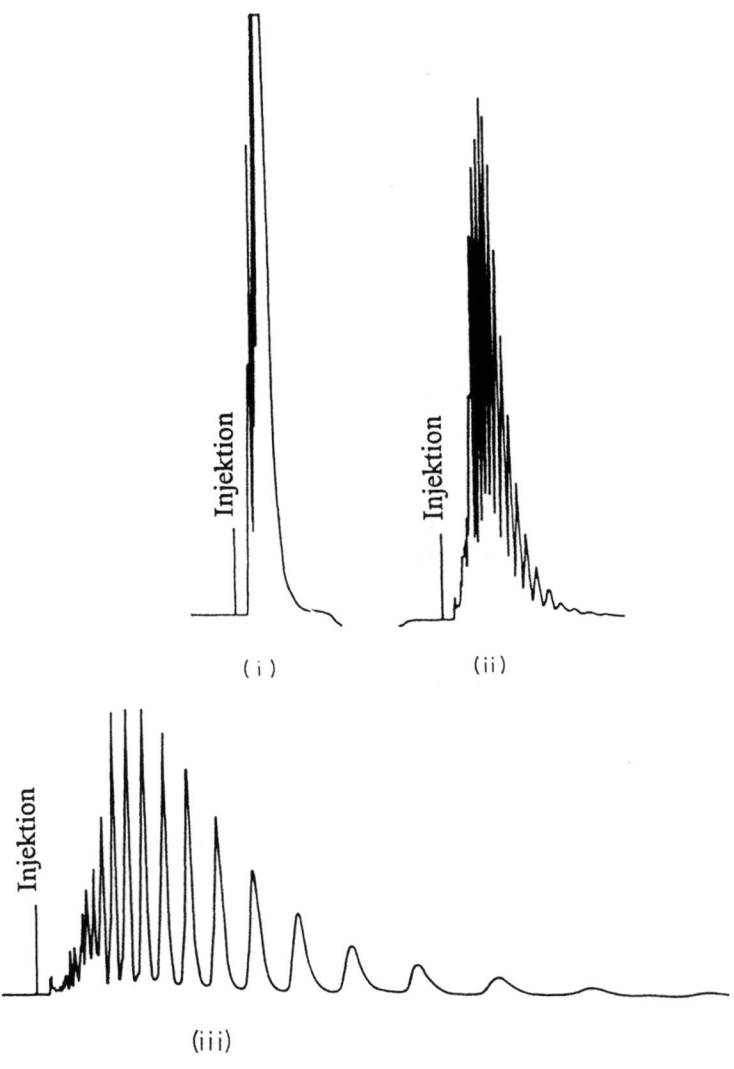

Bild 8.3e Chromatogramme von Triton-X-100 unter isokratischen Bedingungen

? Wie würden Sie die in Bild 8.3e (iii) dargestellte Trennung durch Einsatz eines Gradienten verbessern?

Die Trennung benötigt im Vergleich zu den anderen sehr viel Zeit, und die spät eluierenden Peaks sind auch sehr breit. Wir benötigen im hinteren Teil des Gradienten ein polareres (stärkeres) Lösemittel, das die hinteren Peaks des Chromatogramms zusammenschiebt. In Bild 8.3f benutzen wir einen Gradienten, der aus zwei Lösemitteln besteht:
Eluent A: DMSO/Chloroform/Heptan 3:10:87
Eluent B: DMSO/Chloroform 3:97
Wir beginnen den Gradienten bei 100 % A. Er läuft linear über 20 min und endet bei einer Zusammensetzung von 50% B.

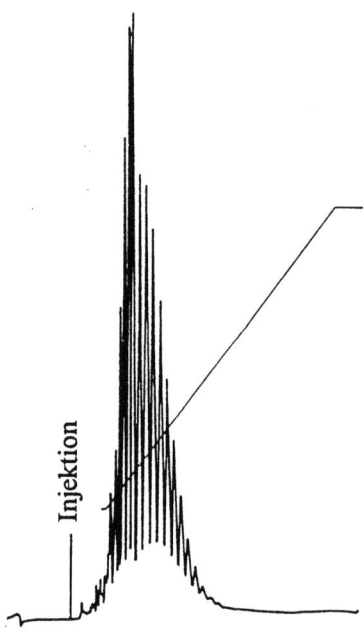

Bild 8.3f Chromatogramm von Triton-X-100 mit Gradientelution

8.3 Gradientelution

? Wie würden Sie vorgehen, um die Auflösung zu verbessern?

(a) Sie erhöhen die Zeit, über die sich der Gradient erstreckt.
(b) Sie benutzen einen schwächeren Eluenten, z.B. andere Mischungen aus DMSO, Chloroform und Heptan.
(c) Sie benutzen denselben Eluenten, beenden den Gradienten aber schon bei einer geringeren Konzentration an Eluent B.
(d) Sie benutzen eine konkave Gradientform, so daß B langsamer zugemischt wird.

Jede dieser vier Vorgehensweisen sollte zu einer Verbesserung führen. Möglichkeit a) scheint am wenigsten versprechend zu sein, weil dann nur ein kleiner Ausschnitt des Gradienten wirklich genutzt wird. Von den verbleibenden Möglichkeiten sind c) und d) experimentell einfacher durchzuführen, da es schneller geht, den Gradienten neu zu programmieren, als die mobile Phase zu wechseln und das gesamte System neu zu äquilibrieren.

Die Bilder 8.3g und 8.3h zeigen die Verbesserung, die eine Kombination dieser Möglichkeiten mit sich bringt. Im letzten Chromatogramm wurde eine geringere Endzusammensetzung der mobilen Phase und eine konkave Gradientform verwendet. Die Peaks werden nun über eine längere Zeit und über den gesamten Gradientbereich eluiert. Die meisten sind auch basisliniengetrennt.

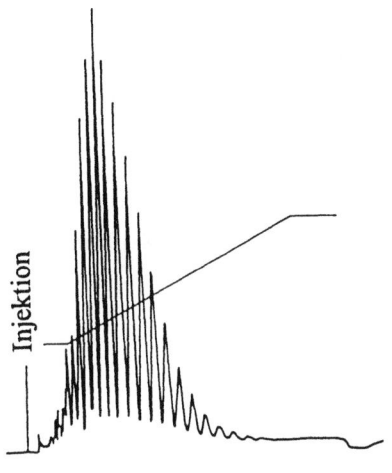

Bild 8.3g   Chromatogramm von Triton-X-100 mittels Gradientelution

Eluent A: DMSO/Chloroform/Heptan 3:10:87
Eluent B: DMSO/Chloroform 3:97
Gradient: 0 - 20% B, 20 min

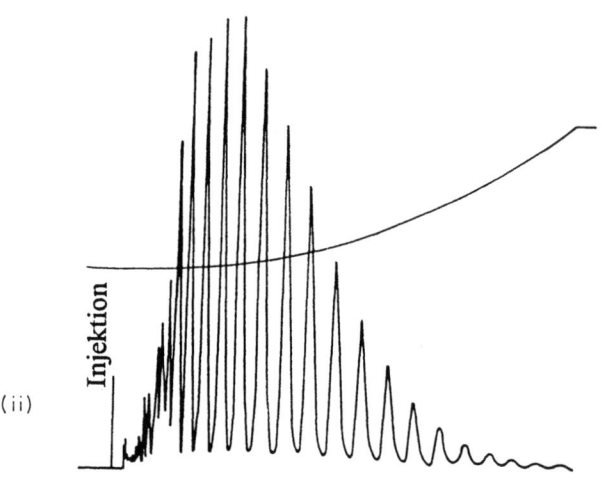

Bild 8.3h Chromatogramm von Triton-X-100 mittels Gradientelution

Eluent A: DMSO/Chloroform/Heptan 3:10:87
Eluent B: DMSO/Chloroform 3:97
Gradient: 0 - 20% B, 30 min

Übung 8.3a

Schlagen Sie einen Gradienten vor, der die Chromatogramme der Bild 8.3i und 8.3j verbessern würde. Sie brauchen sich keine Gedanken über Details, wie z.B. die exakte Gradientform oder -länge, zu machen. Konzentrieren Sie sich ganz auf die Zusammensetzung der mobilen Phase, die am Anfang und am Ende jedes Chromatogramms benötigt wird.

8.3 Gradientelution

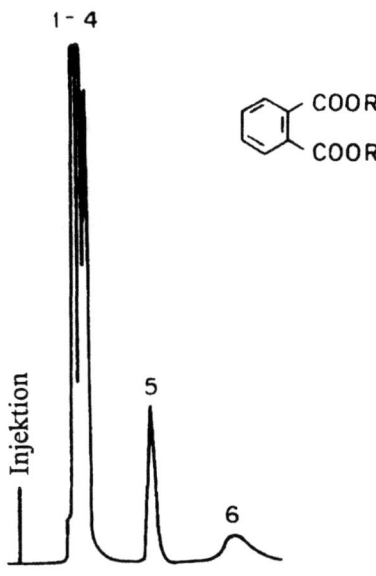

Bild 8.3i Chromatogramm, das einen Gradienten zur Optimierung der Trennung benötigt

Probe:	6 Phthalat- Kunststoffmonomere
	1: $R = CH_3$, 2: $R = C_2H_5$, 3: $R = C_6H_5$
	4: $R = n-C_4H_9$, 5: $R = n-C_8H_{17}$, 6: $R = iso-C_{10}H_{21}$
Säule:	10 μm C-18, 30 cm x 4 mm
Mobile Phase:	Methanol/Wasser 90:10, Fluß: 2 ml/min.
Detektion:	UV-Absorption, $\lambda = 254$ nm

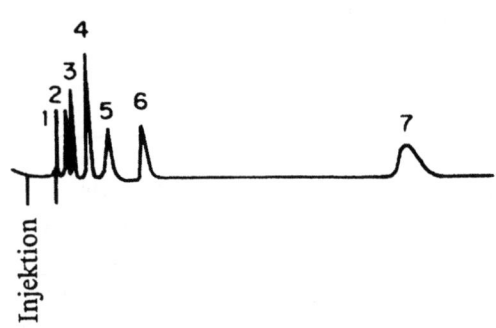

Bild 8.3j Chromatogramm, das einen Gradienten zur Optimierung der Trennung benötigt

Probe:	1: Benzol, 2: Diphenylether, 3: Benzoesäureethylester, 4: Carbazol,
	5: Nitrobenzol, 6: Diphenylketon, 7: Benzylalkohol
Säule:	5 μm Kieselgel, 30 x 1,8 mm
Mobile Phase:	Dichlormethan/Hexan 40:40, Fluß: 2 ml/min.
Detektion:	UV-Absorption, $\lambda = 254$ nm

8.3.2 Zusammenfassung

Unter isokratischen Bedingungen und bei einer Probe mit einem breiten Polaritätsbereich ist es manchmal nicht möglich, eine Trennung in einer akzeptablen Zeit mit einer gewünschten Auflösung zu erreichen. Möglicherweise erhält man eine Verbesserung der Trennung durch den Einsatz der Gradientelution. Ein praktisches Beispiel zur Entwicklung einer Gradienttrennung wurde diskutiert.

Lernziele

Nun sollten Sie in der Lage sein:

- ein Chromatogramm zu erkennen, bei dem die Trennung mittels Gradientelution verbessert werden kann;
- einen passenden Gradienten für Normalphasen- und Umkehrphasenchromatographie beschreiben zu können;
- einige Nachteile beim Einsatz der Gradientelution benennen zu können.

8.4 Quantitative Analyse

8.4.1 Flächen/Höhen Prozent (oder innere Normierung)

Zur quantitativen Analyse müssen wir annehmen, daß die Flächen (oder die Höhen) unserer Peaks im Chromatogramm proportional zu der Substanzmenge sind, die die Peaks erzeugen. Im einfachsten Fall messen wir die Fläche oder die Höhe der Peaks aus. Diese werden dann normiert, d.h. daß jede Fläche oder Höhe als Prozentzahl der gesamten Flächen bzw. Höhen angegeben wird. Die normierten Höhen oder Flächen ergeben, wie im folgenden Beispiel gezeigt, die Zusammensetzung unserer Mischung:

Tabelle 8.4a

Peak Nummer	Höhe in [mm]	normalisierte Peakhöhe = % w/w
1	12	12/162 x 100 = 7,4
2	27	16,7
3	72	44,4
4	51	31,5
Σ	162	100

8.4 Quantitative Analyse

Bei dieser Methode treten zwei Probleme auf:

a) Wir müssen sicher sein, daß wir alle Komponenten erfaßt haben und daß jede Komponente als getrennter Peak im Chromatogramm erscheint. Komponenten können koeluieren oder auf der Säule hängenbleiben. Eventuell werden einige Substanzen auch nicht detektiert.
b) Wir nehmen an, daß wir dieselbe Detektionsempfindlichkeit für gleiche Mengen jeder Komponente haben. Dies ist jedoch nur in den seltensten Fällen gegeben.

Aufgrund dieser Schwierigkeiten ist eine Kalibrierung der Detektorempfindlichkeit i.d.R. erforderlich. Wie dies geschieht, wird in den folgenden Abschnitten beschrieben.

8.4.2 Die Methode der externen Standards

Bei dieser Methode wird ein Standard hergestellt, der die zu bestimmende Komponente enthält. Im Idealfall entspricht die Konzentration dieser Standards in etwa denen der unbekannten Probe. Nun wird das Chromatogramm der Standards mit dem der Probe verglichen. Aus dem Chromatogramm der Standards wird ein Response-Faktor für jeden interessierenden Peak berechnet. Der Response-Faktor wird mit folgender Formel bestimmt:

$$\text{Response} - \text{Faktor} = \frac{\text{Konzentration der Komponente}}{\text{Peakhöhe oder } - \text{fläche}}$$

Nun können wir aus der unbekannten Probe die Konzentration jeder interessierenden Komponente durch Multiplikation der Peakhöhe bzw. -fläche mit dem bestimmten Response-Faktor berechnen.

Bei dieser Methode muß das Detektorsignal über den verwendeten Konzentrationsbereich linear sein. Auch müssen wir bei jedem der beiden Chromatogramme exakt dieselben Volumina injizieren. Eine erfolgreiche Durchführung dieser Methode setzt also voraus, daß die Proben mit einer guten Präzision injiziert werden kann. (Anmerkung der Übersetzer: Zu dem in diesem Abschnitt beschriebenen Verfahren der Einpunkteichung wird häufig eine Kalibrierkurve aufgenommen. Dabei wird das Detektorsignal gegen mehrere Konzentrationen des Standards aufgenommen. Die Konzentration der Probe muß sich dabei im Bereich der Kalibrierkurve bewegen. Die unbekannte Probenkonzentration kann dann durch einfaches Ablesen aus der Kalibrierkurve ermittelt werden. Ein linearer Zusammenhang zwischen den Konzentrationen der Standards und dem Detektorsignal ist nicht unbedingt erforderlich).

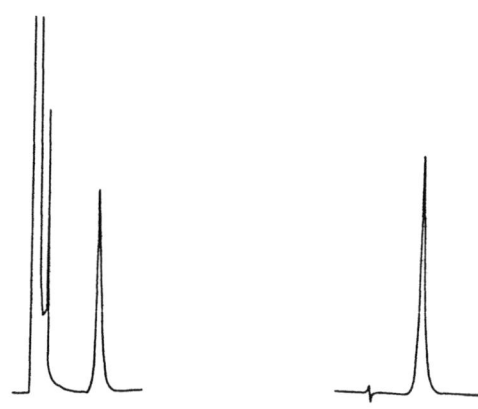

(i) Sirup von schwarzen Johannisbeeren   (ii) Benzoat Standard

Bild 8.4a Bestimmung von Benzoat im Sirup der schwarzen Johannisbeere

Säule: Zorbax 5 μm C-18, 25 cm x 4,6 mm
Mobile Phase: Acetonitril/5 mmol/l Phosphatpuffer, pH 4,5 15:85
Fluß: 1,5 ml/min., Temperatur: 40°C
Detektion: UV-Absorption, λ = 254 nm

Bild 8.4a zeigt einige Ergebnisse, die bei der Bestimmung von Benzoat, das dem schwarzen Johannisbeersirup als Konservierungsmittel zugesetzt wurde, erhalten wurden. Chromatogramm (ii) zeigt einen Natriumbenzoat-Standard (Konzentration 73,08 mg/l, gelöst in der mobilen Phase), Chromatogramm (i) wurde bei der Injektion einer Lösung des schwarzen Johannisbeersirups (Konzentration 90,6726 g/l) erhalten. Beide Chromatogramme wurden bei der gleichen Einstellung der Detektorempfindlichkeit aufgenommen. Die Peakflächen wurden mit einem Integrator bestimmt, der eine Zahl für jeden Peak ausgibt, die der Peakfläche proportional ist. Der Benzoatpeak in der unbekannten Probe ist der Peak, der die gleiche Retentionszeit wie der Benzoatpeak in der Standardlösung hat. Für das Benzoat wurden folgende Peakflächen erhalten: Standard: 103741, Probe: 72859.

? Berechnen Sie die Gewichtsprozente an Benzoat im Sirup der schwarzen Johannisbeere.

$$\text{Response-Faktor:} \quad \frac{73{,}08 \text{ ppm}}{103741} = 7{,}044 \cdot 10^{-4} \text{ ppm}$$

Benzoatkonzentration: $72859 \cdot 7{,}044 \cdot 10^{-4} = 51{,}32$ ppm

Der Sirup wurde vor der Injektion verdünnt, die Konzentration im Sirup beträgt also:

$$51{,}32 \cdot \frac{1000}{90{,}6726} = 566 \text{ ppm oder } 0{,}0566\ \%$$

Übung 8.4a

Bild 8.4b zeigt das Chromatogramm von Benzoesäure und Methyl- und Propylparaben in Nelkenzimt. Nelkenzimt ist ein Abführmittel, und die drei Additive werden als Stabilisatoren und Konservierungsmittel zugesetzt. Die Parabene sind die Alkylester der 4-Hydroxybenzoesäure. Chromatogramm (i) zeigt ein Standardgemisch aus Benzoesäure (65,96 mg/l), Methylparaben (58,02 g/l) und Propylparaben (70,70 g/l), das in der mobilen Phase gelöst wurde. Chromatogramm (ii) zeigt die Injektion von Nelkenzimt (256,4480 g/l gelöst in der mobilen Phase).

a) Wie ist die Elutionsreihenfolge der drei Proben in Bild 8.4b (i)?
b) Identifizieren Sie die drei Peaks der Additive im Gemisch.
c) Berechnen Sie den Response-Faktor jedes einzelnen Additives unter Verwendung der Peakhöhen-Angaben aus Bild 8.4b (ii) und verwenden Sie diese zur Berechnung der Konzentration jedes Additives in der Nelkenzimt-Probe.

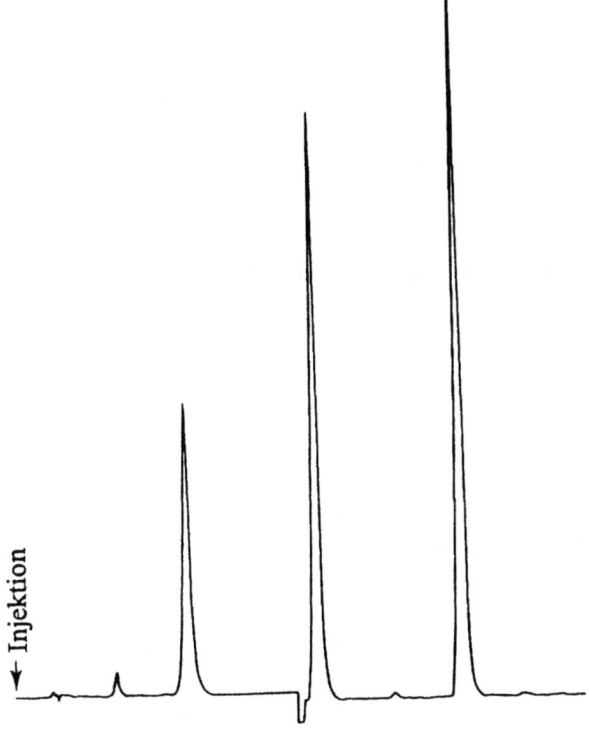

Bild 8.4b (i) Bestimmung der Stabilisatoren im Nelkenzimt Chromatogramm der Standards

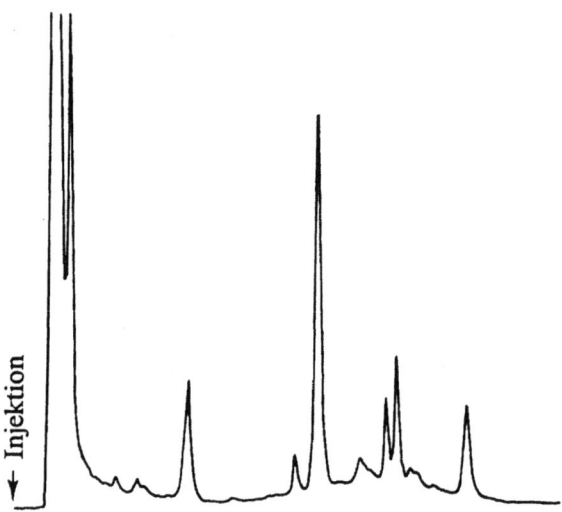

Bild 8.4b (ii) Bestimmung von Konservierungsmitteln in Nelkenzimt, Chromatogramm von Nelkenzimt

Säule: 25 cm x 4,6 mm μ-Bondapak RP-18, 10 μm C-18
Mobile Phase: Methanol/5 mmol/l Ammoniumacetat 60:40
Fluß: 1,5 ml/min., Temperatur: 40°C
Detektion: UV-Absorption, $\lambda = 254$ nm

8.4.3 Die Methode des internen Standards

Bei dieser Methode geben wir zu unserer Probe eine bekannte Menge der Standardsubstanz (den internen Standard). (Anmerkung der Übersetzer: Der interne Standard sollte ähnliche Eigenschaften wie die Probesubstanzen besitzen (ähnliche Responsefaktoren und Retentionszeiten, jedoch keine Koelution mit den Analyten) und sollte keine Wechselwirkungen mit der Probe eingehen.) Diese Methode besitzt alle Vorteile der Methode der externen Standards. Zusätzlich werden noch die Schwankungen der Injektionsvolumina und die kleinen Änderungen in der Detektionsempfindlichkeit oder im chromatographischen Verhalten miterfaßt. Weil wir nicht immer jedesmal die gleiche Menge injizieren müssen, besitzt diese Methode eine höhere Genauigkeit als die Methode der externen Standards.

Aus dem Standardchromatogramm berechnen wir die Response-Faktoren aller interessierenden Komponenten, aber diesmal drücken wir den Response-Faktor relativ zum Responsefaktor des internen Standards aus. Angenommen, in unserem Standardgemisch sei:

8.4 Quantitative Analyse

c: die Konzentration der interessierenden Komponente

A: die Peakfläche (bzw. -höhe) dieser Komponente

c_s: die Konzentration des internen Standards

A_s: die Peakfläche (bzw. -höhe) des internen Standards

Dann ergibt sich der relative Response-Faktor zu:

$$r = \frac{c/A}{c_s/A_s} \qquad (8.4a)$$

In der unbekannten Probe sei:

c_u: die Konzentration der Komponente

A_u: die Peakfläche (bzw. -höhe) dieser Komponente

c'_s: die Konzentration des internen Standards

c'_s: die Peakfläche (bzw. -höhe) des internen Standards

Dann gilt:

$$c_u = A_u \cdot r \cdot \frac{c'_s}{A'_s} \qquad (8.4b)$$

Eine weitere Näherung ist es, jede Peakfläche der unbekannten Probe mit dem entsprechenden relativen Response-Faktor zu multiplizieren. Dies bedeutet, daß die erhaltenen Peakflächen alle die gleiche Detektionsempfindlichkeit für alle Substanzen haben würden. Man erhält in diesem Fall die Zusammensetzung der Probe durch Normalisierung der korrigierten Flächen. In diesem Fall müssen wir aber ebenfalls sicher sein, daß wir alle Komponenten der Probe als einen getrennten Peak sehen.

Als ein Beispiel für diese Methode sei hier die Bestimmung der Response-Faktoren für Aspirin (Acetylsalicylsäure) und Coffein relativ zum internen Standard Phenacetin vorgestellt. Analgetische Tabletten enthalten oft Aspirin und Coffein, und man will u.U. diese Ergebnisse zur quantitativen Analyse einer handelsüblichen Tablette benutzen. Die Strukturformeln dieser Verbindungen sind in Bild 8.4c dargestellt.

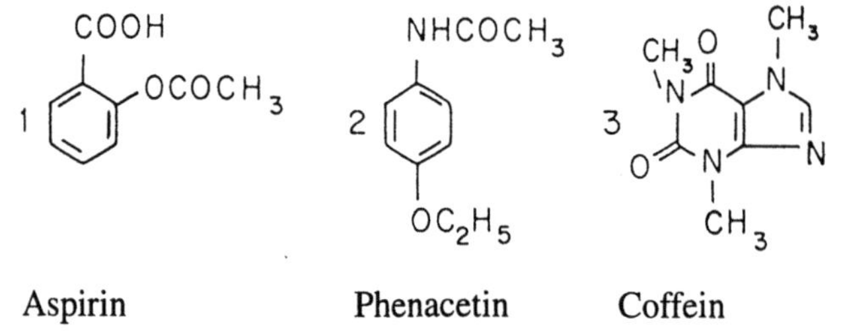

Aspirin   Phenacetin   Coffein

Bild 8.4c Strukturformeln von Aspirin, Phenacetin und Coffein

Um diese drei Substanzen zu trennen, benutzen wir eine Methode, die der Literatur entnommen ist (G. B. Cox et al., Journal of Chrom. 1976, 117, 269 - 278). Es wird eine 12,5 cm x 4,6 mm Säule mit 5 μm Kieselgelteilchen, auf die ein starker Kationenaustauscher aufgebunden ist, verwendet. Die mobile Phase besteht aus 50 mmol Ammoniumformiatlösung + 10% Ethanol, pH 4,8. Der Fluß beträgt 2 ml/min bei einem Druckabfall von etwa 117 bar über der Säule. Unter diesen Bedingungen werden die Substanzen in etwa 3 min getrennt (s. Bild 8.4e).

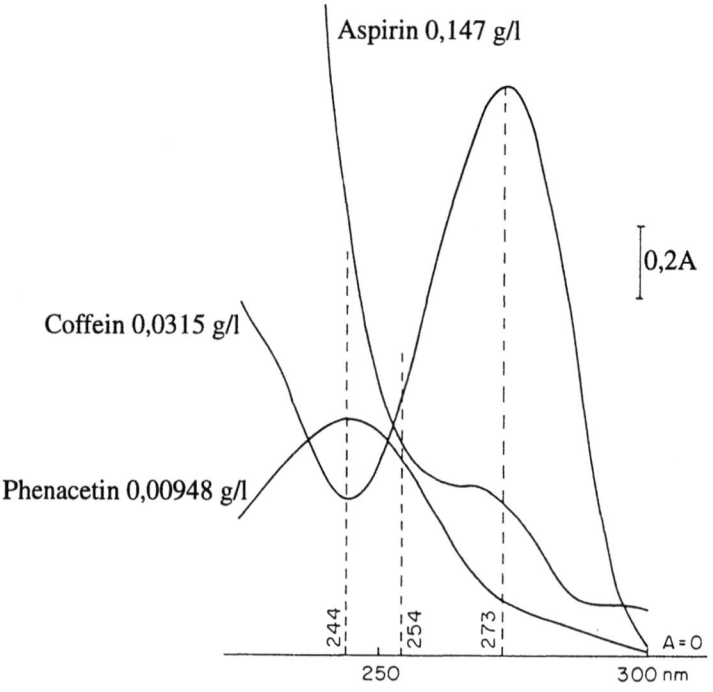

Bild 8.4d UV-Absorptionsspektren von Aspirin, Phenacetin und Coffein

8.4 Quantitative Analyse

Bild 8.4d zeigt die UV-Spektren (225 - 300 nm) der drei Verbindungen gelöst in der mobilen Phase.

? Welche der drei Wellenlängen 273, 254 oder 244 nm würden Sie zu Detektion der Komponenten auswählen?

254 nm ist am wenigsten geeignet. An diesem Punkt ändert sich die Absorption jeder Verbindung stark. Man wählt, wenn möglich, einen möglichst flachen Absorptionsbereich aus (vgl. Abschnitt 5.3). Die Detektionswellenlänge 273 nm würde eine hohe Empfindlichkeit für Coffein, aber eine eher niedrige Empfindlichkeit für Phenacetin aufweisen (obwohl Phenacetin viel stärker absorbiert als die beiden anderen Verbindungen). Man würde wohl die Detektionswellenlänge 244 nm wählen. Dort hat Coffein ein Minimum und Phenacetin ein Maximum im Absorptionsspektrum. 273 nm ist allerdings ebenfalls sehr gut zur Detektion geeignet. Um die relative Empfindlichkeit des Detektors zu bestimmen, wurden folgende Standards angesetzt: 601,5 mg Aspirin, 76,5 mg Phenacetin und 92,4 mg Coffein wurden in 10 ml absolutem Ethanol gelöst. 10 ml 0,5 molare Ammoniumformiatlösung wurde dazugegeben und die Lösung auf 100 ml mit Wasser aufgefüllt. Bild 8.4e zeigt das daraus erhaltene Chromatogramm bei einer Injektion von 1 μl dieser Lösung. Drei Injektionen wurden durchgeführt. Die Ergebnisse sind in Tabelle 8.4f dargestellt.

? Benutzen Sie die Gleichung 8.4a, um die Response-Faktoren für Aspirin und Coffein relativ zu Phenacetin auszurechnen. Es ist nicht notwendig, die Konzentration jeder Komponente zu berechnen. Sie können einfach die Masse der Verbindungen, die proportional zur Konzentration ist, zur Berechnung verwenden. Mitteln Sie die Response-Faktoren jeder Verbindung und tragen Sie sie in die untere Tabelle ein. Die vollständige Tabelle finden Sie in Kapitel 11 (Übung 8.4b).

Tabelle 8.4f Zur Vervollständigung

Injektion Nr.		Aspirin	Phenacetin	Coffein
	Masse in [mg]	601,5	76,5	92,4
1	Peakfläche	144090	159516	43057
	relativer Response- Faktor (r)		1	
2	Peakfläche	143200	163164	43099
	r		1	
3	Peakfläche	121297	139796	36564
	r		1	
	gemitteltes r		1	

Diese relativen Response-Faktoren werden in der folgenden Übung benötigt.

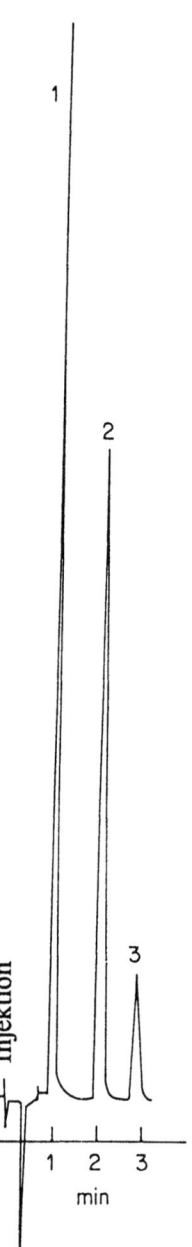

Bild 8.4e Trennung von Aspirin, Phenacetin und Coffein

Säule: 5 μm Kieselgel SCX, 12,5 cm x 4,6 mm
Mobile Phase: 50 mmol/l Ammoniumformiat + 10 % Ethanol, pH 4,8
Fluß: 2 ml/min
Detektion: UV-Absorption, λ = 244 nm
Peaks: 1 Aspirin, 2 Phenacetin, 3 Coffein

Übung 8.4b

Eine kommerziell erhältliche analgetische Tablette enthält lt. Packungsbeilage 325 mg Aspirin und 50 mg Coffein pro Tablette. 2 Tabletten und 77,3 mg Phenacetin werden in 10 ml Ethanol 10 min geschüttelt. Dann werden 10 ml 0,5 molare Ammoniumformiatlösung zugesetzt und die erhaltene Lösung auf 100 ml aufgefüllt. Vor der Chromatographie wird die Probelösung gefiltert, um die unlöslichen Bestandteile aus der Probelösung zu entfernen. Tabelle 8.4g stellt die erhaltenen Peakflächen, die nach 2 Injektionen von jeweils 1 μl aus dem Chromatogramm erhalten wurden, dar. Die chromatographischen Bedingungen sind die zuvor beschriebenen.

Tabelle 8.4g

Injektion Nr.	Aspirin	Peakflächen Phenacetin	Coffein
1	157595	170804	50693
2	153541	164174	48478

Berechnen Sie die gefundenen Mengen an Aspirin und Coffein unter Verwendung von Gleichung 8.4b und den zuvor berechneten Response-Faktoren, und geben Sie das Ergebnis in mg/Tablette an. Der Aspiringehalt sollte zwischen 95 und 110 % der in der Packungsbeilage angegebenen Menge liegen. Liegen die Gehalte in den geforderten Bereichen?

Übung 8.4c

Das folgende Beispiel beschreibt eine Methode zur Bestimmung von Coffein in entcoffeiniertem Instantkaffee. Etwa 0,8 g eines Kaffeegranulats werden exakt abgewogen und in 50 ml Eluent gelöst. 5 ml dieser Lösung werden mit 5 ml einer gesättigten Bleiacetatlösung 5 Minuten geschüttelt. Die erhaltene Lösung wird vor der Injektion gefiltert. Eine Standardlösung von etwa 50 ppm Coffein wird ebenfalls injiziert. Ein typisches Chromatogramm ist in Bild 8.1d dargestellt.

(a) Die injizierte Probe sollte in der mobilen Phase gelöst sein. In welchem Lösemittel würden Sie das Kaffeegranulat lösen, um dies zu gewährleisten?
(b) Ergebnisse einer typischen Bestimmung sind unten angegeben:

Eingewogene Masse Kaffee	82,77 mg
Coffeinstandard: Konzentration	59,2 ppm
Peakfläche	33612
Kaffeelösung: Peakfläche des Coffeins	7262

Berechnen Sie aus diesen Werten den prozentualen Coffeingehalt im Kaffee.

(c) Eine Reihe von 10 Bestimmungen derselben Probe von entcoffeiniertem Instantkaffee ergab folgendes Ergebnis: 0,149 ± 0,0046% Coffein. Schlagen Sie einige Variationen in der experimentellen Vorgehensweise vor, die die Genauigkeit und Präzision der Methode verbessern könnten.

Übung 8.4d

Stellen Sie eine kurze Tabelle auf, in der Sie die Vor- und Nachteile jeder der im vorherigen Abschnitt diskutierten Methoden der quantitativen Analyse kurz skizzieren.

Übung 8.4e

Bild 8.4h zeigt das UV-Spektrum von vier Lebensmittelzusatzstoffen. Tartrazin ist ein gelber Lebensmittelfarbstoff, Saccharin und Aspartam sind Süßstoffe. Bild 8.4i zeigt das Chromatogramm eines Gemischs dieser Lebensmittelzusätze, das unter folgenden Bedingungen erhalten wurde:

Säule:	5 μm C-18, 25cm x 4,6 mm
Mobilen Phase:	Methanol/Natriumdihydrogenphosphat pH 4,5 unter Verwendung eines Gradienten von 5:95 zu 95:5
Fluß:	1,5 ml/min.
Detektion:	UV (DAD) mit Wellenlängenprogrammierung

(i) Peak 3 im Chromatogramm sei Coffein. Schlagen Sie die Elutionsreihenfolge der anderen Verbindungen vor.
(ii) Wie würde die Trennung unter isokratischen Bedingungen bei der Verwendung von z.B. Methanol/Natriumdihydrogenphosphat 20:80 oder 80:20 als Eluent aussehen? Begründen Sie Ihre Aussage.
(iii) Welche Probleme würden bei der Verwendung einer einzigen Detektionswellenlänge (z.B. 254 oder 280 nm) auftreten?
(iv) Schlagen Sie ein passendes Wellenlängenprogramm zur Trennung der Verbindungen vor.

8.4 Quantitative Analyse

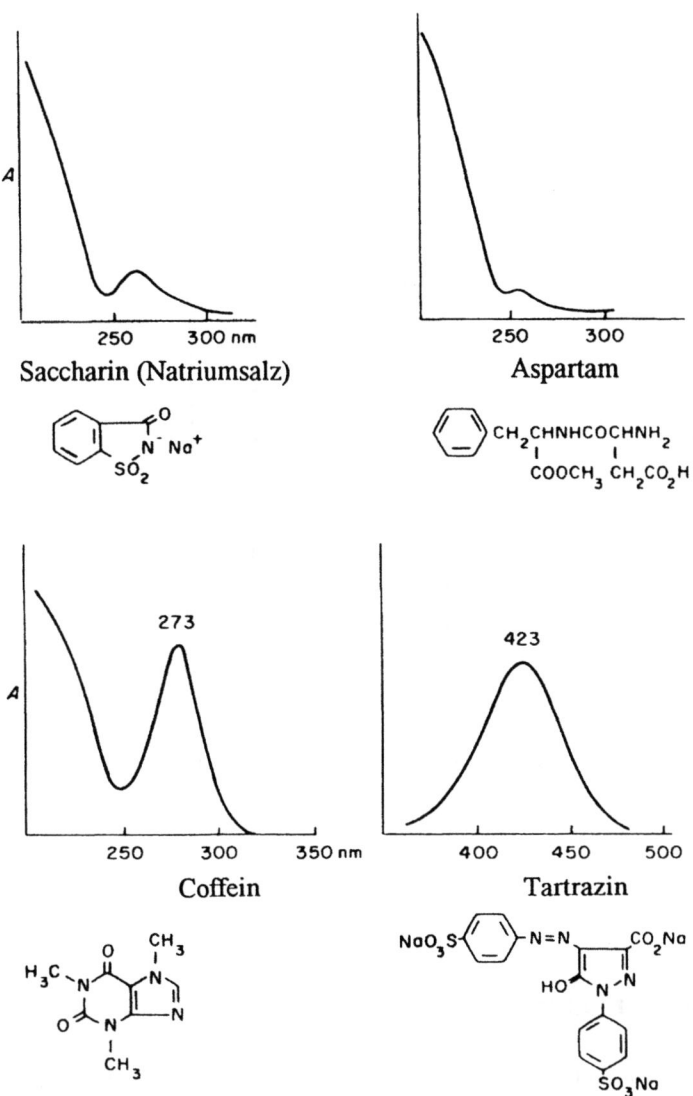

Bild 8.4h UV-Spektren von Lebensmittelzusatzstoffen

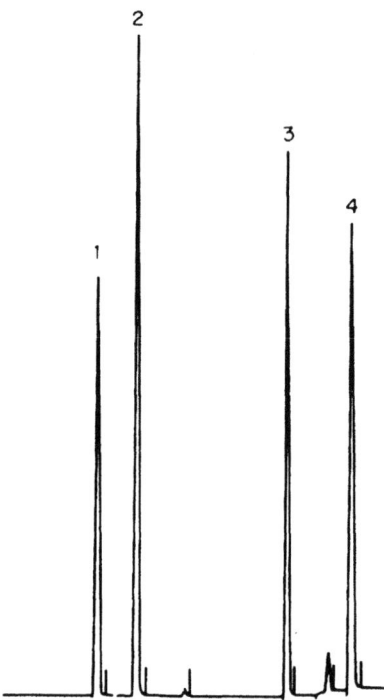

Bild 8.4i Chromatogramm von Lebensmittelzusatzstoffen

8.4.4 Zusammenfassung

Methoden der quantitativen Analyse unter Verwendung von internen und externen Standards wurden diskutiert. Mittels UV-Absorptionsspektren wurde eine Wellenlänge zur gleichzeitigen Detektion von 3 Komponenten gefunden. Response-Faktoren wurden berechnet.

Lernziele

Sie sollten nun in der Lage sein:

- die Vorteile und Grenzen verschiedenen Methoden zur quantitativen Analyse beurteilen zu können;
- UV-Absorptionsspektren zur Bestimmung einer Detektionswellenlänge zur quantitativen Analyse eines Probengemisches zu nutzen;

- zu wissen, daß zur quantitativen Analyse der Detektor kalibriert werden muß;
- Response-Faktoren aus gegebenen Daten von Standardgemischen berechnen zu können, um den Gehalt einer unbekannten Probe bestimmen zu können.

Applikationssammlungen von Herstellern

Fast jeder Hersteller oder Vertreiber von HPLC-Geräten und Säulen veröffentlicht Applikationsschriften. Im folgenden finden Sie eine kurze Auflistung solcher Publikationen.

(a) HPLC Applications, Macherey- Nagel GmbH & Co. KG, Postfach 101352, 52313 Düren

(b) ChromBook, Merck KGaA, Frankfurter Straße 250, 64293 Darmstadt

(c) Analytical Columns and Supplies, Hewlett- Packard GmbH, Analytik Direkt, Hewlett- Packard-Straße 8, 76337 Waldbronn

(d) Produktinformation, Bischoff Chromatography, Böblinger Straße 23, 71229 Leonberg

(e) Chromatography Research Supplies, GC & HPLC, Klaus Ziemer GmbH, Pommernstraße 96, 68309 Mannheim

(f) GC/HPLC, GS- Chromatographie Service GmbH, Postfach 1207, 52374 Langerwehe

(g) Chromatographie- Produkte, Supelco, Sigma- Aldrich Chemie GmbH, Geschäftsbereich Supelco, Grünwalder Weg 30, 82041 Deisenhofen

(h) Chromatography, Alltech GmbH, Münchner Straße 14, 82008 Unterhaching

(i) Solid Phase Extraction Applications Guide and Bibliography, Waters GmbH, Hauptstraße 87, 65760 Eschborn

(j) Application Guides, verschiedene Themen (chiral column selection, RP, SPE, etc.), Baker Chemikalien, Postfach 1661, 64506 Groß Gerau

(k) Chrompack News, Chrompack GmbH, Postfach 560168, 60406 Frankfurt am Main

(l) Application Guide for chiral column selection, Daicel (Europa) GmbH, Oststraße 22, 40211 Düsseldorf 1

9 Praktische Aspekte der HPLC

9.1 Packen der Säulen

Zum Packen einer Säule wird die stationäre Phase zunächst in einem geeigneten Lösemittel aufgeschlämmt; diese Suspension bezeichnet man als Slurry (dt. Aufschlämmung). Dann wird dieser Slurry mit hohem Druck in die Säule gefüllt. Die Säulenhersteller betrachten ihre Packungsmethoden meist als Betriebsgeheimnis und unterstützen so die Ansicht, daß das erfolgreiche Packen von HPLC-Säulen eher eine Kunst als eine Wissenschaft ist. Wenn man sehr hohe Effizienzen oder eine gute Reproduzierbarkeit von einer Säule zu einer anderen benötigt, ist es besser, kommerzielle Säulen zu benutzen. Man kann aber auch seine Säulen selbst mit einer einfachen und relativ preiswerten Ausrüstung packen. Eine Reihe von Anbietern verkauft solche Komplettsysteme zum Säulenpacken; dennoch es ist viel preiswerter, die Komponenten einzeln zu kaufen und selbst zusammenzubauen.

Obwohl keine Standardmethode zum Säulenpacken existiert, gibt es eine allgemeine Übereinstimmung über die benötigten experimentellen Voraussetzungen. Diese sind:

(a) Mit Teilchengrößen unter 10 μm erzielt man die besten Ergebnisse; je kleiner die Teilchen, umso schwieriger ist es jedoch, die Säule effizient zu packen.
(b) Die Partikel der stationären Phase müssen vollständig im Slurry dispergiert werden und dürfen nicht koagulieren.
(c) Die Sedimentation der stationären Phase sollte während des Packungsvorganges vermieden werden.
(d) Die Teilchen sollten mit einer möglichst hohen Geschwindigkeit auf das Säulenbett auftreffen.
(e) Das Bett sollte mit einer hohen Kompression gepackt werden; der benötigte Druck wird umso größer, je kleiner die Teilchengröße der Packung ist.

Die vorherige Dispersion der stationären Phase in einem geeigneten Lösemittel erfolgt am besten im Ultraschallbad. Um eine Sedimentation der stationären Phase während des Packungsvorganges zu verhindern, gibt es eine Reihe verschiedener Möglichkeiten:

(a) Die stationäre Phase wird in einem Lösemittelgemisch dispergiert, das die gleiche Dichte wie Kieselgel (ca. 2,2 g/ml) besitzt. Eines der Lösemittel muß eine größere Dichte als 2,2 g/ml besitzen. Hier ist die Auswahl ziemlich eingeschränkt. Man verwendet z.B. 1,1,2,2-Tetrabromethan (Dichte 2,86 g/ml) und Tetrachlorethen (Dichte 1,62 g/ml).

9.1 Packen der Säulen

? Mit welcher Zusammensetzung würde man die richtige Dichte erhalten (vorausgesetzt, daß sich die Dichte des Gemischs linear mit der Zusammensetzung ändert)?

Wenn ν der Volumenanteil an $C_2H_2Br_4$ ist, dann gilt:

$$2,2 = 2,86 \cdot \nu + 1,62 \cdot (1-\nu)$$

Daraus folgt: $C_2H_2Br_4$ = 47%, und C_2Cl_4 = 53%.

Da die halogenierten Kohlenwasserstoffe, die für diesen Zweck verwendet werden, sowohl toxisch als auch teuer sind, geht die Verwendung von Slurrys mit entsprechend angepaßter Dichte zum Säulenpacken zurück.

(b) Eine weitere Methode, der Sedimentation im Packungsslurry entgegenzuwirken, besteht in der Verwendung eines viskosen Lösemittels (z.B. Glycerin/Methanol-Mischungen).

? Worin besteht Ihrer Meinung nach die Schwierigkeit bei dieser Methode?

Um einen vernünftigen Fluß durch die Säule während des Packungsprozesses zu erzeugen (Bedingungen (d) oben), benötigt man sehr hohe Drücke. Zum Säulenpacken mit viskosen Lösemitteln sind Drücke von mehr als 1700 bar (ca. 25000 psi) erforderlich. Die Apparaturen müssen so konstruiert sein, daß sie diesen hohen Drücken standhalten, und werden dadurch natürlich relativ teuer.

(c) Eine dritte Möglichkeit besteht in der Verwendung von Lösemitteln mit kleiner Dichte und niedriger Viskosität wie Methanol oder Aceton. Mit diesen erhält man vernünftige Flüsse (ungefähr 15 ml/min für 5 µm Kieselgel) bei relativ geringen Drücken (ca. 350 bis 650 bar bzw. 5000 bis 10000 psi) durch die Säule während des Packungsprozesses. Die Sedimentation wird in diesem Fall dadurch minimiert, daß man bei den Arbeitsschritten zügig arbeitet, bei denen ein Absetzen des Kieselgels möglich ist. In einigen Apparaturen ist das Slurryvorratsgefäß sogar mit einem Rührer ausgestattet oder in ein Ultraschallbad eingebaut.

Bild 9.1a zeigt das Slurry-Packungssystem, das ich persönlich benutze. Dieses arbeitet bei relativ niedrigem Druck, da ich nicht speziell an der Herstellung von Säulen mit sehr hoher Effizienz interessiert bin, sondern eher die Kosten für die kommerziellen Säulen einsparen will. Die Pumpe und das Hochdruckventil sind für Drücke von 500 bar (7500 psi) bzw. 400 bar (etwa 6000 psi) ausgelegt. Das Vorratsgefäß für den Slurry ist ein Edelstahlrohr mit einer Länge von 85 cm und einer Kapazität von 50 ml. Obwohl diese Methode an sich nicht gefährlich ist - es sei denn, es befindet sich Luft in der Hochdruckleitung -, sollte man aus Sicherheitsgründen eine Schutzscheibe verwenden.

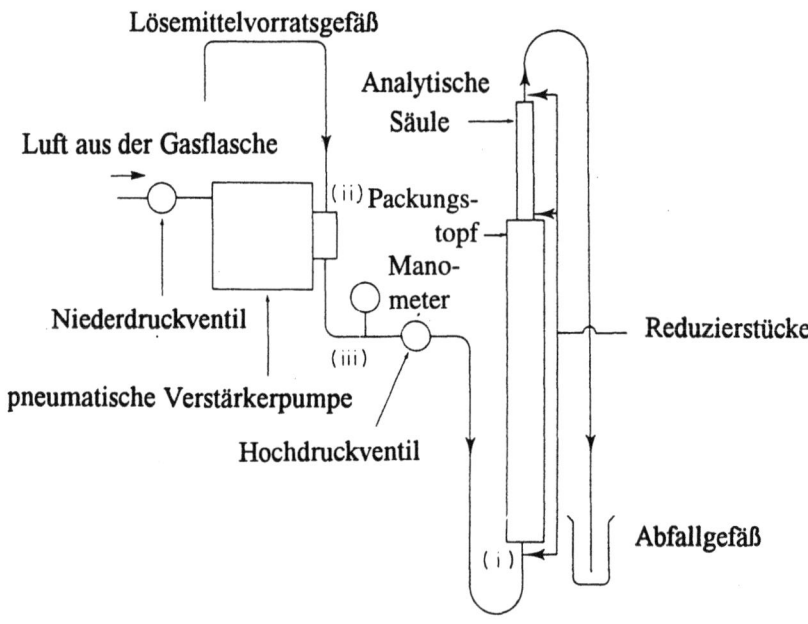

Bild 9.1a Säulenpackapparatur

Folgende Methode benutze ich persönlich für das Packen einer Säule mit 5 μm gebundenem Kieselgelmaterial:

(a) Das Säulenrohr wird zunächst mit Tetrachlorkohlenstoff, dann mit Aceton gespült und schließlich getrocknet. Anschließend wird es mit einem 1/4-inch-Anschluß an das Slurry-Vorratsgefäß angeschlossen und ein 1/4- bis 1/16-inch ZDV-Reduzierstück, das ein 1 μm-Edelstahlsieb enthält, an das Ende geschraubt.

(b) Für eine 12,5 cm-Säule gibt man ungefähr 1,7 g des Kieselgels zu 30 ml Methanol, und der Slurry wird mit einem Magnetrührer solange gerührt, bis man ihn in das Slurry-Vorratsgefäß gibt. Die Menge an Kieselgel ist so berechnet, daß man die Säule mit Sicherheit füllen kann.

(c) Das Packungslösemittel (400 ml Methanol + 0,2 g Natriumethanolat) wird unter Vakuum 10 min entgast und dann in das Lösemittelvorratsgefäß eingefüllt. Das Natriumethanolat gibt man dazu, um die statische Aufladung der stationären Phase während des Packens zu verhindern. Durch eine elektrostatische Aufladung kann das Packungsmaterial verklumpen und ein instabiles Säulenbett (besonders bei gebundenen Phasen) wäre die Folge.

(d) Bei geschlossenem Niederdruckventil wird der Luftdruck mit dem Reduzierventil der Luftgasflasche auf ungefähr 6,7 bar (100 psi) eingestellt. Das Slurryvorratsgefäß wird an Punkt (i) gelöst, und die Pumpe wird durch leichtes Öffnen des Niederdruckventils getestet; dann wird das Hochdruckventil geöffnet. Wenn sich irgendwo in den

9.1 Packen der Säulen

Zuleitungen Luft befindet, arbeitet die Pumpe u.U. überhaupt nicht oder der Eluentenfluß von Punkt (i) ist nicht schnell genug (um dies zu entscheiden, benötigt man ein wenig Erfahrung). Wenn der Lösemittelfluß ausreichend scheint, wird das Hochdruckventil geschlossen, so daß der Druck schnell bis zum eingestellten Wert ansteigt. Dieser Enddruck ist durch den Eingangsdruck und die Verstärkung der Pumpe bestimmt. Ein nur langsames Ansteigen des Druckes deutet auf die Gegenwart von Luft in den Leitungen hin. Luftblasen befinden sich oft in den Zuleitungen, wenn die Apparatur längere Zeit nicht benutzt wurde. Um die Luftblasen zu entfernen, löst man die Verbindungskapillare an den Punkten (ii) und (iii), und das Lösemittel wird an jeder Stelle mit Hilfe einer 20 ml-Spritze, an deren Nadel ein 1/16-inch-Fitting angeschlossen ist, schnell abgesaugt.

(e) Wenn die Pumpe korrekt funktioniert, schließt man die Zuleitungen an Punkt (i) wieder an, das Hochdruckventil wird geschlossen, und das System wird durch Öffnen des Niederdruckventils auf 350 bar (ca. 5000 psi) gebracht. Die verbleibenden Arbeitsschritte in (e) müssen so schnell wie möglich ausgeführt werden, um eine Sedimentation der stationären Phase zu verhindern. Der Slurry wird in das Slurryvorratsgefäß geschüttet und dann mit Methanol überschichtet. Die Säule und das Auslaßrohr werden miteinander verbunden und das Hochdruckventil geöffnet.

(f) Nachdem ungefähr 200 ml Lösemittel durch die Säule gepumpt wurden (nach ungefähr 15 min), dreht man die Säule und das Packungsrohr um und pumpt noch weitere 5 min. Dann schließt man das Hochdruckventil und der Druck auf der Pumpenseite wird durch das Schließen des Niederdruckventils abgebaut. Nach 10 min schraubt man die Säule vom Packungstopf ab. Das obere Ende der Packung wird mit einer Rasierklinge glattgezogen, und ein Siebchen sowie die Säulenfittings werden angebracht.

(g) Die Säule wird dann an eine HPLC-Apparatur angeschlossen (aber nicht an den Detektor), und die mobile Phase wird für 10 min mit einem Fluß von 3 ml/min durch die Säule gepumpt. Anschließend wird die Säule an den Detektor angeschlossen, und man pumpt mit einem kleineren Fluß weiter, bis (bei einem UV-Detektor) eine stabile Grundlinie erhalten wird.

Wenn die Säule gebrauchsfertig ist, sollte man das Chromatogramm eines geeigneten Testgemischs aufnehmen. Die Bodenzahlen und die Retentionszeiten des Testgemisches sollte man notieren. Die Peaks sollten eine zufriedenstellende Peakform, d.h. ein möglichst geringes Tailing, aufweisen. Zur Messung der Bodenzahlen sollte der Schreiber auf einen hohen Schreibervorschub eingestellt werden. Bild 9.1b zeigt das Testchromatogramm einer nach der oben beschriebenen Methode hergestellten C18-Säule. Bild 9.1c und 9.1d zeigen die Daten, die Sie sich zusammen mit dem Chromatogramm notieren sollten. Die Totzeit bemerkt man als kleine Basislinienstörung knapp vor dem ersten Peak.

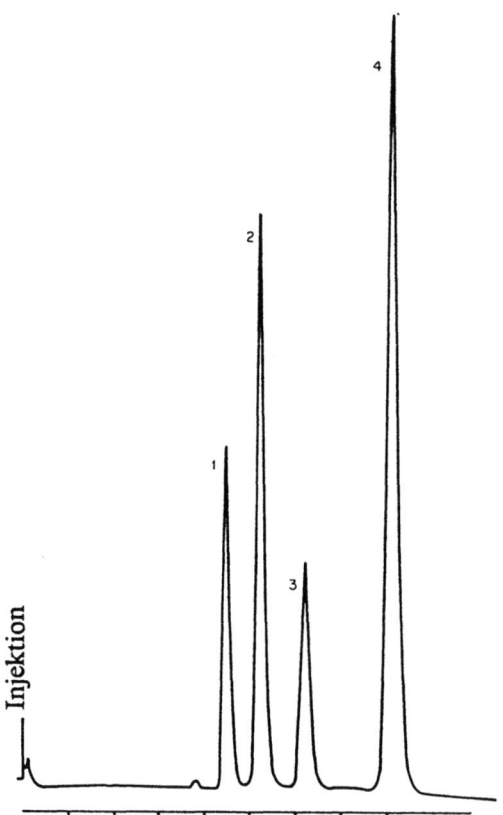

Säulenlänge:	12,5 cm
Innendurchmesser:	4,6 mm
Stationäre Phase:	5 µm C-18
Mobile Phase:	CH_3OH/H_2O 60:40
Fluß:	1 ml/min
Druckabfall:	83 bar (ca. 1250 psi)
Temperatur:	Raumtemperatur (ca. 22 °C)
Detektor:	UV, 254 nm, 0,5 aufs
Injektionsvolumen:	0,5 µl
Schreiber:	10 mV, 10 mm/min
Testmischung (Peaks):	Aceton (1), Phenol (2), 4-Hydroxymethylbenzol (3), Methylphenylether (4), gelöst in der mobilen Phase
Retentionsstrecke einer nicht retardierten Probe:	38 mm

Bild 9.1b und c Chromatogramm eines Testgemisches und seine Bedingungen

9.1 Packen der Säulen

?

(a) Versuchen Sie, die Daten in Tabelle 9.1d durch Ausmessen des Chromatogramms zu vervollständigen. Die richtigen Werte werden am Ende dieses Abschnittes angegeben.

Tabelle 9.1d Zur Vervollständigung

Peak	1	2	3	4
Retentionsstrecke		52		81
k		0,37		1,13

(b) Messen Sie die Peak-Breite des Peaks 4 an der Basislinie aus, und berechnen Sie die Bodenzahl und Bodenhöhe der Säule (vgl. Gleichung 2.2a - c).

$$w = 4{,}5 \text{ mm}, \quad N = 16 \cdot \frac{81^2}{4{,}5^2} = 5184, \quad H = 0{,}024 \text{ mm} = 24 \ \mu\text{m}$$

Es wäre von Vorteil gewesen, diese Messungen bei einem Chromatogramm vorzunehmen, das mit einem schnelleren Schreibervorschub aufgenommen wurde. Dadurch würde die Bestimmung der Peakbreite genauer werden.

Die Säule ist mit Ausnahme des Druckabfalls befriedigend. Dieser hohe Druckabfall deutet auf eine teilweise Verstopfung, vermutlich eines der Siebchen, hin. Um den k-Wert zu berechnen, muß die Retentionsstrecke oder das Retentionsvolumen eines inerten Probemoleküls bekannt sein. Die genaue Bestimmung dieser Größe ist besonders bei gebundenen Phasen oder Umkehrphasen oft nicht einfach. Eine Reihe verschiedener Methoden werden verwendet:

(a) Bestimmung des Massenunterschiedes zwischen der mit Eluent gefüllten und der trockenen Säule. Da man trockene Säulen nur noch schwer in den Ausgangszustand bringen kann (wenn überhaupt noch), verwendet man diese Methode am besten erst am Ende der Lebensdauer der Säule.
(b) Injektion einer homologen Verbindung einer Komponente der mobilen Phase. Die Detektion erfolgt mit einem RI-Detektor, z.B. kann bei einer mobilen Phase aus Methanol/Wasser Ethanol verwendet werden.
(c) Injektion von D_2O oder einer markierten Komponente der mobilen Phase.
(d) Mathematische Methoden, die auf den Retentionsdaten für eine Reihe homologer Verbindungen basiert.
(e) Injektion von nicht retardierten Probemolekülen, z.B. Natriumnitrat oder Tartrazin, die mit einem UV-Detektor detektiert werden können. Der Grundgedanke dabei ist, daß solche stark polaren Probemoleküle auf einer unpolaren stationären Phase nicht retardiert werden. Manchmal verwendet man einfach die Flußschwankung vor dem ersten Peak (wie oben) oder sogar den ersten Peak selbst als unretardierte Probe, wenn

es sich um eine sehr polare Komponente handelt. (Anmerkung der Übersetzer: Nach unserer Erfahrung ist Nitrat problematisch, da man mit verschiedenen Konzentrationen unterschiedliche Totzeiten erhält; zudem wird Nitrat auf einigen Phasen aufgrund der negativen Ladung ausgeschlossen und man erhält z.T. Doppelpeaks. Tartrazin kann aufgrund seiner Ladung und Größe z.T. von den Poren ausgeschlossen werden und die so erhaltenen Werte für die Totzeit sind zu klein.)

(f) Anmerkung der Übersetzer: In unserem Arbeitskreis haben sich Thioharnstoff in reinem Methanol und v.a. Uracil als Inertmarker bewährt.

Das Problem besteht darin, daß die verschiedenen Methoden alle unterschiedliche Ergebnisse liefern. Insbesondere erhält man mit der gravimetrischen Methode i.a. höhere Werte als mit den anderen. Bei der gravimetrischen Methode wird das Gesamtvolumen des Lösemittels in der Säule gemessen, d.h. Zwischenkornvolumen und Porenvolumen. Kleinere Werte erhält man bei der Injektion von Probemolekülen, wenn diese teilweise von den Poren der stationären Phase ausgeschlossen werden. Wenn man die aus dem Chromatogramm gemessene Retentionsstrecke in Volumeneinheiten umrechnet, muß die Flußrate der Pumpe sorgfältig bestimmt werden. Dies geschieht durch Auffangen der mobilen Phase in einer bestimmten Zeit und durch anschließendes Auswiegen oder Volumenmessung.

Tabelle 9.1d Vervollständigte Tabelle

Peak	1	2	3	4
Retentionsstrecke	45	52	62	81
k	0,18	0,37	0,63	1,13

9.1.1 Zusammenfassung

Methoden zum Packen von HPLC-Säulen und zum Testen von gepackten Säulen wurden beschrieben.

Lernziele

Sie sollten nun in der Lage sein:

- die experimentellen Bedingungen, die man zum erfolgreichen Packen von HPLC-Säulen einsetzt, zu kennen;
- zu beschreiben, wie man eine Säule packt;
- ein Testchromatogramm beurteilen zu können.

9.2 Herstellung der mobilen Phasen

Dieser Abschnitt behandelt einige der Probleme, die mit der mobilen Phase in der HPLC auftreten können. Viele dieser Probleme haben ihre Ursache in der Anwesenheit von Verunreinigungen, Additiven, Staub oder anderen Schwebepartikeln sowie gelöster Luft. Es ist immer am besten, diese Probleme mit etwas Sorgfalt und der Anwendung von einfachen bewährten Methoden zu verhindern. Obwohl es verführerisch ist, durch Verzichten auf solche Vorsichtsmaßnahmen Zeit und Kosten zu sparen, sollte man trotzdem sorgfältig arbeiten, um sich auf lange Sicht Ärger zu ersparen.

Eine Hauptursache vieler praktischer Probleme in der HPLC ist die Gegenwart von Luftblasen in der mobilen Phase an irgendeinem Punkt im System. Einige der Symptome, die durch Luftblasen verursacht werden, wurden bereits im Kapitel 3 behandelt. Luftblasen können sich in der Pumpe, der Detektorzelle oder an anderen Stellen ansammeln. Wegen ihrer Kompressibilität verringert sich durch die Luftblasen das Volumen der mobilen Phase, die durch die Pumpe gefördert wird. Dadurch ist natürlich die Reproduzierbarkeit eingeschränkt, und aufgrund der Flußschwankungen ist das Detektorrauschen oft hoch. Große Luftblasen in der Pumpe können zu ernsthaften Pumpenstörungen führen. Die Detektion kann auf vielfältige Weise betroffen sein. Beispielsweise kann bei UV-Detektoren Luft in der Detektorzelle ein erhöhtes Rauschen oder eine hohe Absorption verursachen. Gelöster Sauerstoff kann die Detektion bei kurzen Wellenlängen stören, da Sauerstoff unterhalb von 200 nm stark absorbiert. Viele Probleme durch gelöste Luft können durch ein Entgasen der Eluenten vor Gebrauch vermieden werden. Aus diesem Grund sollte man darauf niemals verzichten. Der Entgasungsprozeß kann dadurch verstärkt werden, daß man noch zusätzlich Vakuum anlegt, heizt, das Lösemittelvorratsgefäß ins Ultraschallbad stellt, rührt oder eine Kombination dieser Möglichkeiten einsetzt. Nachdem die Luft entfernt wurde, wird die mobile Phase oft in ein Vorratsgefäß gegeben, das mit der Luft in Kontakt steht. Dadurch beginnt die Luftaufnahme natürlich von neuem. Ist dies der Fall, so sollte das Entgasen jede Stunde wiederholt werden. Um den Zutritt von Luft zur mobilen Phase zu verhindern, werden teilweise Vorratsgefäße benutzt, in denen sich ein Schwimmer aus Plastik auf der mobilen Phase befindet. Eine andere Möglichkeit besteht darin die mobile Phase mit Helium, das nur eine geringe Löslichkeit in Flüssigkeiten besitzt, zu begasen. Durch den kontinuierlich geringen Heliumstrom über der mobilen Phase wird der Lufteintritt verhindert. Helium ist zwar ziemlich teuer, jedoch benötigt man nur relativ geringe Mengen. Heute ist diese Methode sehr weit verbreitet.

Eine HPLC-Säule ist ein sehr effizienter Filter, und wenn die mobile Phase irgend welche Partikel enthält oder Abriebe aus der Pumpe oder der Probenaufgabe mitnimmt, sammeln sich diese am Säulenkopf an. Ist dies der Fall, steigt der Druckabfall über der Säule bei einem gegebenen Fluß kontinuierlich an, und die Säule verstopft eventuell ganz. Um dies zu verhindern, sollte man den Eluenten immer vor Gebrauch filtern (am besten mit einem 0,5 μm-Filter) und auch immer eine Vorsäule verwenden (s. Abschnitt 9.3.2).

Viele p.a.-Lösemittel enthalten in Spuren Verunreinigungen, so daß sie für die Anwendung in der HPLC nicht geeignet sind. In einigen Fällen werden den Lösemitteln auch Additive zugesetzt, da sie als Antioxidantien, Stabilisatoren oder zur Denaturierung dienen. Daher sollte man stets „HPLC-grade"-Lösemittel für die mobile Phase benutzen, oder man sollte die Lösemittel vor Gebrauch genügend reinigen.

Destilliertes oder entionisiertes Wasser enthält in geringen Spuren organische Verunreinigungen. Dies kann auf lange Sicht Probleme bei RP-Phasen bereiten. An der unpolaren stationären Phase sammeln sich diese organischen Verunreinigungen an und ändern somit im Laufe der Zeit die Eigenschaften der stationären Phase. In einigen Fällen treten dann Geisterpeaks auf (vgl. Bild 8.3c). Hochreines Wasser verliert während der Lagerung sogar in Glasbehältern an Qualität. Daher sollte man Wasser, das man zur Spurenanalyse verwendet, erneut vor Gebrauch reinigen. Die Wasserreinigung kann entweder mittels Destillation aus einer Permanganatlösung erfolgen, oder man pumpt das Wasser durch eine RP-Phase. Es gibt jedoch auch kommerzielle Systeme, z.B. das Millipore-System. Dieses System besteht aus einer Kombination von einem Aktivkohlefilter, einem Ionenaustauscherharz, einer Patrone zur Abtrennung von organischen Verunreinigungen und einem sterilen 0,22 μm-Filter am Ausgang. Auf diese Weise erhält man Wasser, das frei von Störionen ist und weniger als 15 ppb Gesamtgehalt an organischem Kohlenstoff enthält.

Die Verunreinigung in anderen Lösemitteln können das chromatographische Verhalten oder die Detektion oder beides beeinflussen. Zum Beispiel werden chlorierten Lösemitteln wie Dichlormethan oder Chloroform kleine Mengen Methanol oder Ethanol als Stabilisator zugesetzt. Damit wird der oxidative Abbau verhindert.

? Bei einer Normalphasentrennung wird Chloroform/Heptan als Eluent eingesetzt. Wie würde sich die Gegenwart des Stabilisators in Chloroform auf die Trennung auswirken?

Die Anwesenheit von Alkohol erhöht die Polarität der mobilen Phase, so daß sich die Retentionszeiten verkürzen würden. Zudem wäre kaum mit einer guten Reproduzierbarkeit zu rechnen, da sich die Konzentration des Stabilisators von Charge zu Charge leicht verändern kann.

Chlorierte Lösemittel kann man auch ohne Stabilisator beziehen, oder man entfernt den Stabilisator durch Adsorption an Aluminiumoxid oder durch Extraktion mit Wasser und einem anschließenden Trocknungsschritt. Nicht stabilisiertes Dichlormethan oder Chloroform zersetzt sich langsam. Dabei entsteht Salzsäure, die Edelstahl korrodieren kann. Die Zersetzungsgeschwindigkeit beschleunigt sich u.U. durch die Anwesenheit anderer Lösemittel.

Ether enthalten Additive, um die Peroxidbildung zu unterbinden. Beispielsweise wird Tetrahydrofuran i.a. durch die Zugabe kleiner Mengen Hydrochinon stabilisiert. Hydrochinon absorbiert jedoch stark im UV-Bereich und kann so die direkte UV-Detektion stören. Es läßt sich durch Destillation des Lösemittels über KOH-Plätzchen entfernen. Benutzt man stabilisatorfreies THF, so sollte es in dunklen Flaschen aufbewahrt und nach jedem Gebrauch mit Stickstoff durchspült werden. Alle gebildeten Peroxide sollten in bestimmten Abständen durch Adsorption auf Aluminiumoxid entfernt werden.

Beim Mischen von Lösemitteln sollte das Volumen jeder Komponente vor dem Mischen getrennt gemessen werden, da das Mischungsvolumen sich i.a. von der Summe der einzelnen Volumina unterscheidet. Zum Beispiel erhält man beim Mischen von 50 ml Methanol mit 50 ml Wasser ein Gesamtvolumen von ungefähr 96 ml für eine 1:1-Mischung. Wenn man also eine mobile Phase so herstellt, daß man den Meßzylinder halb mit Methanol

9.2 Herstellung der mobilen Phasen

füllt und dann mit Wasser bis zur Marke auffüllt, erhält man keine 1:1-Mischung. Enthält die mobile Phase flüchtige Bestandteile, so kann sich die Zusammensetzung während des Entgasungsprozesses verändern. Die Messung der Brechungsindices der mobilen Phase ist eine einfache Möglichkeit, die Zusammensetzung zu überprüfen.

Bei UV-Detektoren muß man stets die UV-Absorption der mobilen Phase berücksichtigen, die bei kleineren Wellenlängen immer größer wird. Die UV-Grenze („UV-cut-off") des Lösemittels gibt die Wellenlänge an, bei der das Lösemittel eine Absorption von größer als 1 hat (bei der Messung in einer Zelle mit einer Schichtdicke von 1 cm gegen Luft). Die UV-Grenze gibt Auskunft über den sinnvollen Wellenlängenbereich, indem man dieses Lösemittel verwenden kann. Arbeitet man unterhalb dieser Wellenlänge, so ist die Eigenabsorption des Eluenten so hoch, daß eine Detektion der Probemoleküle kaum bzw. überhaupt nicht möglich ist. Aliphatische Kohlenwasserstoffe haben einen „cut-off" von ungefähr 210 nm. Die polaren Lösemittel, die sich am besten für niedrige Wellenlängen eignen, sind: Wasser, Methanol und Acetonitril. Die zwei Letztgenannten haben einen „cut-off" bei 205 bzw. 190 nm. Dies gilt natürlich nur unter der Voraussetzung, daß sie rein sind. Die Reinigung von Acetonitril ist sehr aufwendig. Daher ist es auch sehr teuer.

Andere Eigenschaften von HPLC-Lösemitteln, die man berücksichtigen sollte, sind die Kompressibilität, die Viskosität, der Brechungsindex, der Dampfdruck, der Flammpunkt, der Geruch und die Toxizität. Die meisten HPLC-Lehrbücher und -Kataloge enthalten entsprechende Tabellen, z.B. das Buch, das von J. H. Knox herausgegeben wurde.

Die in Tabelle 9.2a aufgelisteten Lösemitteleigenschaften werden in Übung 9.2b benötigt.

Tabelle 9.2a: Eigenschaften von häufig in der HPLC benutzten Lösemitteln

	Viskosität cp$^\bullet$, 20 °C	Siedepunkt, °C	UV cut-off, nm	Preis$^+$	MAK mg/m^3
Pentan	0,23	36,2	210	100	2950
Heptan	0,43	98,4	210	90	2000
Trichlormethan	0,57	61,2	245	65	50
Tetrachlormethan	0,97	76,8	265	90	65
Acetonitril	0,37	82,0	190	70	70
Dioxan	1,54	101,3	220	220	180
Methanol	0,60	64,7	205	25	260
Ethanol	1,20	78,5	210	150	1900
i-Propanol	2,30	82,3	210	40	980
Aceton	0,56	56,5	330	40	2400

$^\bullet$: 1 cp (centi Poise) = 10^{-3} Pa s
$^+$: Preise sind in DM pro Liter (isokratische HPLC-Qualität) angegeben (nur ungefährer Richtwert)
*: MAK = Maximale Arbeitsplatzkonzentration: Konzentration eines Stoffes in der Luft am Arbeitsplatz, bei der im allgemeinen die Gesundheit der Arbeitnehmer nicht beeinträchtigt wird

Übung 9.2a

Die folgende Arbeitsvorschrift zur Herstellung einer mobilen Phase ist einem Laborjournal entnommen (siehe Abschnitt 8.4.3). Beziehen Sie sich auf den entsprechenden Abschnitt.

„1,575 g Ammoniumformiat werden auf 500 ml in einem Meßkolben verdünnt. Zu dieser Lösung gibt man 50 ml Ethanol. Nach dem Mischen der mobilen Phase füllt man sie in das Vorratsgefäß und stellt die Pumpe auf einen Fluß von 2 ml/min ein."

Können Sie drei Fehler entdecken, die gemacht wurden?

Übung 9.2b

Die Fragen beziehen sich auf die Lösemitteleigenschaften, die in Bild 9.2a aufgelistet sind.

(i) Warum wäre es bei einer mobilen Phase aus Heptan/Chloroform problematisch, Heptan durch Pentan oder Chloroform durch Tetrachlorkohlenstoff zu ersetzen?
(ii) Warum bevorzugt man Methanol oder Acetonitril gegenüber anderen mit Wasser mischbaren Lösemitteln als mobile Phase in der Umkehrphasenchromatographie?
(iii) Was wäre die Hauptschwierigkeit, die mit dem Einsatz von Aceton in der mobilen Phase verbunden wäre?

Übung 9.2c

Sie führen eine Trennung unter folgenden Bedingungen durch:

Säule:	5 µm C-18, 25 cm x 4,6 mm
Mobile Phase:	Acetonitril/ Phosphatpuffer (pH = 6,9), 75:25
Detektor:	UV Absorption, 230 nm
Fluß:	2 ml/min
Temperatur:	Raumtemperatur
Injektionsvolumen:	25 µl, Autosampler

Die Retentionszeiten, die Sie erhalten, schwanken von Tag zu Tag; die Tabelle unten zeigt einige typische Ergebnisse.

Tag	Zeit	t_0	Retentionszeit (min)		
			Peak 1	Peak 2	Peak 3
1	10.00	1,25	2,17	12,12	17,84
	13.00	1,26	2,19	12,17	17,82
	16.00	1,24	2,18	12,15	17,85
2	09.00	1,24	2,36	13,03	19,19
	11.00	1,26	2,35	13,01	19,22
	13.00	1,25	2,38	13,06	19,21

Machen Sie sich eine Liste der wichtigsten Variablen, die die Retention bei einer Umkehrphasentrennung beeinflussen. Ist es unter Zuhilfenahme der obigen Retentionsdaten möglich zu sagen, welche dieser Variablen die Ursache für das Problem sein kann?

9.2.1 Zusammenfassung

Die Anwesenheit von Partikeln, Verunreinigungen oder gelöster Luft in der mobilen Phase kann zu Problemen führen. Es wurden einige Möglichkeiten zur Vermeidung dieser Probleme aufgezeigt.

Lernziele

Sie sollten nun in der Lage sein:

- zu erkennen, daß die mobile Phase einen entsprechenden Reinheitsgrad haben muß;
- einige der Anzeichen, die auf Anwesenheit von Luft oder anderen Verunreinigungen in der mobilen Phase hindeuten, zu erkennen;
- die Methoden, mit denen man die mobile Phase entgasen kann, anzuwenden.

9.3 Praktische Tips zur Behandlung von Säulen und Proben

9.3.1 Behandlung von HPLC-Säulen

Die Lebensdauer von HPLC-Säulen wird durch die Anwesenheit von Rissen oder Totvolumina, besonders am Säulenkopf oder durch das Ansammeln von Partikeln aus der mobilen Phase (z.B. Abrieb der Pumpe oder der Probenaufgabe) am Säulenkopf oder durch die irreversible Adsorption von Probemolekülen verkürzt.

Das Auftreten von Löchern im Säulenbett auf der Säuleneinlaßseite ist ein häufig auftretendes Problem. Ursache kann zum einen ein allmähliches Setzen des Packungsmaterials sein, zum anderen kann sich das Kieselgel z.B. durch einen basischen Eluenten auflösen. Ein Loch am Säulenkopf bewirkt aufgrund des zusätzlichen Totvolumens im System einen Effizienzverlust. Wenn das Profil des Säulenbetts am Säulenkopf irregulär ist, kann dies zu einem Peak mit einer Schulter, einem Doppelpeak oder sogar einer ganzen Schar von Peaks führen. Und zwar passiert folgendes: Probenmoleküle treffen beim Eintritt in die Säule an verschiedenen Punkten auf die stationäre Phase auf, und es kommt dann zu einer Überlagerung von zwei oder mehreren Chromatogrammen (alle ein wenig phasenverschoben). Der Effekt ist in Bild 9.3a dargestellt; in Bild 9.3b wird dieses Verhalten an einem praktischen Beispiel gezeigt.

9.3 Praktische Tips zur Behandlung von Säulen und Proben

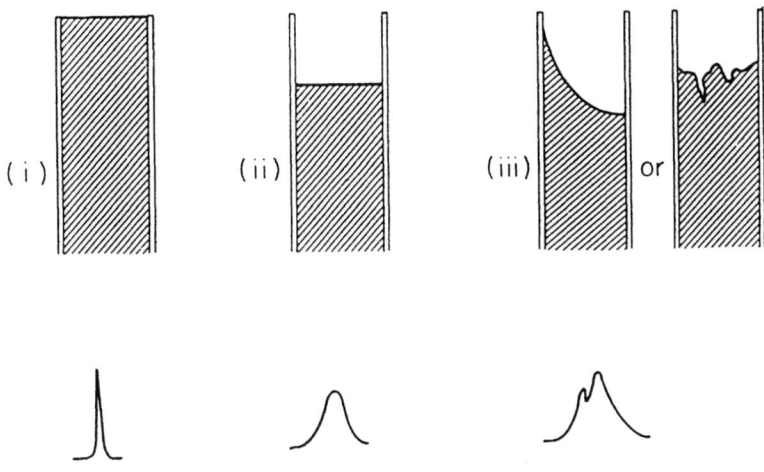

Bild 9.3a Packungsfehler am Säulenkopf

Ein Loch am Säulenkopf, führt zu einer zusätzlichen Bandenverbreiterung (ii). Eine irreguläre Packung wie in (iii) verursacht eine Bandenverbreiterung und kann bei einer Probe zu zwei oder mehreren Peaks führen.

Eine fehlerhafte Packung am Säulenkopf kann leicht repariert werden. Zuerst entfernt man die Fritten auf der Einlaßseite. Eine geringe Menge der Packung wird dann mit einem kleinen Schraubenzieher oder einem kleinen Spatel ausgekratzt. Danach wird die Packung mit einem Glasstab des richtigen Durchmessers leicht zusammengedrückt. Das Loch kann mit Glaskugeln oder einem Slurry der stationären Phase gefüllt werden. Die Packung wird wie bereits beschrieben mit einer Rasierklinge geglättet, und abschließend setzt man neue Fritten ein.

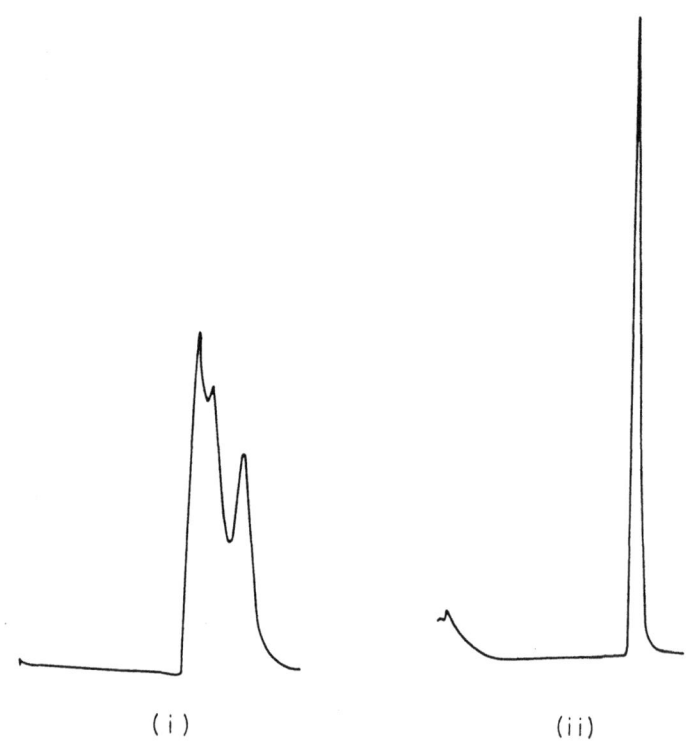

Bild 9.3b (i) Chromatogramm, das man mit einer defekten Packung am Säulenkopf erhält.

       Säule: 5 µm C-18 12,5 x 4,9 mm
       Mobile Phase: CH_3OH/H_2O 60:40
       Fluß: 1 ml/min
       Detektion: UV, 254 nm
       Probe: Aceton
(ii) Die gleiche Probe nach der Reparatur der Säule

Obwohl HPLC-Säulen unter hohem Druck gepackt werden, kann das Säulenbett durch plötzliche Druckschwankungen, mechanische oder thermische Einwirkungen beschädigt werden. Daher sollten solche Einwirkungen zur Verlängerung der Lebensdauer der Säule vermieden werden. Der Wechsel von niedrigem auf hohen bzw. hohen auf niedrigen Druck sollten nur langsam erfolgen. Zudem sollte man plötzliche Temperaturänderungen vermeiden. Die Säulen sollten erschütterungsfrei gelagert werden. Wenn die Säulen nicht in Gebrauch sind, sollten sie in einem inerten, nicht flüchtigen Lösemittel gelagert werden. Das Lösemittel, unter dem die Säule gelagert wird, sollte die gleiche Polarität haben wie der

Eluent, mit dem die Säule normalerweise betrieben wird. Zum Beispiel können Umkehrphasen, die im RP-Modus betrieben werden, in Methanol oder Methanol/Wasser-Mischungen gelagert werden. Man zieht diese Lösemittel i.a. destilliertem Wasser vor, da Methanol das Bakterienwachstum verhindert. Die Säulen sollten auf beiden Seiten sicher verschlossen werden. Man sollte sich zudem immer das Lagerungslösemittel notieren. Tut man dies nicht, hat man u.U. Mischungsprobleme, wenn man die Säule das nächste Mal benutzt. Wenn man die Säule z.B. unter Methanol lagert und sie hinterher mit einem wäßrigen Puffer betreiben will, muß die Säule zuerst mit Wasser gewaschen werden. Tut man dies nicht, so können die Puffersalze ausfallen, wenn sie mit Methanol in Kontakt kommen. Säulen und Fittings aus Edelstahl können durch Pufferlösungen leicht korrodiert werden. Daher sollte man die Pufferlösungen nach Gebrauch entfernen.

9.3.2 Schutz der Säule während der Betriebszeit

Die Lebensdauer einer analytischen Säule wird durch den Einsatz einer Vorsäule wesentlich verlängert. Vorsäulen können zwischen Pumpe und Probenaufgabe (diese bezeichnet man manchmal als Reinigungssäulen) und/oder zwischen Probenaufgabe und analytischer Säule (Schutzsäule) angebracht werden. Die Reinigungssäule ist ein effizienter Filter, der die analytische Säule vor Abrieb aus der Pumpe, vor Staub oder anderen Partikeln aus der mobilen Phase schützt. Schutzsäulen verhindern, daß die analytische Säule durch Abrieb aus der Probenaufgabe und durch irgendwelche Verunreinigungen, die aus der Probe stammen, verschmutzt wird. Komplexe Proben können Komponenten enthalten, die unter den gegebenen Trennbedingungen irreversibel auf der stationären Phase zurückgehalten werden. Wenn diese Verunreinigungen sich am Säulenkopf anreichern, kann dies einen starken Einfluß auf das chromatographische Verhalten (Retention, Selektivität und Effizienz) haben. Durch den Einsatz von Reinigungs- und/oder Schutzsäulen reichern sich diese Verunreinigungen nicht auf der teuren analytischen Säule, sondern auf einer relativ billigen Vorsäule an.

Da die Reinigungssäulen vor der Probenaufgabe eingebaut sind, tragen sie nicht zu einer Bandenverbreiterung bei und aus diesem Grund ist ihre Größe von untergeordneter Bedeutung (Anmerkung der Übersetzer: im Gradientbetrieb ist die Größe allerdings wegen des erhöhten Dwellvolumens von Bedeutung). Andererseits verursachen Schutzsäulen einen geringen Effizienzverlust, und daher sollte ihr Volumen relativ klein gehalten werden. Allerdings wirkt sich eine Verringerung des Volumens natürlich negativ auf die Lebensdauer der Schutzsäule aus.

Für eine analytische Säule von 25 cm x 4,6 mm setzt man i.a. Reinigungs- und Schutzsäulen mit einem Innendurchmesser von 4,6 mm und einer Länge von 3 bis 10 cm ein. Sie werden entweder mit herkömmlichen stationären Phasen oder mit Dünnschichtteilchen gepackt. Dünnschichtteilchen sind billiger als Mikroteilchen und leichter zu packen, aber sie haben nur eine geringe Kapazität und müssen daher häufiger ausgetauscht werden. Es ist schwierig vorauszusagen, wie lange die Vorsäule benutzt werden kann, bevor sie ausgewechselt werden muß. Im Routinebetrieb wechselt man die Vorsäule i.a. nach einer genau festgelegten Zeit aus.

Vorsäulen können alternativ auch zur Aufkonzentrierung von Proben benutzt werden. Probemoleküle, die nur in geringer Konzentration in der Probe enthalten sind, können manchmal dadurch angereichert werden, daß man ein großes Probevolumen durch eine kleine Säule, auf der die Probe stark retardiert wird, pumpt. Diese Säule wird dann vor einer analytischen Säule angebracht, und die Probemoleküle werden mit einer geeigneten mobilen Phase eluiert. Die Vorsäule kann mit einer stationären Phase mit einem relativ großen Teilchendurchmesser gepackt werden. Die Probe kann dann mit einem geringen Druckabfall sehr schnell durch die Säule gepumpt werden, und man benötigt daher nur eine billige Pumpe. Vorsäulen mit hochporösem Kieselgel werden bei basischen Eluenten verwendet. Die mobile Phase ist dann mit Kieselgel gesättigt, und damit erhöht sich die Lebensdauer der analytischen Säule.

Ist die Effizienz einer Säule nicht mehr ausreichend, ist es angebracht, sie durch Waschen mit einem bzw. einer Reihe von geeigneten Lösemitteln zu rekonditionieren. Gebundene Phasen, z.B. C18-Phasen, reichern unpolare Verbindungen an. Diese können oft dadurch entfernt werden, daß man die Säule mit einem unpolaren Eluenten wäscht, z.B. Heptan. Angenommen, die mobile Phase, die man benutzt hat, war Methanol/Wasser 50:50, dann kann die Säule nicht direkt mit Heptan gewaschen werden. Wegen des Mischungsproblems muß man langsam über ein oder mehrere mischbare Lösemittel zu Heptan übergehen.

? Wie kann man dies machen?

Man kann die Säule zuerst mit Methanol, dann mit Chloroform und schließlich mit Heptan waschen (oder Methanol → Essigsäureethylester → Heptan). Man kann nicht direkt von Methanol auf Heptan übergehen, da die beiden nicht vollständig miteinander mischbar sind. Die Säule muß mit ca. 20 Säulenvolumina (ungefähr 50 ml von jedem Lösemittel für eine 25 cm x 4,6 mm Säule) gewaschen werden. Um wieder zu Methanol/Wasser 50:50 zurückzukehren, muß man die Lösemittelsequenz in umgekehrter Reihenfolge durchlaufen. Wurden der mobilen Phase Puffer oder Ionenpaarreagenzien zugesetzt, werden deutlich längere Äquilibrierungszeiten benötigt.

9.3.3 Probenvorbereitung und Clean-up (Probenaufreinigung)

Proben für die HPLC können sehr verschiedenen Ursprungs sein. Leider sind sie i.a. keine einfachen Mischungen aus reinen organischen Komponenten, die alle in der gleichen mobilen Phase löslich sind und getrennt werden können. Proben biologischen Ursprungs können Proteine, Salze und organische Begleitstoffe stark unterschiedlicher Polarität beinhalten. Pharmazeutische Proben enthalten oft eine Vielzahl an löslichen und unlöslichen Inhaltsstoffen. Proben, die zur Analyse von Umweltgiften genommen wurden, können fast alles enthalten! Sehr oft ist eine Abtrennung der interessierenden Probenkomponente von einer Reihe von Störsubstanzen, die sich in der Probematrix befinden und die Analyse stören, nötig. Dies wird u.U. dadurch erschwert, daß die interessierende Substanz nur in Spuren enthalten ist.

9.3 Praktische Tips zur Behandlung von Säulen und Proben

Viele Probleme, die sich mit der Injektion von verunreinigten Proben ergeben, können durch den Einsatz von Schutzsäulen verhindert oder zumindest minimiert werden. Oft ist jedoch irgendeine Form der Probenvorbereitungen bzw. -aufreinigung (clean-up) unumgänglich. Das Ziel der Probenvorbereitung ist es, die interessierenden Stoffe frei von störenden Komponenten aus der Probematrix in ein geeignetes Lösemittel zu überführen. Zudem sollten diese Stoffe in einer geeigneten Konzentration für die Detektion vorliegen. Natürlich will man dieses Ziel mit einem Minimum an Zeit und Kosten erreichen.

Wann immer es möglich ist, sollte die Probe in der verwendeten mobilen Phase gelöst werden. Benutzt man ein davon abweichendes Lösemittel, führt dies oft zu einem Verlust an Effizienz und zu schlechten Peakformen. Der Grund dafür liegt darin, daß während sich die injizierte Probe in Richtung Säulenende bewegt, die Probemoleküle evtl. in einem Probenpfropf wandern. Das Lösemittel hat im Inneren des Pfropfes eine andere Zusammensetzung als die mobile Phase außerhalb. Dies führt dazu, daß die Moleküle am Rand des Pfropfes mit einer anderen Geschwindigkeit als der Rest der Moleküle wandern. Dies führt zu einer Verbreiterung oder Aufsplittung der Peaks.

In Bild 9.3c sind die Auswirkungen auf eine Trennung gezeigt, wenn man die Probe in verschiedenen Lösemitteln löst.

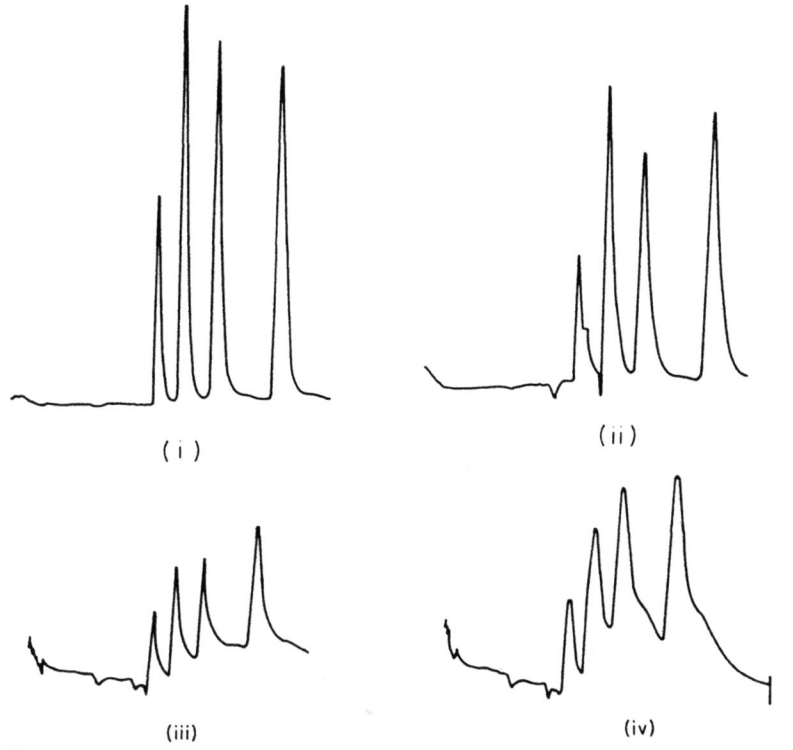

Bild 9.3c Injektion einer Testmischung, die in verschiedenen Lösemitteln gelöst wurde

Säule: 5 μm C-18, 12,5 x 4,9 mm
Mobile Phase: CH_3OH/H_2O 60:40
Fluß: 1 ml/min
Detektion: UV, 254 nm
Probe: wie in Bild 9.1b., gelöst in (i) der mobilen Phase, (ii) Tetrahydrofuran, (iii) Ethanol, (iv) Butanol

Traditionelle Methoden der Probenvorbereitung wie Flüssig-flüssig- oder Flüssig-fest-Extraktionen sind zeitaufwendig, und oft ist die Wiederfindungsrate gering. Sie sind bereits zum großen Teil durch Festphasenextraktionsverfahren (SPE aus engl.: §olid Phase Extraction) ersetzt worden. Die Extraktion und Aufreinigung wird vor der eigentlichen Chromatographie durchgeführt. Es gibt heute eine Reihe von kommerziellen Systemen zur SPE, z.B. die Waters „Sep-Pak"-Kartuschen. Diese bestehen aus radial komprimierten „Minisäulen" aus Plastik mit einer Länge von 2,5 cm und einem Durchmesser von 1 cm. Die Probe kann mittels einer Spritze durch die Kartusche gedrückt werden.

Diese Kartuschen sind mit Packungen aus Kieselgel, Aluminiumoxid, C18-Phasen oder einer Vielzahl anderer aufgebundener funktioneller Gruppen erhältlich. Man kann die Bedingungen (Kartusche und Lösemittel) so wählen, daß die interessierenden Analyten von der Packung zurückgehalten werden, während die Störkomponenten unretardiert durch die Säule wandern, oder daß die Störkomponenten retardiert werden. Man entscheidet sich i.a. für die zweite Möglichkeit, wenn die gesuchten Stoffe in relativ hoher Konzentration in der Lösung vorhanden sind. Sind die gesuchten Analyten auf der Kartusche retardiert, können sie nach und nach durch Erhöhung der Lösemittelstärke eluiert werden. In Bild 9.3d ist das Prinzip der SPE dargestellt. In den Übungen am Ende des Abschnitts sind zudem noch zwei Beispiele aufgeführt.

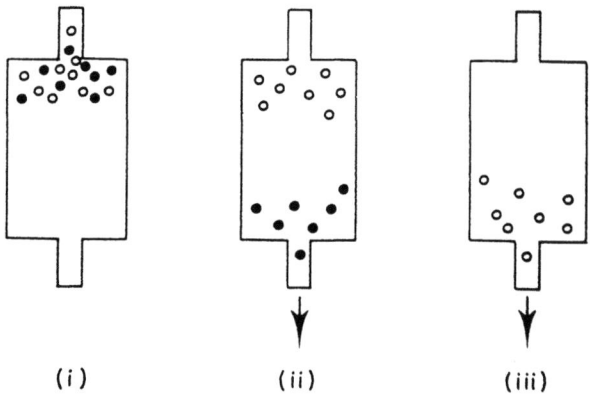

Bild 9.3d: Funktionsweise einer C18-SPE-Kartusche

(i) Probenaufgabe
(ii) Elution mit einem polaren Lösemittel (z.B. Wasser), um polare Komponenten zu entfernen
(iii) Elution mit einem weniger polaren Lösemittel (z.B. Methanol), um unpolare Stoffe zu entfernen

9.3 Praktische Tips zur Behandlung von Säulen und Proben

Eine interessante Variante zur Lösung des Problems der Probenvorbereitung ist das Pinkerton-ISRP-Säulenkonzept (internal surface reversed phase, dt.: interne Umkehrphasenoberfläche). Die Packung dieser Säulen besteht aus 5 μm-sphärischem Kieselgel mit einer hydrophilen Oberfläche. Dagegen ist die innere Oberfläche (die Poren) mit einer selektiven Umkehrphase abgedeckt. Die Säulen werden zur Bestimmung von Drogen oder anderen Analyten in Blutserum verwendet. Proteine, die sich im Serum befinden, werden von der äußeren Oberfläche des Packungsmaterials nicht zurückgehalten, und sie sind zu groß, um in die Poren einzudringen. Sie werden daher nicht retardiert und laufen durch die Säule durch Pharmaka und andere Metaboliten, die kleiner sind, können in die Poren eindringen, und es findet eine Umkehrphasentrennung statt. Die konventionelle Probenvorbereitung besteht in solchen Fällen aus dem Ausfällen der Proteine, einer Lösemittelextraktion der Drogen aus der überstehenden Flüssigkeit, dem Eindampfen des Extraktionsmittels, dem Aufnehmen des Rückstandes in der mobilen Phase und der abschließenden Filtration.

Die folgenden Übungen enthalten zwei Beispiele für den Einsatz der SPE. Zunächst will ich jedoch eine interessante Publikation zur Bestimmung einiger 2- und 3-Ring-Azine in Wasser näher vorstellen (T.R. Steinheimer und R.G. Ondrus, Analytical Chemistry, 1986, 58, 1839-1844).

Die interessanten Komponenten sind stickstoffhaltige Analoga der polycyclischen aromatischen Kohlenwasserstoffe (PAK's) und schließen solche Substanzen wie Chinolin (1-Benzazin) und Acridin (2,3,5,6-Dibenzopyridin) ein. In Folge von Verbrennungsprozessen von fossilen Brennstoffen gelangen diese Stoffe in die Umwelt. Einige sind hochgradig kanzerogen. In kontaminierten Wasserproben liegen sie im allgemeinen neben PAK's vor. Dabei ist die Konzentration der PAK's deutlich höher als die der Azine. Die Azine werden aus der belasteten Wasserprobe zunächst angereichert und von den PAK's abgetrennt. Dazu benutzt man die SPE mit einer unpolaren Kartusche. Die genaue Vorgehensweise dabei und die Bedingungen für die sich anschließende Chromatographie sind unten angegeben. Versuchen Sie nach Lesen der Arbeitsanweisung Übung 9.3a zu lösen.

Eine Wasserprobe mit einem Volumen von bis zu zwei Litern wird gefiltert (Whatman No. 1 Papierfilter), um ein Verblocken (Verstopfen) der SPE-Kartusche zu vermeiden. Die gefilterte Wasserprobe wird dann durch eine Waters C-18 Sep-Pak-Kartusche mit einem Fluß von 200 ml/min gesaugt. Die Kartusche wird zentrifugiert, um das restliche Wasser zu entfernen. Die Elution erfolgt dann mit 2 ml Acetonitril/0,78 M Salzsäure im Verhältnis 25:75. Das Eluat wird mit ammoniakalischer Lösung neutralisiert und anschließend mit einem 0,2 μm-Nylonfilter gefiltert.

Für die chromatographische Trennung der Azine wurde eine Nova-Pak-Säule (4 μm-C-18-Phase, 10 cm x 8 mm) benutzt. Die mobile Phase war Acetonitril/ Wasser im Verhältnis 42:58, pH = 7,2. Der Fluß betrug 1,5 ml/ min.

Übung 9.3a

Die Fragen beziehen sich auf die Extraktion und die Trennung der Azine, die im vorherigen Abschnitt diskutiert wurden:

(i) Welcher Unterschied zwischen den Azinen und den PAK's wird zur Abtrennung mit Hilfe der C-18-Kartusche ausgenutzt?
(ii) Warum benutzt man zur Elution von der Kartusche Salzsäure?
(iii) Wenn die PAK's nicht aus der Probe entfernt wurden, welche Retentionszeiten würden Sie bei diesen im Vergleich zu den korrespondierenden Azinen erwarten (z. B. Anthracen/Acridin oder Naphthalin/Chinolin)?
(iv) Die chromatographische Trennung wird bei einem pH-Wert von 7,2 durchgeführt. Was wären die Nachteile, wenn man einen höheren oder niedrigeren pH-Wert einstellen würde?
(v) Welchen Detektor könnte man verwenden?

Das nächste Problem beschäftigt sich mit der Bestimmung von Oxalsäure (Ethandicarbonsäure) und Äpfelsäure (Hydroxybutandicarbonsäure) in Rhabarber (B. Libert, Journal of Chromatography, 1981, 210, 540-543). In Rhabarber liegt die Oxalsäure sowohl als freie Säure als auch als in Wasser unlösliches Calciumoxalat vor. Die pK_a-Werte der beiden Säuren sind:

Oxalsäure : $pK_{a1} = 1,23$; $pK_{a2} = 4,19$
Äpfelsäure: $pK_{a1} = 3,40$

Eine kurze Zusammenfassung der Arbeitsschritte wird unten beschrieben. Ungefähr 25 g gefrorener Rhabarberstengel werden homogenisiert und in 200 ml 1M Salzsäure 15 Minuten bei 100 °C auf dem Wasserbad extrahiert. Die Lösung läßt man über Nacht stehen und nach dem Filtrieren und Verdünnen wird ein Aliquot von 4 ml des verdünnten Filtrats auf eine C-18-Kartusche aufgegeben. Die ersten 2 ml werden verworfen, der Rest wird zur Analyse verwendet. Die chromatographischen Bedingungen sind:

Säule:	LiChrosorb 10 μm, C-8, 25 cm x 4,6 mm
Mobile Phase:	KH_2PO_4 0,0367 M, Tetrabutylammoniumhydrogensulfat (TBA) 0,005 M mit H_3PO_4 auf pH = 2 gepuffert.
Detektor:	UV, 220 nm

Übung 9.3b

Die Fragen beziehen sich auf die Bestimmung der Dicarbonsäuren im Rhabarber, die im vorherigen Abschnitt besprochen wurde.

(i) Wie wird das Ausfällen von Calciumoxalat verhindert?
(ii) Wie wäre die Elutionsreihenfolge der beiden Säuren, wenn kein TBA in der mobilen Phase wäre?
(iii) TBA ist ein Ionenpaarreagenz. Welche Auswirkung hat es auf die Retention der beiden Säuren?
(iv) Welches Ziel wird mit der C-18-Festphasenextraktion verfolgt?

Übung 9.3c

Im folgenden werden jeweils alltägliche praktische Probleme, die in der HPLC auftreten können, beschrieben. Was könnte jeweils die Ursache sein, und wie würden Sie die Probleme lösen?

(i) Der Pumpenmotor arbeitet, aber der Druckabfall über der Säule geht auf Null zurück, und der Fluß der mobilen Phase stoppt.
(ii) Bei Verwendung eines UV-Detektors kommt es zu einer sprunghaften Erhöhung der Absorption, und/oder es treten eine Reihe von Spikes auf.
(iii) Ein UV-Detektor wird bei 195 nm betrieben. Die Basislinie schwankt stark, die Absorption ist hoch, und die Peakhöhen sind wenig reproduzierbar.
(iv) Der Druckabfall über der Säule steigt bis zum Limit der Pumpe an, wonach sich diese automatisch abschaltet.

9.3.4. Säulenschalten

Die Verwendung von SPE-Kartuschen ist ein Beispiel für eine Technik, die als Säulenschalten bekannt ist (man bezeichnet sie oft auch als multidimensionale Chromatographie). Die Methode kann entweder on-line oder off-line zum Proben-clean-up benutzt werden. Dabei werden ausgewählte Teile (cuts) eines komplexen Chromatogramms auf eine (oder mehrere) Säule(n) zur weiteren Trennung überführt. Alternativ kann man die Säulenschaltung auch zur on-column-Anreicherung verwenden. Dazu pumpt man ein großes Probevolumen unter Bedingungen durch die Säule, bei denen die interessierenden Komponenten retardiert werden. Nach der Aufkonzentrierung wird die mobile Phase so modifiziert, daß die Probemoleküle schnell eluiert werden. Auf einer anderen Säule wird dann die eigentliche Analyse durchgeführt. Der Einsatz von SPE-Kartuschen zur Trennung der Azine, die im vorherigen Abschnitt erläutert wurde, ist ein Beispiel für eine on-column-Anreicherung durch off-line-Säulenschaltung. Ein Chromatogramm kann off-line in Fraktionen aufgeteilt werden, indem man die interessierenden Zonen am Detektorauslaß auffängt und diese gesammelten Fraktionen wiederholt auf eine zweite Säule injiziert. Die mobilen Phasen, die für jede der beiden Säulen verwendet werden, sollten kompatibel sein. Das heißt, sie sollten z.B. untereinander mischbar sein, und die mobile Phase, die man für die erste Säule verwendet, sollte in der zweiten Säule kein zu großes Elutionsvermögen besitzen. Sind die mobilen Phasen nicht kompatibel, kann man die erste mobile Phase eindampfen und die Probe in einem geeigneten Lösemittel aufnehmen.

Das in Bild 7.7g dargestellte Beispiel zeigt die Anwendung einer off-line-Säulenschaltung, zur Kombination der Ausschluß- mit der Umkehrphasenchromatographie für die Trennung von Pestiziden aus einer komplexen Matrix.

Bei der on-line-Kopplung wird die Säulenschaltung mittels Schaltventilen realisiert. In Bild 9.3b ist eine einfache Anordnung zum Schneiden von Zonen dargestellt, die zum clean-up der Probe benutzt werden kann. Die mit Y markierte Zone soll bestimmt werden, und alle anderen Zonen werden verworfen (diesen cut-Typ bezeichnet man als „heart-cut"). Die Vortrennung findet auf der Säule C1 statt, so daß die vorher eluierten Zonen (X) in das Abfallgefäß geleitet werden. Wenn die Zone Y aus der Säule C1 eluiert, wird Ventil V2 so geschaltet, daß diese Zone auf die Säule C2 überführt wird. Nach der vollständigen Überführung von Y auf C2 wird das Ventil V1 so geschaltet, daß die weitere Elution nicht erwünschter Zonen (z.B. Z) verhindert wird. Zone Y gelangt zum Detektor, und C1 kann gereinigt und wieder äquilibriert werden.

9.3 Praktische Tips zur Behandlung von Säulen und Proben   215

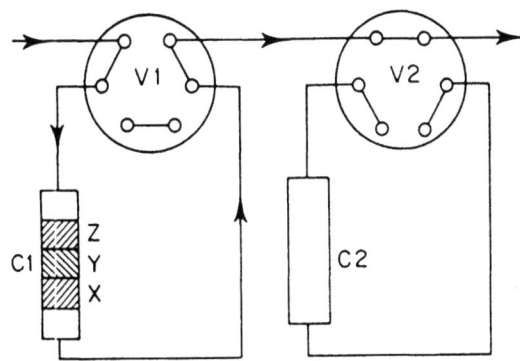

Zone Y soll analysiert werden, andere Zonen werden verworfen.
Die vorderen Zonen (X) werden ins Abfallgefäß eingeleitet.

(i)

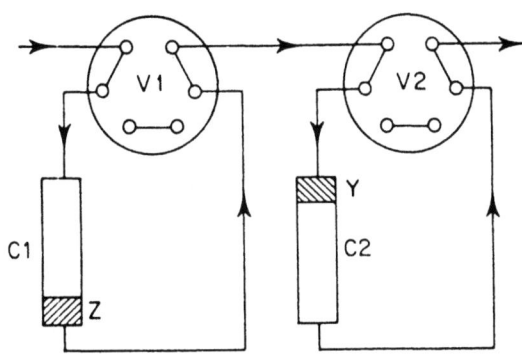

Wenn Y aus C1 eluiert wird, wird V2 so geschaltet, daß Y auf C2 überführt wird.

(ii)

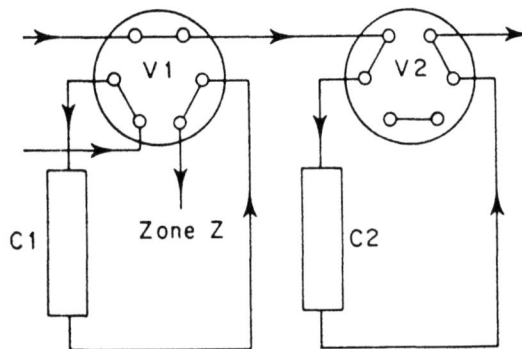

Zone Y zum Detektor

Nach vollständiger Elution von Y wird V1 so geschaltet, daß ein weiterer Transfer von nicht interessierenden Zonen unterbunden wird.
Zone Z

(iii)

Bild 9.3e Säulenschalten

Übung 9.3d

Vergleichen Sie die on-line- und die off-line-Technik zur Säulenschaltung. Welche der folgenden Vorteile und Grenzen weist ihrer Meinung nach die on-line-Methode auf?

(i) Leichter durchzuführen
(ii) Billiger
(iii) Schneller
(iv) Bessere Reproduzierbarkeit
(v) Größere Gefahr des Probenverlustes

9.3.5. Zusammenfassung

Die Lebensdauer von HPLC-Säulen kann durch richtige Behandlung, insbesondere durch den Einsatz von Reinigungs- und Schutzsäulen, verlängert werden. Häufig ist eine Vorbehandlung der Proben notwendig, z.B. müssen sehr verdünnte Proben aufkonzentriert werden. Komplexe Proben bedürfen eines Clean-up-Schrittes. Einige der wichtigsten Techniken hierzu wurden vorgestellt.

Lernziele

Sie sollten in der Lage sein:

- die Bedingungen zu beurteilen, die die Lebensdauer von HPLC-Säulen beeinflussen;
- die Funktionsweise von Reinigungs- und Schutzsäulen zum Schutz der analytischen Säulen zu verstehen;
- den Nutzen von Säulenschaltungen zur Analyse verdünnter oder komplexer Probe erkennen zu können.

Literatur

PACKEN VON SÄULEN

1. J.H. Knox (Ed.), High Performance Liquid Chromatography, Edingburgh University Press, 1982, Kapitel 12.
2. M. Verzele und C. Dewale, LC-GC 1986, 4(7), 614-618.

9.3.5. Zusammenfassung

WEITERE PRAXISBEZOGENE LITERATUR

3. D.J. Runser, Maintaining and Troubleshooting HPLC Systems, Wiley-Interscience, 1981.
4. C. Gertz, HPLC Tips and Tricks, Lab. Data Control Ltd.
5. F.M. Rabel, Journal of Chromatographic Science 1980, 18 394-408.
6. C.F. Simpson (Ed.), Techniques in Liquid Chromatography, Wiley, 1984, Kapitel 3.
7. R.E. Majors, LC-GC International, 1991, 4(2), 10-14.
8. J.W. Dolan und L.R. Snyder, Troubleshooting LC systems, Humana, Clifton, NJ, 1989
9. C. Markell, D.F. Hagen und V.A. Bunnelle, LC-GC International 1991, 4(6), 10-14

SÄULENSCHALTEN

10. C.J. Little, O. Stahel, W. Lindner und R.W. Frei, American Laboratory 1984, 16(10), 120-122, 125-129
11. R.E. Majors, Journal of Chromatographic Science 1980, 18, 571-579
12. M.J. Koenigbauer und R.E. Majors, LC-GC International 1991, 3(9), 10-16

10 Einige weitere Themen

10.1 „Microbore"-Säulen und schnelle HPLC

10.1.1 „Microbore"-Säulen

Säulen mit kleinen Innendurchmessern unterteilt man in verschiedene Kategorien: „small bore"- (engl.: kleine Innendurchmesser) und „microbore" (engl.: sehr kleine Innendurchmesser)- Säulen. Der Innendurchmesser dieser Säulen liegt im Bereich zwischen 0,5 und 2 mm. Bei der Verwendung noch kleinerer Innendurchmesser spricht man von „micro LC". Prinzipiell besitzen „microbore"-Säulen zwei Vorteile gegenüber herkömmlichen LC-Säulen. Weil die Trennleistung einer Säule von der linearen Strömungsgeschwindigkeit der mobilen Phase in der Säule abhängt, werden diese Säulen bei viel geringeren Flüssen betrieben. Die Analysenzeit der Trennungen wird im Vergleich zu herkömmlichen Säulendimensionen nicht verringert. Jedoch kommt es durch den geringeren Volumenfluß zu einer starken Verringerung des Lösemittelverbrauchs und somit zu geringeren Analysenkosten (vgl. Bild 2.4b). „Microbore"-Säulen werden bei der gleichen linearen Flußgeschwindigkeit wie Säulen mit größeren Innendurchmessern betrieben, aber mit entsprechend geringeren Volumenflüssen. Ist F [ml/min] der Volumenfluß in einer Säule mit dem Innendurchmesser d [cm] und der Geschwindigkeit der mobilen Phase u [cm/min] besteht zwischen F und u folgender Zusammenhang:

$$F = \frac{\pi \cdot d^2 \cdot u}{4} \qquad (10.1a)$$

Wenn Säule 1 mit dem Innendurchmesser d_1 beim Fluß F_1 betrieben wird und wir möchten Säule 2 mit dem Innendurchmesser d_2 mit der gleichen linearen Flußgeschwindigkeit der mobilen Phase betreiben, dann ist der Fluß, den wir einstellen müssen, durch folgenden Zusammenhang gegeben:

$$F_2 = F_1 \cdot \frac{d_2^2}{d_1^2} \qquad (10.1b)$$

? Benutzen Sie Gleichung (10.1b), um die fehlenden Daten in Tabelle 10.1a zu berechnen. Die vollständige Tabelle ist in Kapitel 11 enthalten. Ein Beispiel, wieviel Geld Sie sparen können, wenn Sie bei geringeren Flußraten arbeiten, wird in Übung 10.1a gegeben.

10.1 „Microbore"-Säulen und schnelle HPLC

Tabelle 10.1a Zur Vervollständigung

Innendurchmesser der Säulen in [mm]	4,6	2	1
	Fluß [ml/min] in einer herkömmlichen Säule	Fluß [µl/min] in „microbore"-Säulen bei der gleichen linearen Flußgeschwindigkeit	
	1		
	2		
	5	945	

Ein weiterer Vorteil von „microbore"-Säulen ist, daß sie sich durch eine geringere Bandenverbreiterung auszeichnen. Injizieren wir im Vergleich zu einer konventionellen Säule die gleiche Menge Probe auf eine „microbore"-Säule, so erhalten wir auf der „microbore"-Säule ein geringeres Peakvolumen, d.h. die Konzentration der Substanz ist höher. Weil die Nachweisgrenze und die Empfindlichkeit des Detektor mit der Peak-Konzentration direkt zusammenhängt, sind die „microbore"-Säulen den konventionellen Säulen in diesen beiden Punkten überlegen.

Das größte Problem bei der Verwendung von „microbore"-Säulen ist die Notwendigkeit der Verringerung aller Totvolumina im System. Das Injektionsvolumen verursacht eine gewisse Dispersion, so daß es bei „microbore"-Säulen klein gewählt werden muß, i.a. weniger als 1 μl. Es gibt verschiedene (teure) kleine Probenschleifen, die diese Anforderung erfüllen. Die kleinste z.Zt. kommerziell erhältliche Probenaufgabe hat ein Volumen von 60 nl. Es ist auch möglich, eine größere Probenschleife zu benutzen und diese nur kurzzeitig auf die Säule zu schalten (engl.: time split injection), so daß nur ein geringer Prozentsatz injiziert wird. Das Injektionsvolumen ist dabei proportional zur Injektionszeit. Besondere Vorsicht ist bei der Art und Form der Endfittings und Verbindungskapillaren geboten: Das Totvolumen muß so gering wie möglich gehalten werden. Es ist auch notwendig, das Detektorzellvolumen möglichst klein zu wählen, ohne daß ein zu großer Verlust an Nachweisempfindlichkeit zu verzeichnen ist. Bedenken Sie, daß im Lambert-Beerschen-Gesetz die Schichtdicke, d.h. hier die durchstrahlte Länge der Zelle, enthalten ist. Elektrochemische Detektoren werden oft zusammen mit „microbore"-Säulen verwendet, weil diese am einfachsten mit einem kleinen Detektorzellvolumen zu bauen sind.

„Microbore"-Säulen wurden erstmals 1967 benutzt. Jedoch hatte man zu diesem Zeitpunkt den Einfluß der Bandenverbreiterung außerhalb der Säule noch nicht so im Griff. Aus diesem Grund konnten die Säulen nicht in speziell für diese Anwendungen hin optimierten Apparaturen betrieben werden. Nachdem in den frühen 80er Jahren die Entwicklung der Apparaturen große Fortschritte gemacht hatte, erwachte wieder das Interesse an der „microbore"-Technik. Allerdings ging seitdem dieses Interesse wieder stetig zurück. Vermutlich waren die Vorteile der Lösemittelersparnis und der erhöhten Empfindlichkeit für kleine Probenmengen nicht ausreichend, um die Anwender von „microbore"-Säulen zu überzeugen. Außerdem wurden die apparativen Anforderungen bezüglich des benötigten geringen Totvolumens von den Herstellern von HPLC-Apparaturen nicht vollständig umgesetzt, weil sie nicht erkannten, daß ein Markt für diese Techniken vorhanden war. Aufgrund der zunehmenden Kopplung der HPLC mit spektroskopischen Detektoren (v.a. Massenspektrometern), den immer höheren Anforderungen an die Nachweisgrenze und die Empfindlichkeit und den höheren Kosten für Lösemittel und auch den steigenden Kosten für die Lösemittelentsorgung wird es in Zukunft sicherlich wieder eine höhere Nachfrage nach „microbore"-Säulen geben.

Übung 10.1a

Angenommen, Sie betreiben eine HPLC-Säule mit 4,6 mm Innendurchmesser mit einer Acetonitril/Wasser-Mischung (80:20). Die Säule läuft täglich 8 Stunden bei einem Fluß von 2 ml/min und 1 Liter Acetonitril kostet 110 DM.

(i) Was kostet Sie das Acetonitril in einem Jahr unter der Annahme, daß das Jahr ca. 250 Arbeitstage hat?
(ii) Welche lineare Flußgeschwindigkeit [cm/min] haben Sie in der Säule?
(iii) Wenn Sie zu einer Säule mit einem Innendurchmesser von 1 mm bei gleicher linearer Flußgeschwindigkeit wechseln; welchen Fluß müssen Sie an der Pumpe einstellen?
(iv) Wieviel Acetonitrilkosten würden Sie pro Jahr bei der Verwendung der „microbore"-Säule sparen?

10.1.2 Schnelle HPLC-Trennungen

Eine typische HPLC-Säule (25 cm x 4,6 mm, 5 μm RP18-Kieselgelteilchen) besitzt i.d.R. 10000 - 15000 Böden. Für viele Trennungen wird eine so große Effizienz gar nicht benötigt. Oft ergeben 3000 - 5000 Böden bereits eine Basislinientrennung aller Probemoleküle. In einem solchen Fall verschenken Sie bei der Verwendung einer herkömmlichen Säule zweierlei: Analysenzeit und Lösemittel. Kurze Säulen (3,3 cm x 4,6 mm) gepackt mit 3 μm RP18-Kieselgelteilchen haben eine ausreichende Effizienz für viele Trennungen. Sie werden allgemein als 3 x 3 Säulen bezeichnet und besitzen neben kurzen Analysenzeiten die gleichen Vorteile wie „microbore"-Säulen: Geringerer Lösemittelverbrauch und höhere Massenempfindlichkeit. Ebenfalls benötigt man eine auf Totvolumina hin optimierte Apparatur. Die Auswirkungen der Totvolumina sind hier aber nicht ganz so stark ausgeprägt wie bei „microbore"-Säulen, so daß 3 x 3 - Säulen oft auch zufriedenstellend in herkömmlichen Apparaturen verwendet werden können. Festzuhalten bleibt, daß es durch die kleinen Teilchengrößen möglich ist, in diesen kurzen Säulen Trennprobleme zu lösen.

Bild 10.1b zeigt die Trennung eines Gemisches von 6 Sprengstoffen mit einer 3 x 3 - Säule im Vergleich zu einer herkömmlichen Säule. In beiden Analysen wurde die gleiche Menge injiziert. Auf der kürzeren Säule wird eine schnellere Trennung mit einer höheren Massenempfindlichkeit erreicht.

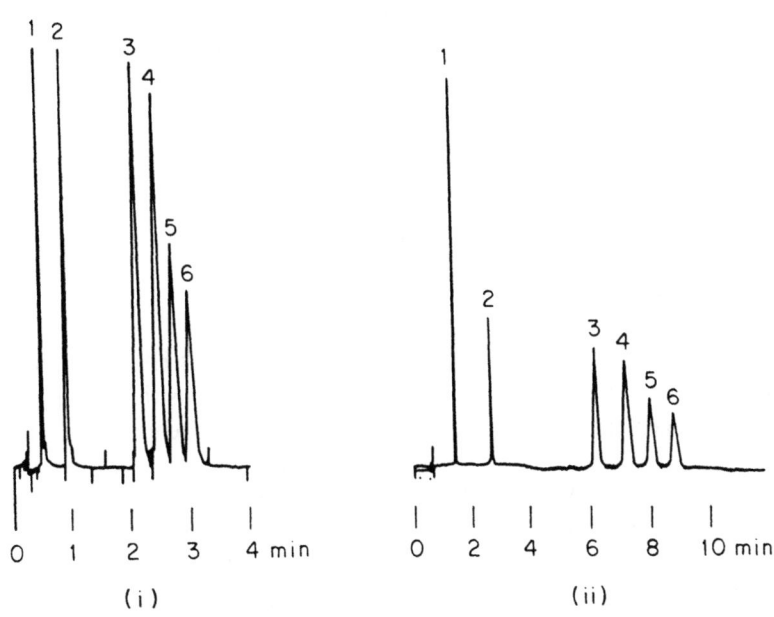

Bild 10.1b Trennung von Polynitrosprengstoffen

Säule: 5 µm-C8-RP-Phase (i) 3,3 cm x 4,6 mm
(ii) 15 cm x 4,6 mm
Mobile Phase: THF/Methanol/Wasser 2:29:69
Fluß: (i) 2 ml/min, (ii) 3 ml/min
Detektion: UV-Absorption, λ=230 nm
Injektion: 1 µl Acetonitril, der 100 mg jeder Probesubstanz enthält
Probe: 1: HMX, 2: RDX, 3: 2,4-DNT, 4: Tetryl, 5: TNT, 6: 2,6-DNT

Sehr schnelle Trennungen und sehr hohe Effizienzen sind mit Säulen möglich, die aus offenen oder gepackten Glas- oder Quarz- (engl.:„fused silica"-) Kapillaren, ähnlich den in der GC verwendeten Kapillaren bestehen. In den offenen Säulen wird die stationäre Phase durch chemische Modifikation der inneren Oberfläche der Kapillare hergestellt. Die Entwicklung solcher Säulen steht noch in den Anfängen, aber ihre Verwendung wird in der Zukunft sicherlich steigen. Wie „microbore"-Säulen werden sie ebenfalls in bestimmten Applikationsnischen ihren Platz erhalten.

10.1.3 Zusammenfassung

Säulen mit kleinen Innendurchmessern besitzen eine Reihe potentieller Vorteile in der HPLC, v.a. für die Kopplung der HPLC mit anderen Techniken.

Lernziele

Sie sollten nun die Vorteile und Grenzen von „microbore"-Säulen kennen.

10.2 Trennung von Enantiomeren

10.2.1 Einleitung

Die Trennung von Enantiomeren (Spiegelbildisomeren) mittels HPLC ist eine Technik, die immer mehr an Bedeutung, v.a. in der pharmazeutischen Industrie, gewinnt. Viele chirale Pharmazeutika liegen nach ihrer Synthese als racemisches Gemisch vor, und in einigen Fällen unterscheiden sich die Enantiomere dieser Verbindungen wesentlich in ihrer physiologischen Wirkung. Zum Beispiel das Enantiomer (s)-(+)Methamphetamin (N-methyl-1-phenyl-2-aminopropan) wurde lange Zeit als Droge mißbraucht. Das (R)-(-)-Enantiomer ist viel weniger wirksam und ist ein Bestandteil, der zu Durchfall führt. Ähnlich ist das linksdrehende Enantiomer des Thalidomids für die erbgutschädigende Wirkung dieser Droge verantwortlich. Der Methabolismus der beiden Enantiomere im Körper unterscheidet sich stellenweise, weil die Enzyme, die für die Biotransformation im Körper verantwortlich sind, zwischen den einzelnen Enantiomeren unterscheiden können. Die Synthese des reinen Enantiomers ist aber oft schwierig. Aus diesem Grund ist die pharmazeutische Industrie an der präparativen Chromatographie interessiert, um optisch reine Pharmazeutika zu gewinnen. Desweiteren wird in der pharmazeutischen Prozeßanalytik die analytische Enantiomerentrennung zur Überwachung der optischen Reinheit der Reaktionsprodukte benötigt.

Viele verschiedene Ansätze zur Trennung von Entantiomeren wurden unternommen, z.B. können sie auf einer herkömmlichen Säule als Diastereomere getrennt werden. Dies geschieht dann entweder nach einem geeigneten Derivatisierungsschritt oder durch Zusatz einer chiralen Komponente zur mobilen Phase. Alternativ dazu ist auch bereits eine Reihe von chiralen stationären Phasen (CSP) kommerziell erhältlich. Diese bestehen aus chiralen Molekülen, die auf Kieselgel aufgebunden werden. Sie sind im Vergleich zu herkömmlichen modifizierten Kieselgelen teurer und können zum Teil nicht mit jedem Eluenten betrieben werden. Die einzelnen Methoden für die Enantiomerentrennung werden nun im folgenden ausführlich diskutiert.

10.2.2 Trennung von Diastereomeren

Das Prinzip dieser Methoden ist folgendes: Reagiert ein racemisches Gemisch mit einem reinen Enantiomer eines chiralen Derivatisierungsreagenzes, so entstehen Diastereomere. Diastereomere sind Verbindungen, die mehr als ein chirales Zentrum besitzen. Diese sind dann keine Spiegelbildisomere mehr und besitzen unterschiedliche physikalische und chemische Eigenschaften, so daß sie auf konventionellen HPLC-Säulen (z.B. RP-Säulen) getrennt werden können. Das Derivatisierungsreagenz muß in einer optisch reinen Form vorliegen (und ist deshalb oft sehr teuer). Es muß mit dem racemischen Gemisch schnell, quantitativ und unter milden Bedingungen reagieren. Asymmetrische Pharmazeutika enthalten z.B. oft eine Aminogruppe, die mit Säurechloriden zu diastereomeren Amiden, mit Isocyanaten zu diastereomeren Harnstoffderivaten oder mit Isothiocyanaten zu diastereomeren Thioharnstoffderivaten umgesetzt werden können.

Diastereomere Komplexe können durch Zusatz einer chiralen Verbindung zur mobilen Phase gebildet werden. Reagiert diese mit dem Analyten, können racemische Gemische aufgrund der unterschiedlichen Stabilität dieser Komplexe, deren Löslichkeit in der mobilen Phase oder deren Wechselwirkungen mit der nicht chiralen stationären Phase getrennt werden.

10.2.3 Chirale stationäre Phasen (CSP)

Pirkle CSP's sind nach W. H. Pirkle (Universität Ilinois) benannt, der diese Phasen entwickelt hat. Sie bilden eine Reihe von verschiedenen selektiven Wechselwirkungen (π-π-Wechselwirkungen, Wasserstoffbrückenbindungen, Dipol-Dipol-Wechselwirkungen und Van-der-Waals-Wechselwirkungen) zwischen den CSP's und dem entsprechenden Enantiomer aus. Sie sind vermutlich die am weitest verbreiteten CSP's, und zur Zeit werden viele Arbeiten über diese Phasen publiziert. Die „π-Elektronen-Akzeptor-Säulen" (zur Trennung von π-Elektronen-Donator-Enantiomeren) verwenden chirale Dinitrobenzoyl-Derivate von Phenylglycin und Leucin, die ionisch oder kovalent an das Kieselgel gebunden werden. Die Struktur dieser Phasen ist in Bild 10.2a (i) dargestellt. Die (+)-, (-)- oder (±)- Formen sind auf analytischem 5 μm-Material, sowie als präparative Säulen erhältlich. Die π-Elektronen-Donator-Säulen benutzen Naphthylalanin, das kovalent auf 5 μm-Kieselgelpartikeln aufgebunden. Diese können zur Trennung von chiralen Aminen, Aminosäuren oder Alkoholen verwendet werden, nachdem sie mit einem π-Elektronen-Akzeptor derivatisiert wurden (z.B. Nitrobenzylderivate). Die ionisch aufgebundenen π-Elektronen-Akzeptor-CSP's dürfen nur mit nichtwässrigen mobilen Phasen mit sehr niedriger Polarität (Kohlenwasserstoffe mit geringen Mengen an Alkoholen) betrieben werden. Die kovalent gebundenen CSP-Typen sind diesbezüglich nicht limitiert.

CSP's, deren Trennwirkung auf einem Ligandenaustauschmechanismus beruhen, benutzen eine gebundene chirale Aminosäure, z.B. L-Prolin, die mit Cu^{2+} komplexiert wird, und als mobile Phase eine Kupfer-Salz-Lösung (etwa 10^{-3} mol/l), die organische Lösemittel als Modifier enthält. Diese Phasen werden zur Trennung von α-Aminosäuren und anderen chiralen Verbindungen, die mit Cu^{2+} Chelatkomplexe bilden können, eingesetzt.

Einschlußkomplexphasen sind Phasen, in denen zwei (oder mehrere) Moleküle, von denen eines der Wirt (engl.: Host) ist, durch physikalische Kräfte ein anderes Molekül, das Gastmolekül (engl.: Guest), umschließt. Es handelt sich bei diesen Phasen um zyklische chirale Kohlenwasserstoffe, speziell um α-, β- oder γ-Cyclodextrine, die entweder 6, 7 oder 8 Glucopyranoseeinheiten enthalten. Sie werden über einen 7 bis 9 Atome langen Spacer an das Kieselgel gebunden. Die Form dieser Moleküle gleicht einem abgestumpften Kegel mit einem inneren Käfig, dessen Dimensionen durch die Anzahl der Glucoseeinheiten bestimmt wird. Die Struktur des β-Cyclodextrins ist in Bild 10.2b dargestellt.

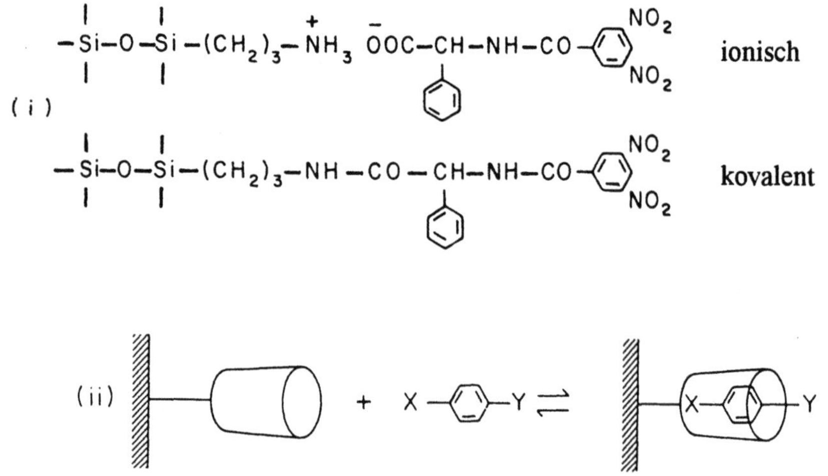

Bild 10.2a Chirale stationäre Phase

Die Glucoseeinheiten sind α-1,4-glycosidisch verknüpft. Aufgrund der Tatsache, daß die Kohlenstoffatome der Glucoseeinheiten sich in Richtung Innenraum des Cyclodextrinrings orientieren, entsteht im „Käfiginneren" ein hydrophober Charakter. Die Hydroxylgruppen des Cyclodextrinrings sind nach außen gerichtet. Die Hydroxylgruppen der benachbarten Einheiten stabilisieren durch Wasserstoffbrückenbindungen die Form des Cyclodextrins.

Hydrophobe Gruppen eines Analyten können in den Kegelstumpf eindringen und bilden einen sogenannten „Wirt-Gast-Komplex (engl.: host-guest-complex) oder auch Einschluß-komplex aus, so daß die chiralen Zentren am Cyclodextrinrand und die des Enantiomeren-paares zu einer chiralen Erkennung befähigt werden. Wie stark diese Komplexe sind, hängt hauptsächlich von der Struktur der Proben ab, d.h. wie gut die Proben in den Cyclodextrin-käfig hinein passen. Die stationären Phasen sind in der Lage, Proben allein durch ihre Geometrie oder räumliche Orientierung zu unterscheiden, sodaß mit diesen Phasen eine Reihe von Struktur- und Stellungsisomere sowie Enantiomere getrennt werden konnten. Eine vereinfachte Darstellung des Einschlußmechanismus ist in Bild 10.2a (ii) wieder-gegeben. Die verwendeten mobilen Phasen bei Cyclodextrin-CSP's sind die gleichen wie

10.2 Trennung von Enantiomeren

sie auch in der RP-Chromatographie Anwendung finden, also Wasser bzw. Puffer-Lösungen mit organischen Modifiern.

? Die organischen Modifier konkurrieren mit den Probemolekülen um den Einschluß im Cyclodextrinkäfig. Wie würde sich eine Erhöhung der Modifierkonzentration auf die Retentionszeit der Proben auswirken?

Eine Erhöhung der Konzentration an organischen Lösemitteln in der mobilen Phase würde die Wechselwirkungen zwischen der Probe und den Cyclodextrinkäfigen herabsetzen und somit zu kürzeren Retentionszeiten führen. Gleichzeitig wird auch ein organischer Modifier, der stärkere Komplexe mit Cyclodextrinen bildet, die Retention der Probe herabsetzen. Ethanol beispielsweise bildet stärkere Einschlußkomplexe als Methanol.

CSP's, die Proteine als gebundene Phasen besitzen, wechselwirken mit sauren oder basischen Verbindungen, z.B. Albumin (mit sauren Verbindungen) und α_1-saures Glycoprotein (mit basischen Verbindungen). Diese Proteine sind Polymere, die aus natürlichen chiralen Aminosäuren bestehen. Die Wechselwirkungen, die hierbei eine Rolle spielen, sind oft stereospezifischer Natur. Diese CSP's werden im Umkehrphasenmodus betrieben. Die mobile Phase besteht aus einem Phosphatpuffer mit geringen Mengen an 2-Propanol. Eine Trennung wird bei vorsichtiger Einstellung des pH-Wertes, der Ionenstärke und der Konzentration an organischen Modifier in der mobilen Phase erreicht.

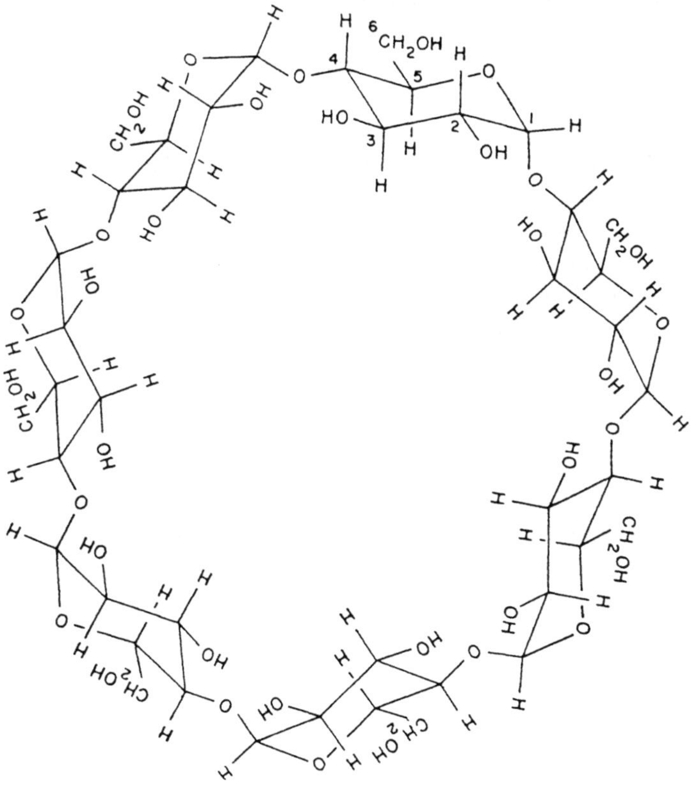

Bild 10.2b Struktur des β- Cyclodextrins

10.2.4 Zusammenfassung

Die Enantiomerentrennung mittels HPLC ist ein Gebiet, das immer mehr an Bedeutung gewinnt. Enantiomere können auf herkömmlichen Säulen durch vorherige Derivatisierung oder durch Zusatz von chiralen Komponenten zur mobilen Phase sowie durch Einsatz von chiralen Phasen (CSP's) getrennt werden.

Lernziele

Sie sollten nun in der Lage sein:

- die Gebiete, in denen die Trennung chiraler Verbindungen von Interesse ist, zu kennen;
- kurz die unterschiedlichen Methoden zur Enantiomerentrennung beschreiben zu können.

10.3 Flash-Chromatographie

Diese Technik wurde von W. C. Still 1978 beschrieben. Ihre Entwicklung in Großbritannien wurde maßgeblich von May und Baker (jetzt: Rhône Poulenc) vorangetrieben. Die Flash-Chromatographie nimmt eine Zwischenstellung zwischen den früheren schwerkraftgetriebenen LC-Methoden und den heutigen modernen HPLC-Techniken ein. Sie wird hauptsächlich zur schnellen Isolierung und Reinigung von chemischen Reaktionsprodukten im Massenbereich von 0,1 bis 100 g verwendet.

Bei dieser Methode verwendet man typischerweise 30 cm lange Glassäulen mit einem Innendurchmesser von 18 bis 100 mm. Die Säule wird mit Kieselgel oder einem anderen Material (z.B. Aluminiumoxid oder gebundenen Kieselgelphasen) mit Partikeldurchmessern von 40 bis 63 µm bis zu einer Höhe von etwa 15 cm gepackt. Kleinere Innendurchmesser werden trocken, größere Innendurchmesser mit einem Slurry gepackt. Die zu trennende Probe wird auf den Säulenkopf gegeben und mit säuregewaschenem Sand überschichtet, um eine Verteilung der Proben beim Auffüllen der Säule mit Eluent zu verhindern. Nach Zugabe des Eluenten wird die Säule mit Druckluft bei 5 bis 10 psi eluiert. Bild 10.3 zeigt den experimentellen Aufbau.

Die Chromatographie kann kontinuierlich mit einem eingebauten Detektor verfolgt werden, und es können Fraktionen gesammelt werden. Die Methodenentwicklung und die Untersuchung der getrennten Fraktionen erfolgt gewöhnlich mittels Dünnschichtchromatographie. Im allgemeinen können alle Verbindungen, die auf der Dünnschichtplatte trennbar sind, im präparativen Maßstab mittels Flash-Chromatographie getrennt werden. Die Methode ist einfach in ihrem Aufbau und ihrer Anwendbarkeit. Sie ist schnell (die Laufzeiten betragen typischerweise 10 bis 15 min), und die Packung und Lösemittel sind relativ preiswert im Vergleich zu den für die HPLC verwendeten Materialien.

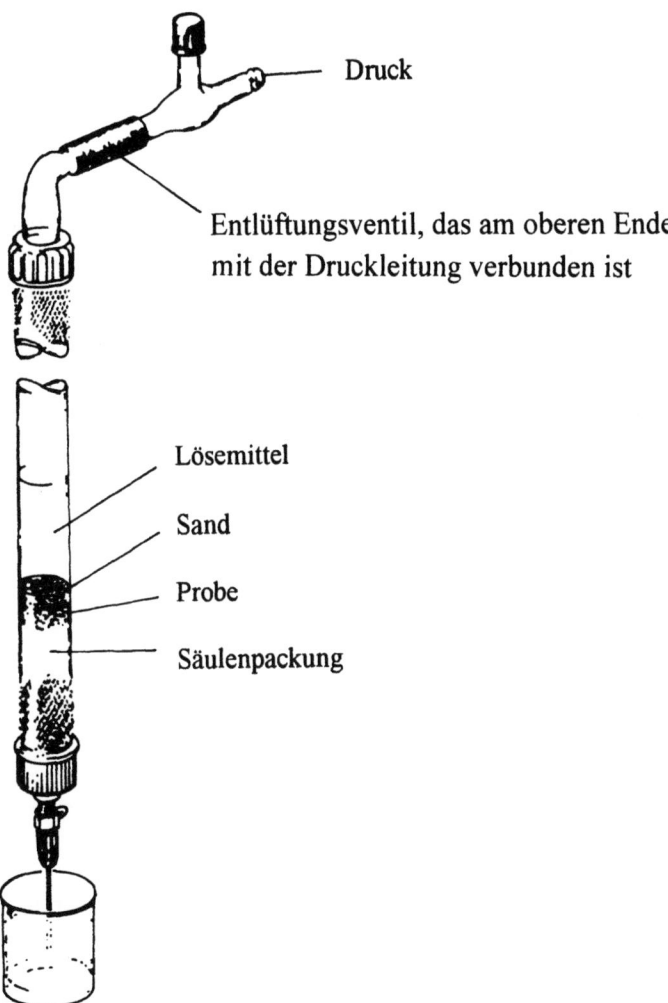

Bild 10.3 Experimenteller Aufbau zur Flash-Chromatographie. Eine Schutzscheibe sollte während der Elution vor der Apparatur aufgebaut werden.

10.4 Präparative HPLC

Die präparative HPLC kann für eine Reihe von Anwendungen interessant sein, wenn Sie z.B. eine bestimmte Verbindung isolieren möchten und geringe Mengen zur Strukturaufklärung mit anderen instrumentellen Methoden (z.B. IR, NMR oder MS) oder zur Elementaranalyse benötigen. Eventuell benötigen Sie auch größere Mengen für weitere Tests oder zur Herstellung von Derivaten. Vielleicht wollen Sie auch die präparative HPLC zur großtechnischen Isolierung einer Verbindung einsetzen. Dann benötigen Sie allerdings größere Mengen an Material. Ein Scale-up (eine Übertragung einer analytischen Trennung in den präparativen Maßstab) einer HPLC-Trennung muß vorsichtig vonstatten gehen, weil die Effizienz unseres Systems i.a. abnimmt, wenn wir die aufgegebene Probenmenge, den Durchmesser der Partikel sowie den Innendurchmesser der Säule ändern. Bild 10.4a zeigt charakteristische Formen der Van-Deemter-Kurven, die für HPLC- Trennungen im analytischen Maßstab (i) und unter präparativen Bedingungen (ii) erhalten werden. Aus den Kurven kann man erkennen, daß wir bei analytischen Säulen ohne große Effizienzverluste die Analysengeschwindigkeit erhöhen können, während es im präparativen Maßstab wichtig ist, im Minimum der Van-Deemter-Kurve zu arbeiten. Es ist daher hilfreich, die Methodenentwicklung mit einer analytischen Säule mit dem gleichen Packungsmaterial, wie es später in der präparativen HPLC benötigt wird, durchzuführen.

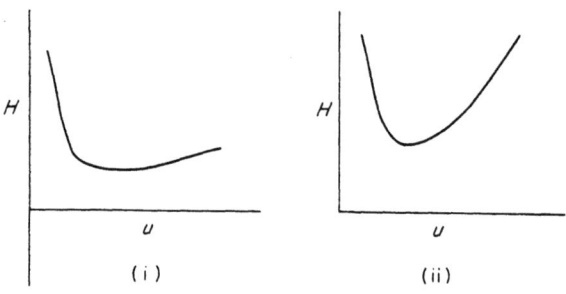

Bild 10.4a Van-Deemter-Kurven

(i) Kurve, die für viele analytische Trennungen erhalten wird
(ii) Die Verwendung großer Säuleninnendurchmesser und Partikelgrößen bringt einen Effizienzverlust bei größeren Flüssen mit sich

Semipräparative, präparative und großpräparative Trennsysteme sind kommerziell erhältlich. Bei semipräparativen Arbeiten ist das Ziel, i.a. kleine Substanzmengen in hoher Reinheit zu gewinnen. Bei solchen Trennungen ist also eine hohe Auflösung erforderlich. Aus diesem Grund verwendet man die gleiche Säulenpackung wie in analytischen Säulen. Präparative Säulen haben i.a. einen Innendurchmesser von 2 bis 5 cm und sind 25 cm lang. Als Packungsmaterial werden Teilchen mit Durchmessern von 15 bis 100 μm verwendet. Säulen für großpräparative Zwecke haben einen Innendurchmesser von 20 bis 30 cm und sind i.d.R. 60 cm lang. Sie werden mit Flüssen bis zu 1000 ml/min betrieben. Kommerzielle Apparaturen können sowohl isokratisch als auch im Gradientbetrieb eingesetzt werden und können auch zur Methodenentwicklung auf kleineren Säulen dienen. Präparativen Anlagen im Industriemaßstab können aufgrund der Kosten für Säulen, Packungsmaterial und Lösemittel sehr teuer sein.

Das folgende Beispiel zeigt die Verwendung der präparativen HPLC zur Trennung von Benzoediazepam analogen Enantiomeren. Wie bereits in Abschnitt 10.2 erwähnt, können unterschiedliche Formen von Enantiomeren völlig unterschiedliche pharmakologische

10.4 Präparative HPLC

Wirkungen aufweisen. Der erste Schritt in der Entwicklung von vielen Pharmaka ist daher die Überprüfung der pharmakologischen Wirkung der einzelnen Enantiomere. Das synthetisierte Pharmaka liegt in vielen Fällen als racemisches Gemisch vor. In diesem Fall wird mittels HPLC versucht, die beiden Enantiomere zu trennen. Benzoediazepam-Analoga sind wegen ihrer Wirkung als Tranquilizer und Sedativa (Beruhigungs- und Schlafmittel) interessant.

Die Trennung wurde zuerst im analytischen Maßstab unter Verwendung einer Pirkle-CSP-Säule entwickelt. Die Methodenentwicklung bestand (i) in der Optimierung der Zusammensetzung der binären mobilen Phase mit dem Ziel, eine maximale Auflösung bei minimaler Analysenzeit zu erreichen, (ii) in der Optimierung des Flusses und (iii) in der Erstellung einer Beladungsstudie. Diese Überladungsversuche dienen zur Feststellung, wieviel Probe maximal aufgegeben werden kann, so daß der daraus resultierende Effizienzverlust noch akzeptabel ist. Das nach diesen Optimierungen erhaltene Chromatogramm ist in Bild 10.4b (i) dargestellt.

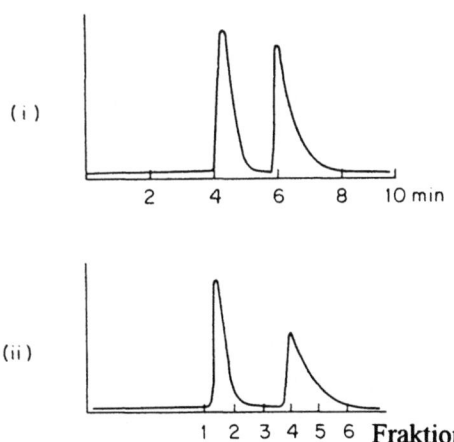

Bild 10.4b Präparative Trennung von Benzoediazepam-Enantiomeren

Apparatur:	Waters Delta- prep 3000
Säule:	(i) Pirkle CSP 25 cm x 4 mm
	(ii) Pirkle CSP 25 cm x 21 mm
Mobile Phase:	Hexan/2-Propanol 80:20
Fluß:	(i) 2 ml/min
	(ii) 50 ml/min
Detektion:	UV- Absorption $\lambda = 310$ nm
Masse der Probe:	(i) 3,2 mg
	(ii) 90 mg

Im präparativen Maßstab wurde die Probe mit der gleichen CSP mit einer 25 cm x 21 mm-Säule getrennt.

? Wenn die Säule mit der gleichen linearen Flußgeschwindigkeit wie die analytische Säule betrieben werden soll, welchen Fluß müssen Sie dann an der Pumpe einstellen?

Unter Verwendung von Gleichung 10.1b ist der Vergrößerungsfaktor der Quotient aus den Quadraten der Säulendurchmesser:

$$F = 2{,}0 \cdot \frac{21^2}{4^2} = 55 \, \text{ml/min}$$

Der gleiche Faktor wird zur Bestimmung der maximalen Beladbarkeit der präparativen Säule zu 88 mg verwendet. Das präparative Chromatogramm ist in Bild 10.4b (ii) dargestellt. Die Zahlen auf der x-Achse markieren die gesammelten Fraktionen. Die ersten drei Fraktionen enthalten das (+)-Enantiomer mit 99,4 % Reinheit und die 4. bis 6. Fraktion enthält das (-)-Enantiomer mit einer Reinheit von 99,6 %.

10.4.1 Zusammenfassung

Die Probenmenge kann in der HPLC aus verschiedenen Gründen erhöht werden; Mengen bis zum kg-Maßstab können getrennt werden. Die Effizienz sinkt allgemein bei einer Erhöhung der Probenmenge.

Lernziele

Sie sollten nun in der Lage sein:

- zu beschreiben, wann die präparative HPLC eingesetzt werden kann;
- einige Schwierigkeiten, die mit einer Übertragung von analytischen Trennungen in den präparativen Maßstab verbunden sind, einschätzen zu können.

10.5 SFC

Die SFC (Supercritical Fluid Chromatography, dt.: Chromatographie mit überkritischen Gasen) verwendet als mobile Phase Fluide (überkritische Gase). Fluide sind Gase oberhalb ihres kritischen Drucks und ihrer kritischen Temperatur. Unter diesen Bedingungen besitzt die mobile Phase Eigenschaften, die zwischen denen eines Gases und einer Flüssigkeit liegen. Die Viskositäten der Fluide sind relativ klein, und die Diffusionskoeffizienten sind viel größer im Vergleich zu Flüssigkeiten. Diese Eigenschaften erlauben schnelle und effiziente Trennungen (wie in der GC). Die verwendeten mobile Phasen besitzen ähnliche Lösungseigenschaften wie die in der HPLC. Es ist auch möglich, empfindliche Universaldetektoren wie den Flammenionisationsdetektor (FID) zu verwenden.

Die am häufigsten verwendete mobile Phase in der SFC ist CO_2 (kritische Temperatur: 31,05°C, kritischer Druck: 72,9 atm). Die niedrige kritische Temperatur erlaubt die chromatographische Trennung von thermisch empfindlichen Verbindungen. Außerdem ist

CO_2 ungiftig, geruchlos und in hoher Reinheit erhältlich. Mittels Druckprogrammierung kann die Lösemittelstärke des Fluids erhöht werden. Überkritisches CO_2 ist unpolar, d.h. es eignet sich nur für unpolare bis mäßig polare Proben. Unter SFC-Bedingungen hat es ein Lösungsvermögen von etwa 15 $(kPa)^{1/2}$. Eine Alternative zu CO_2 bieten prinzipiell polare Freone oder Ammoniak. Der Einsatzbereich von höherpolaren Fluiden ist jedoch sehr begrenzt. Entweder sind sie umweltschädlich, sehr giftig oder wie im Fall der herkömmlichen polaren Lösemittel ist ihre kritische Temperatur zu hoch. Um diese Probleme zu umgehen, werden dem Kohlendioxid oftmals polare Lösemittel wie z.B. Methanol als Modifier zugesetzt. Bei solchen Eluenten kann allerdings ab einem gewissen Prozentgehalt an Modifier der FID als Detektor nicht mehr eingesetzt werden.

Die SFC kann mit GC-Säulen (gepackte Säulen und Kapillarsäulen) und mit HPLC-Säulen betrieben werden. Es können auch Proben, die wegen ihrer Flüchtigkeit und/oder ihrer termischen Instabilität nicht mit der GC analysiert werden können, getrennt werden. Auch Proben, die wegen der Detektionsprobleme in der HPLC nur schwierig zu analysieren sind, können in der SFC leichter detektiert werden. Die SFC kann relativ einfach mit anderen Systemen, z.B. MS oder IR, gekoppelt werden. Aus diesem Grund könnte die Verbreitung der SFC in Zukunft steigen.

10.6 LC - MS

Im Rahmen dieses Buches kann natürlich nur kurz auf dieses komplexe, sich schnell entwickelnde Teilgebiet der HPLC eingegangen werden. Ein Massenspektrometer trennt und analysiert Ionen in der Gasphase. Die Analytik ist schnell, empfindlich für Verbindungen, die verdampft und/oder ionisiert werden können. In vielerlei Hinsicht stellt das Massenspektrometer den idealen HPLC-Detektor dar. Es ist sehr empfindlich, kann entweder als universeller oder hochselektiver Detektor verwendet werden und kann prinzipiell jede eluierte Substanz identifizieren. Kein anderes Detektionssystem besitzt bzgl. der Vielseitigkeit so viele Vorteile. Dies ist allerdings mit sehr hohen Kosten verbunden.

Die früheste und allgemein bedeutenste Methode der Probeionisierung benutzt die Ionisierung mittels Elektronenaufprall (EI, engl.: Electron Impact). Dort wird ein chromatographisch aufgelöster Analyt verdampft und in einen Elektronenstrahl transportiert. Der Elektronenstrahl ist i.d.R. so hochenergetisch, daß er nicht nur das entsprechende Molekül ionisiert, sondern auch kovalente Bindungen bricht und das Molekül fragmentiert. Die dabei gebildeten Fragmentierungsmuster sind reproduzierbar und geben einen „Fingerabdruck" des Moleküls wieder, der von Personen, die Massenspektren interpretieren können, oder von Computern durch Vergleich mit Standards eindeutig identifiziert werden können. Um labile Verbindungen mittels MS nachweisen zu können, wurden andere Ionisierungsarten entwickelt, z.B. die chemische Ionisation (CI), die Sekundärionenmassenspektroskopie (SIMS), das Beschießen mit schnellen Atomen (Fast Atom Bombardment (FAB)) und viele andere (um nähere Informationen zu diesen Methoden zu erhalten, lesen Sie Literaturstelle [14]). Aus den oben erwähnten Gründen sind daher viele MS-Detektoren mit einer variablen Ionenquelle ausgestattet.

Die beiden Hauptprobleme bei der Kopplung zwischen LC und MS bestehen darin, daß die Proben in Gegenwart eines riesigen Überschusses an Lösemittel und unter

Atmosphärendruck eluiert werden. Daher muß, bevor der Eluent ins MS gelangt, entweder das Lösemittel entfernt oder die Konzentration der Proben deutlich vergrößert werden. Das Massenspektrometer arbeitet im Hochvakuum. Für den Übergang von Atmosphärendruck zu Hochvakuum werden sog. LC-MS-Interfaces eingesetzt. Einige wichtige Interfaces werden im folgenden kurz vorgestellt.

a) Moving belt (dt.: sich bewegendes Band)

Dies war eines der ersten Interfaces. Es ist aber immer noch kommerziell erhältlich. Ein Metallband wird unter der HPLC-Säule angebracht und nimmt den Eluenten als dünnen Film auf. Das Lösemittel wird durch Verdampfen entfernt, indem das Band durch heiße Zonen und eine Vakuumkammer wandert, bevor das verbleibende Material im Vakuumsystem in der Nähe der Ionenquelle des MS schnell verdampft wird. Ein Vorteil dieser Methode ist, daß sowohl EI als auch CI als Ionisierungsarten verwendet werden.

b) DLI (Direct Liquid Introduction (dt.: direkte Flüssigkeitszufuhr))

Ein typischer LC-Fluß beträgt 1 ml/min. Wird dieser Eluent verdampft, entsteht etwa 20mal mehr Gas als die MS-Pumpensysteme handhaben können. Daher benutzen DLI-Methoden entweder Split-Systeme am Säulenausgang, so daß nur kleine Eluentfraktionen in das MS transportiert werden, oder „Microbore-Säulen" werden zur Reduzierung des Eluentenflusses eingesetzt. Bei diesem Interface kann nur die chemische Ionisierung verwendet werden, und auch der Einsatzbereich der Lösemittel ist limitiert. Die CI erzeugt das Molekularion und lediglich wenige oder gar keine Fragmentierungen, so daß dieses Interface zur Strukturaufklärung kaum geeignet ist.

c) Thermospray

Dies ist das zur Zeit am weitesten verbreitete Interface und kann bei herkömmlichen HPLC-Flüssen eingesetzt werden. Wässrige mobile Phasen, die einen Elektrolyten enthalten, wie z.B. Ammoniumacetat, werden durch eine elektrisch beheizte nichtrostende Stahlkapillare, die in einer heizbaren Ionenquelle sitzt, geleitet. Die Ionenquelle ist mit einer an der Kapillare angebrachten Hilfszirkulationsleitung verbunden. So wird ein Aerosol gebildet, in dem einige Tröpfchen geladen werden. Die Größe der geladenen Tröpfchen nimmt ab, wenn sie durch die heiße Ionenquelle wandern. Daraus resultiert ein Anstieg des elektrischen Feldes an der Tröpfchenoberfläche, bis die Ionen aus der flüssigen Phase ausgeworfen werden. Die Elektrolytionen (z.B. Ammoniumionen) können mit dem Probemolekül in der Gasphase reagieren und damit Analytionen erzeugen. Diese gelangen dann durch eine kleine Öffnung in das Massenspektrometer. Bei dieser Methode können jedoch wiederum nur CI-Spektren aufgenommen werden.

d) Teilchenstrahl-Interfaces

Diese Interfaces wurden kürzlich unter dem Handelsnamen „Thermabeam" und MAGIC (<u>M</u>onodispersive <u>a</u>erosol <u>g</u>eneration <u>i</u>nterface for <u>c</u>ombined LC-MS, dt.: Monodispersives Aerosolerzeugungsinterface zur LC-MS-Kopplung). Bei dieser Methode wird ein Aerosol der mobilen Phase in einer Desolvatationskammer gebildet. In dieser Kammer wird das Lösemittel verdampft. Der Dampf wird über einen 2 Ebenen umfassenden Impulsteiler geleitet, wo der Lösemitteldampf abgesaugt wird. Zurück bleibt nur die Probe, die dann zum MS transportiert wird. Der Vorteil dieser Methode ist, daß das Interface die Schritte der Lösemittelverdampfung und der Ionisierung voneinander trennt, so daß auch EI-Spektren aufgenommen werden können.

10.6.1 Zusammenfassung

Die SFC hat Vorteile auf den Gebieten der HPLC, wo es mit herkömmlichen HPLC-Detektoren Detektionsprobleme gibt. Die HPLC-MS-Kopplung ist eine sehr empfindliche und vielseitige Trennmethode.

Lernziele

Sie sollten nun in der Lage sein:

- Die Vorteile eines Massenspektrometers als HPLC-Detektor zu erkennen;
- die Probleme der Online-Kopplung der beiden Methoden aufzuzeigen;
- die grundsätzliche Funktionsweise einiger Interfaces zu erklären.

Literatur

„MICROBORE" - SÄULEN

1. P. Kuzera, Microcolumn HPLC, Elsevier, 1984
2. R.P.W. Scott (Ed.), Small Bore LC Columns, Their Properties and Uses, Wiley, 1984
3. C.F. Simpson (Ed.), Techniques in Liquid Chromatography, Wiley, 1984, Kapitel 4
4. M. Verzele, C. Dewaele, Journal of Chromatography 1987, 395, 85-89

TRENNUNG VON CHIRALEN VERBINDUNGEN

5. H.T. Karnes und M.A. Sarkar, Pharmaceutical Research, 1987, 4, 285
6. J. Gal, LC-GC, 1987, 5, 106

FLASH UND PRÄPARATIVE CHROMATOGRAPHIE

7. W. C. Still, M. Khan, A. Mitra, Journal of Organic Chemistry, 1978, 43, 2923
8. E. Lunt, C. Smith, Laboratory Equipment Digest, Sept. 1989, 49

9. B. A. Bidlingmeyer, Ed., Preparative Liquid Chromatography, Elsevier, 1987

10. M. Verzele, C. Dewaele, LC Magazine 1985, 3, 22

SFC

11. R. D. Smith, B.W. Wright, C.R. Yonker, Analytical Chemistry, 1988, 60, 1323A

12. P. J. Schoenmakers, L. G. M. Uunk, European Chromatography News, 1987, 1, 14

13. B. Wenclawiak, Analysis with Supercritical Fluids: Extraction and Chromatography, Springer Verlag Berlin, Heidelberg, 1992

LC-MS

14. R. Davis, M. Frearson, ACOL Mass Spectrometry, Wiley, 1987

15. T.R. Covey, E. D. Lee, A. P. Bruins, J. D. Henion, Analytical Chemistry, 1986, 58(14), 1451A-1461A

11 Antworten

Antworten von Kapitel 1

Übung 1a

1. (iii)
2. (iii)
3. (i)
4. (i)

Übung 1b

(i) *Analyse* oder *Bestimmung* sind nicht schlecht gewählt, aber die wirkliche Leistungsfähigkeit besitzt die HPLC als Trennmethode, daher ist *Trennung* das Wort, das ich wählen würde.
(ii) Das Wort *Phasen* betont die Funktionsweise der Methode, die anderen beiden Worte sind nicht aussagekräftig genug.
(iii) *Verteilung* ist das beste Wort (die anderen beiden bezeichnen verschiedene Arten von Sorptionsmechanismen und sind unspezifisch).
(iv) *Flüssigkeit* ist falsch, da sowohl die mobile als auch die stationäre Phase Flüssigkeiten sein können. *Mobile Phase* ist auch nicht korrekt, da die Probemoleküle mit der gleichen Geschwindigkeit wandern, wenn sie sich in der mobilen Phase befinden. Daher bleibt nur *System* übrig. Damit ist die Kombination von stationärer und mobiler Phase gemeint.

Übung 1c

(i) Die Probe besteht vermutlich aus leichtflüchtigen Kohlenwasserstoffen und ist damit ein eindeutiger Fall für die GC, die eine leichtere, schnellere und billigere Trennung als die HPLC ermöglicht.
(ii) Neben Ascorbinsäure sind in der Tablette auch unlösliche Füllmaterialien und Binder enthalten. Die einzige Möglichkeit besteht wohl darin, die Tablette in Wasser aufzulösen und von unlöslichen Bestandteilen mittels eines Filters abzutrennen. Die Bestimmung kann dann mittels HPLC durchgeführt werden. Es gibt jedoch auch titrimetrische oder elektrochemische Methoden, mit denen die Analyse leichter durchzuführen ist.

(iii) Das Coffein muß von Geschmacksstoffen, Farbstoffen und anderen Zusätzen, die im Getränk enthalten sind, getrennt werden. Dafür ist die HPLC eine geeignete Methode.
(iv) +
(v) Beide Proben können sowohl mit der GC als auch mit der HPLC getrennt werden, aber die HPLC ist wohl in beiden Beispielen die bessere Methode. Die Zucker können nicht unzersetzt verdampft werden, so daß sie in der GC nur als ihre flüchtigen TMS (Trimethylsilyl)-Derivate analysiert werden können. Amine sind polare Substanzen, die ein ausgeprägtes Tailing in der GC zeigen würden. Sie müssen daher ebenso derivatisiert werden. Beide Substanzklassen können dahingegen in der HPLC ohne Probenvorbereitung untersucht werden.

Antworten von Kapitel 2

Übung 2.3a

k	0	1	2	3	4	5	
Abstand von der Injektion	12	24	36	48	60	72	mm

		Peak Nr.	1	2	3	4	5
		t_R [mm]	14,5	18	24	43	70
(ii)		k	0,2	0,5	1,0	2,6	4,8
		w_I [mm]	3	3,5	3,5	4,5	7,0
		$w_{½}$ [mm]				2,5	3,5
(iii)		R_S		1,1	1,7		4,7
(iv)		α			2	2,6	1,8
(v)		N				1638	2216
		H [μm]				150	110

Übung 2.3b

Wir müssen den Kapazitätsfaktor (Gleichung 2.1a), die Selektivität (Gleichung 2.1b) und die Auflösung (Gleichung 2.3a) berechnen.

(i) $\quad k_4 = \dfrac{354 - 123}{123} = 1,878 \qquad k_6 = \dfrac{373 - 123}{123} = 2,033$

$\alpha_{6,4} = \dfrac{2,033}{1,878} = 1,083 \qquad \bar{k} = \dfrac{1}{2}(k_4 + k_6) = 1,956$

$R_S = \dfrac{1}{4} \cdot \dfrac{0,083}{1,083} \cdot \dfrac{1,956}{2,956} \cdot 3500^{½} = 0,01268 \cdot 3500^{½} = 0,75$

(ii) $\quad 1 = 0,01268\, N^{½} \rightarrow N = 6220$

(iii) Für $R_S = 1$ gilt: $1,0 = \dfrac{1}{4} \cdot \dfrac{0,083}{1,083} \cdot \dfrac{\bar{k}}{1+\bar{k}} \cdot 3500^{½} \rightarrow \bar{k} = 7,49$

wenn $7,49 = \dfrac{1}{2}(k_4 + k_6)$ und $\dfrac{k_6}{k_4} = 1,083$ ist $k_4 = 7,19$ und $k_6 = 7,79$

(iv) $7{,}79 = \dfrac{t_{R6} - 123}{123} \rightarrow t_{R6} = 1081$ s $= 18$ min

Übung 2.3c

Für die beiden Säulen gilt: $1{,}20 = \dfrac{1}{4} \cdot \left(\dfrac{\alpha - 1}{\alpha}\right) \cdot \left(\dfrac{\overline{k}}{1 + \overline{k}}\right) \cdot 1000^{1/2}$

$$R_S = \dfrac{1}{4} \cdot \left(\dfrac{\alpha - 1}{\alpha}\right) \cdot \left(\dfrac{\overline{k}}{1 + \overline{k}}\right) \cdot 7000^{1/2}$$

Wenn k für beide Säulen gleich bleibt, muß α ebenfalls gleich bleiben.

$\rightarrow \dfrac{1{,}20}{R_S} = \dfrac{1000^{1/2}}{7000^{1/2}} \rightarrow R_S = 3{,}2$

Übung 2.3d

N (ideal)	10000	5000	3000
V_R [μl]	2908,5	2908,5	2908,5
w [μl]	116	165	212
w_T [μl]	126	172	218
N (real)	8525	4573	2847
% Abweichung von N	15	8,5	5

Hier wurden die Bodenzahlen unter Verwendung von Gleichung (2.2a) und der ermittelten Peakbreite w_T berechnet. Für die erste Säule ergibt sich dann:

$$N = 16 \cdot \left(\dfrac{2908{,}5}{126}\right)^2 = 8525$$

Man erkennt, daß der Effekt der Bandenverbreiterung außerhalb der Säule umso stärker wird, je effizienter die Säule ist.

Antworten von Kapitel 3

Übung 3.3a

Wichtige Leistungskriterien sind:

(i) Die Materialien müssen in der Lage sein, Drücken von mehr als 7000 psi standzuhalten;
(ii) Flußkonstanz;
(iii) Inert (keine Reaktion mit Proben und Eluenten);
(iv) Dichtigkeit (Verhinderung der Kontaminierung durch Eindringen von Luft oder Licht);
(v) Zuverlässigkeit (leckfreie Verbindungen und lange Lebensdauer);
(vi) niedrige Rohmaterial- und Mechanikkosten;
(vii) thermische Stabilität (im Bereich 0 bis 100° C).

Übung 3.3b

Keramiken sind inerte, undurchlässige, druckstabile und thermisch stabile, aber spröde Materialien. Die Mechanik und Herstellung der Keramiken wirft ernsthafte Probleme bei hochpräzisen Geräten auf. Metallegierungen erfüllen zwar die meisten der gestellten Anforderungen, verglichen mit Edelstahl oder Kunststoff wird ihr Einsatz aufgrund der hohen Kosten jedoch unrentabel.

Sowohl Edelstahl als auch Kunststoffe sind zuverlässige Konstruktionsmaterialien. Gewinde und Verschraubungen, die aus Polymeren bestehen, sind anfälliger für Querverwindungen, Überdrehen und Undichtigkeiten. Edelstahlfittings sind im Normalfall stabiler. Edelstahl ist in Bezug auf seine thermische Stabilität und Flußpräzision den Polymermaterialien weit überlegen. Sowohl Edelstahl als auch geeignete Kunststoffe zeichnen sich durch gute chemische Widerstandsfähigkeit gegenüber den meisten Eluenten und Proben aus. Kunststoffe sind eventuell durchlässig für Gase und Licht.

Übung 3.3c

$3 \, mol/l \, NH_3 = 105 \, g/l$ oder $2{,}1 \cdot 10^{-5} \, g/l \, Fe$

$1 \, mol/l \, CH_3COOH = 60 \, g/l$ oder $6 \cdot 10^{-7} \, g/l \, Fe$

Gesamtsumme $= 2{,}16 \cdot 10^{-5} \, g/l \, Fe$ oder $21{,}6 \, ppb \, Fe$.

Antworten von Kapitel 5

Übung 5.2a

Die durchzuführenden Messungen sind in Bild 5.2b dargestellt. Für die Basislinie, die durch das Rauschen bezeichnet wird, wird ein Mittelwert genommen.

Basislinienrauschen = 5 mm

Peakhöhe = 40 mm

Eine Injektion von 100 µl mit 0,5 ppm würde eine Peakhöhe von 10 mm (zweifaches Basislinienrauschen) ergeben. Die Injektion würde 50 ng Chlorid enthalten. Die Nachweisgrenze wird berechnet als:

0,5 ppm Chlorid für eine 100 µl Injektion (2 x *S/N*), oder 50 ng Chlorid (2 x *S/N*).

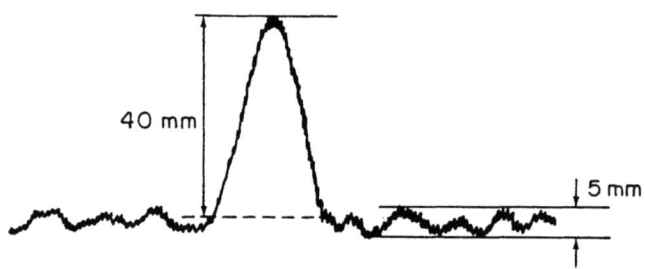

Injektion: 100 µl von 2 ppm Chlorid

Bild 5.2a Berechnung der Nachweisgrenze

Übung 5.3a

(i) Schulter bei 342 nm.
(ii) Dies ist nicht möglich, aber bei 251 nm wäre das Verhältnis der Empfindlichkeit von Phenanthren zu Azobenzol am größten.
(iii) Zwischen 270 nm und 320 nm.
(iv) Azobenzol hat ein Absorptionsmaximum bei einer Wellenlänge von 314 nm.

Übung 5.3b

(i) Richtig.

(ii) Falsch. Wenn Sie jemals praktisch mit einem IR-Gerät gearbeitet haben, sollten Sie mit diesen beiden Fragen keine Probleme gehabt haben. Ein Infrarotspektrum enthält eine große Vielfalt an Strukturinformation, aber die Methode selbst besitzt keine hohe Empfindlichkeit.

(iii) Falsch. Die Detektorzelle muß aus einem wasserlöslichen Material, das für IR-Strahlung durchlässig ist, hergestellt werden, z.B. KRS5 (TlBr/TlI). Glas kann nicht für optische Komponenten in IR-Instrumenten verwendet werden, da es IR-Strahlung absorbiert.

(iv) Richtig, aber nur mit Einschränkungen. Der Detektor könnte selektiv z.B. bei einer Wellenlänge von 1725 cm^{-1} bei Verbindungen eingesetzt werden, die Carbonylgruppen enthalten, oder als universeller Detektor im CH-Streckschwingungsgebiet. Das Problem bei der universellen Detektion würde dann aber darin bestehen, eine geeignete Wellenlänge zu finden, bei der die mobile Phase nicht absorbiert. Der Detektor müßte in „Fenstern" im IR-Spektrum der mobilen Phase betrieben werden; die Zahl an geeigneten Lösemitteln wäre sehr eingeschränkt.

Übung 5.4a

Die Wellenlänge 280 nm könnte bis kurz vor der Elution des Peaks 2 benutzt werden; danach könnte man auf eine Wellenlänge von 210 nm übergehen. Das Ergebnis dieser Vorgehensweise ist in Bild 5.4f dargestellt.

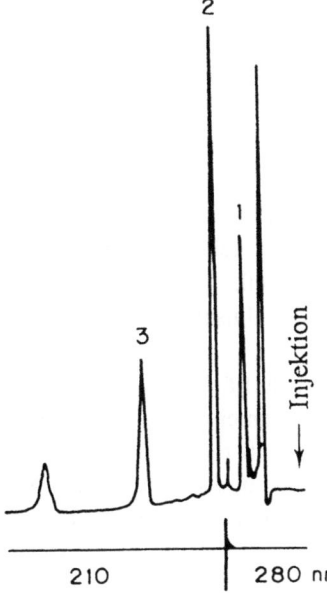

Bild 5.4f Chromatogramm von krampflösenden Arzneimitteln mit einem Wellenlängenprogramm

Übung 5.6a

Beim Arbeiten mit E_2 würde man X detektieren, beim Arbeiten mit E_3 könnte man sowohl X als auch Y detektieren. Bei E_4 könnte man ebenfalls beide detektieren, bei diesem Punkt aber würde das Lösemittel oder der Hintergrundelektrolyt genauso oxidiert werden. Selbst im günstigsten Fall erhält man einen hohen Hintergrundstrom, und es wäre unmöglich, den Schreiber abzugleichen. Bei E_1 könnte man X alleine detektieren, aber die Empfindlichkeit wäre nur gering. Es wäre besser, mit einem Potential im Grenzstromplateau (wie z.B. E_2) zu arbeiten.

Übung 5.7a

(i) Diese sind aromatisch und absorbieren daher UV-Strahlen. In einer Tablette sollten relativ hohe Konzentrationen der Komponenten enthalten sein, so daß die UV-Detektion die Methode der Wahl wäre.
(ii) Diese Verbindungen sind gesättigt und zeigen oberhalb von 200 nm keine UV-Absorption. Ein Refraktometer wäre der einzig geeignete Detektor.
(iii) Der Gehalt an Phenolen ist wahrscheinlich sehr gering. Spuren von Phenolen in Wasser kann man sowohl durch UV-Absorption als auch mit EC-Detektoren bestimmen. Die Empfindlichkeit des UV-Detektors ist jedoch nicht hoch genug, so daß man eine Methode zur Probenanreicherung einsetzen müßte. Mit dem empfindlicheren EC-Detektor kann die Probe auch ohne Aufkonzentrierung analysiert werden.
(iv) Aus der Struktur der Vitamine kann man entnehmen, daß sie alle im UV-Bereich absorbieren, so daß für die zu erwartenden hohen Konzentrationen in einer Tablette die UV-Detektion geeignet wäre.
(v) Für die Bestimmung von Riboflavin in Milch könnten die niedrigen Konzentrationen des Vitamins ein Problem für die UV-Detektion darstellen. Riboflavin besitzt eine stark konjugierte Struktur und kann fluoreszieren, so daß die Fluoreszenzdetektion für die Bestimmung von Spuren der Verbindung eingesetzt werden kann. Die Stickstoffe im Ring weisen darauf hin, daß eine EC-Detektion ebenfalls möglich wäre.

Übung 5.8a:

(i) Eine Verlängerung der Reaktorkapillare würde die Peakfläche vergrößern, da die Proben eine längere Zeit im Reaktor verbringen und sich mehr Produkt bilden sollte, es sei denn, die Derivatisierungsreaktion verläuft sehr schnell.
(ii) Eine Erhöhung der Temperatur des Reaktors sollte die Umsatzrate erhöhen und daher die Peakfläche vergrößern.
(iii) Eine Änderung des Flusses des Reagenzes kann die Peakfläche aus mehreren Gründen beeinflußen. Bei sehr niedrigen Flüssen ist die Reagenzmenge u.U. nicht ausreichend für die Reaktion. In diesem Fall wird ein höheren Fluß die Peakfläche vergrößern. Beim Erhöhen des Flusses verdünnt man aber die Probe und verringert damit auch die Zeit, die die Probe im Reaktor verweilt. Diese Faktoren könnten die Response bei hohen Flüssen verringern.

(iv) Ein Verlängern der Reaktorkapillare verstärkt die Bandenverbreiterung und verringert dadurch die Auflösung zwischen einem gegebenen Peakpaar. In der Praxis ist die Länge der Reaktorkapillare ein Kompromiß zwischen Detektorresponse und Auflösung.

Antworten von Kapitel 6

Übung 6.4a

Unter Verwendung der Gleichung 6.4a und der δ-Werte aus Bild 6.2a für Methanol/Wasser 50:50 folgt:

$$\delta_m = 0{,}5 \cdot 29{,}4 + 0{,}5 \cdot 47{,}8 = 38{,}6$$

Wenn Φ_T der erforderliche Volumenanteil an THF ist folgt:

$$38{,}6 = \Phi_T \cdot 18{,}6 + (1 - \Phi_T) \cdot 47{,}8 \rightarrow \Phi_T = 0{,}315$$

Ein eleganterer Weg, diese Berechnungen durchzuführen, ist folgender: Unter Benutzung der Gleichung 6.4b für eine isoeluotrope Methanol/Wasser- und THF/Wasser-Mischung gilt:

$$\delta_W - \Phi_M (\delta_M - \delta_W) = \delta_W - \Phi_T (\delta_T - \delta_W)$$

$$\Phi_T = \Phi_M \left(\frac{\delta_M - \delta_W}{\delta_T - \delta_W} \right) = \left(\frac{29{,}4 - 47{,}8}{18{,}6 - 47{,}8} \right) \Phi_M = 0{,}63 \, \Phi_M$$

Dieser liefert uns die THF/Wasser-Zusammensetzung, die isoeluotrop zu jeder Methanol/Wasser-Zusammensetzung ist.

Die gleiche Berechnung für Acetonitril ergibt:

$$\Phi_A = \left(\frac{29{,}4 - 47{,}8}{23{,}9 - 47{,}8} \right) \Phi_M = 0{,}77 \, \Phi_M$$

Also hat ein 38,5 % (v/v) Acetonitril/Wasser-Gemisch die erforderliche Polarität.

Übung 6.5a

(A) Es hängt davon ab, was wir mit der Trennung erreichen wollen. Wollen wir eine Basislinientrennung aller Peaks, so ist (iii) das beste Chromatogramm. Sind wir lediglich daran interessiert, Peak 4 abzutrennen, so ist Chromatogramm (i) das Chromatogramm der Wahl, denn damit erhält man die kürzeste Analysenzeit. Sind wir an Peak 1 oder den Peaks 1 und 4 interessiert, so ist Chromatogramm (ii) das Beste.

(B) Chromatogramm (iii) liefert uns eine Basislinientrennung und die geringste Analysenzeit. Wäre die Auflösung alleine das Kriterium für die Güte eines Chromatogramms, so wäre (ii) am besten. Was wir hier also benötigen, ist ein Kriterium, das sowohl die Auflösung als auch die Analysenzeit berücksichtigt. Mit Hilfe der Formel $Q = R_s + b(T_a - T)$ ist eine einfache Möglichkeit, die Güte eines Chromatogramms zu begutachten, gegeben, wobei Q die chromatographische Güte, T_a die maximal noch akzeptable Analysenzeit und T die beobachtete Analysenzeit ist. b ist ein Gewichtungsfaktor. Diese Gleichung läßt die Güte des Chromatogramms schlechter werden, wenn $T > T_a$.

Antworten von Kapitel 7

Übung 7.5a

(i) Je polarer das Probenmolekül ist, desto schneller wird es eluiert. Daher wäre die Elutionsreihenfolge Phenylmethylketon, Nitrobenzol, Benzol, Methylbenzol.
(ii) Man sollte dazu die Polarität der mobilen Phase erhöhen. Daher muß man den Wasseranteil erhöhen, vorausgesetzt, daß die Probe weiterhin im Eluenten löslich ist.
(iii) Die Phenylphase ist ein wenig polarer als die C-18-Phase. Dies hat zur Folge, daß die Proben schneller eluieren, obwohl nicht alle Probemoleküle im gleichen Ausmaß davon beeinflußt werden.
(iv) Ein Endcapping erhöht den Kohlenstoffgehalt der stationären Phase ein wenig, wodurch sie unpolarer wird. Man würde erwarten, daß sich dadurch die Retention erhöht. Dies trifft auch für die unpolaren Proben Benzol und Methylbenzol zu. Für die anderen beiden muß man einen anderen Effekt berücksichtigen, da man durch das Endcapping die Adsorption der polaren Probenmoleküle an der stationären Phase verringert, und aus diesem Grund kann die Retention geringer werden. Tatsächlich verringert sich die Retention der beiden polaren Proben durch das Endcapping ein wenig.

Übung 7.6a:

(i) Bei pH 1 hauptsächlich H_3PO_4,
(ii) bei pH 2 hauptsächlich H_3PO_4 und $H_2PO_4^-$,
(iii) bei pH 9 hauptsächlich HPO_4^{2-}.

Im allgemeinen werden die höher geladenen Ionen stärker retardiert, die Retention des Phosphats erhöht sich mit zunehmendem pH.

(ii) $5 \cdot 10^{-3}$ mol/l KOH enthalten: $[OH^-] = 5 \cdot 10^{-3}$ mol/l

$$[H^+] = \frac{10^{-14}}{5 \cdot 10^{-3}} = 2 \cdot 10^{-12} \text{ mol/l}$$

$$pH = 11{,}7$$

$$H_2CO_3 \rightleftharpoons HCO_3^- + H^+ \rightleftharpoons CO_3^{2-} + H^+$$

$$pK_{a1} = 6{,}35 \qquad pK_{a2} = 10{,}33$$

Bei pH 8,5 liegt Carbonat als HCO_3^- vor und bei pH 11,7 als CO_3^{2-}. Das doppelt geladene CO_3^{2-} wird stärker retardiert als HCO_3^- und wird nach Cl^- eluieren. Die Retention von Cl^- wird nicht beeinflußt werden.

(iii) Bei pH 2,5 liegt ein merklicher Anteil von Fluorid als HF vor. Daher wäre ein tailender Peak zu erwarten.

Übung 7.6b

(i) Ionenpaarchromatographie/Ionenunterdrückung. Aspirin ist in der sauren Lösung nicht ionisiert. Die schwache Base Norephedrin ist vollständig protoniert und wird als neutrales Ionenpaar chromatographiert.
(ii) Ionenpaarchromatographie. Die Aminfunktion ist bei pH 7,5 nicht protoniert, während die Carbonsäurefunktion vollständig ionisiert vorliegt und mit den Tetrabutylammoniumionen Ionenpaare bildet.

Übung 7.7a

(i) Wahr. Die mobile Phase sollte relativ unpolar sein.
(ii) Falsch. Polare Moleküle trennt man am besten auf Umkehrphasen. In der Adsorptionschromatographie haben polare Moleküle große Retentionszeiten und zeigen häufig ein Tailing.
(iii) Falsch. Unter der Voraussetzung, daß Ausschluß der einzige wirksame Trennmechanismus ist und unter der Annahme, daß eine Änderung der mobilen Phase nicht die Molekülform verändert, hat eine Änderung der Polarität der mobilen Phase nur einen geringen Einfluß, da die Retention in diesem Fall durch die Molekülgröße und -form im Verhältnis zur Porengröße der stationären Phase bestimmt ist.
(iv) Falsch. Die Ausschlußchromatographie wird auch oft eingesetzt, um kleine Moleküle von großen Molekülen abzutrennen.
(v) Wahr.
(vi) Falsch. Die aufgebundene Gruppe ist im allgemeinen unpolar, aber die Bedingungen für die Umkehrphasenchromatographie sind in Aussage (V) angegeben. Auch aufgebundene polare Gruppen können unter der Voraussetzung benutzt werden, daß die mobile Phase polarer als die stationäre Phase ist.

Übung 7.7b

(i) Phthalate können entweder mit Normal- oder Umkehrphasenchromatographie getrennt werden (siehe z.B. Bild 8.3i), aber in der Praxis muß man entweder die Weichmacher aus dem PVC extrahieren oder man riskiert anderenfalls, daß durch das Material mit dem hohen relativen Molekulargewicht die Säule verstopft wird. Durch die richtige Wahl der Ausschlußsäule kann das Polymer ausgeschlossen werden, wenn es als erstes eluiert, gefolgt von den Phthalaten in der Reihenfolge abnehmenden relativen Molekulargewichts.
(ii) Beruhigungsmittel sind schwache Basen. Daher haben sie die Wahl zwischen Ionenunterdrückung mit einer C-18-Säule unter Verwendung einer mobilen Phase aus CH_3OH oder CH_3CN + Alkalipuffer und Ionenpaarchromatographie mit einer C-18-Säule und CH_3OH/H_2O + Alkansulfonsäure.

(iii) Die weitgehend deprotonierten Sulfonsäuregruppen schließen die Ionenunterdrückung für diese Komponenten aus. Daher kann man für diese Proben Ionenaustausch auf einer Anionenaustauschersäule verwenden. Auch können die Proben mittels Ionenpaarchromatographie auf einer C-18-Säule und CH_3OH/H_2O + Tetrabutylammoniumsalz als mobile Phase getrennt werden.

Antworten von Kapitel 8

Übung 8.3a

(i) Für die RP-Trennung (Bild 8.3i) muß die mobile Phase zu Beginn polarer sein und unpolarer am Ende der Trennung. Also sollten Sie mit einer wasserreichen mobilen Phase beginnen, z.B. Methanol/Wasser 75:25 (v:v) und im Verlauf des Gradienten zu reinem Methanol übergehen.

(ii) Bei der Normalphasentrennung wollen wir zunächst eine weniger polare mobile Phase und eine polarere am Ende des Gradienten. Also würden wir mit einer Eluentenzusammensetzung Dichlormethan/n-Hexan mit weniger als 40% Dichlormethan beginnen und am Ende zu einer Zusammensetzung mit mehr als 40% Dichlormethan gelangen.

Um die optimalen Bedingungen für die Trennung herauszufinden, bedarf es einiger experimenteller Arbeit. Bild 8.3k (i) zeigt die Normalphasentrennung mit dem vorgeschlagenen Gradienten. In Bild 8.3k (ii) beginnt die Normalphasentrennung mit der Eluentenzusammensetzung Dichlormethan/n-Hexan 10:90 (v:v). Diese Zusammensetzung wird isokratisch 3 Minuten gehalten. Anschließend wird der Dichlormethangehalt um 8 % pro Minute auf 40 % erhöht. An diesem Punkt wird der Anstieg auf 4 % pro Minute halbiert und bis zu 100 % Dichlormethan fortgesetzt.

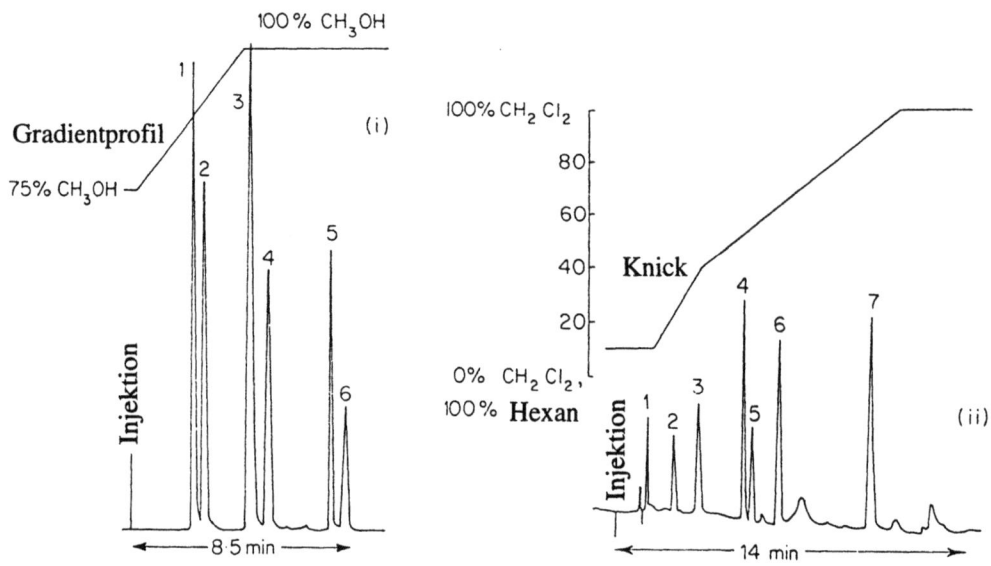

Bild 8.3k Beispiele für Gradienten

(i) RP-Trennung von Phthalaten unter Verwendung der Gradientelution
(ii) NP-Trennung von Phthalaten unter Verwendung der Gradientelution (gleiche Probe wie in Bild 8.3j)

Antworten von Kapitel 8

Übung 8.4a

a) In der RP-Chromatographie werden die Proben in der Reihenfolge ihrer Polaritäten eluiert. Die polarste Verbindung eluiert dabei zuerst, so daß folgende Reihenfolge resultiert: Benzoesäure, Methylparaben, Propylparaben.

b) Im Standard-Chromatogramm werden folgende Retentionsabstände erhalten:

Benzoesäure: 43,5 mm
Methylparaben: 76,5 mm
Propylparaben: 113 mm

In dem Chromatogramm der unbekannten Probe entsprechen diese Peaks den Retentionsabständen 43,5, 76,0 und 115 mm.

c)

	Standard	Peakhöhe unbekannte Probe
Benzoesäure	36	14,5
Methylparaben	73	45,5
Propylparaben	88	10,5

	Response-Faktor	Konzentration der Zusatzstoffe im Nelkenzimt
Benzoesäure	$\frac{65,96}{36} = 1,832$	$14,5 \cdot 1,832 \cdot 3,899 = 103,6 \text{ ppm}$
Methylparaben	$\frac{58,02}{73} = 0,795$	$45,5 \cdot 0,795 \cdot 3,899 = 141,0 \text{ ppm}$
Propylparaben	$\frac{74,7}{88} = 0,849$	$10,5 \cdot 0,849 \cdot 3,899 = 34,8 \text{ ppm}$

Der Faktor $\frac{1000}{256,448} = 3,899$ hat seine Ursache in der Verdünnung des Nelkenzimts vor der Analyse.

Übung 8.4b

Tabelle 8.4f Vollständig

Injektion Nr.		Aspirin	Phenacetin	Coffein
	Masse in [mg]	601,5	76,5	92,4
1	Peakfläche	144090	159516	43057
	relativer Response- Faktor (r)	8,808	1	4,528
2	Peakfläche	143200	163164	43099
	r	9,066	1	4,627
3	Peakfläche	121297	139796	36564
	r	9,169	1	4,673
	gemitteltes r	9,014	1	4,609

	Aspirin	Phenacetin	Coffein
Peakfläche	157595	170804	50693
Masse [mg]	642,9		105,7
mg pro Tablette	321,5		52,9

Z.B. für Aspirin $r = 9{,}014$, $A_u = 157595$

$$\frac{c_s'}{A_s'} = \frac{0{,}0773}{170804} = 4{,}526 \cdot 10^{-7}$$

$c_u = 157595 \cdot 9{,}014 \cdot 4{,}526 \cdot 10^{-7} = 642{,}9$ mg in zwei Tabletten, das entspricht 321,4 mg pro Tablette

	Aspirin	Phenacetin	Coffein
Peakfläche	153541	164174	48478
Masse [mg]	651,7		105,2
mg pro Tablette	325,8		52,6

Antworten von Kapitel 8   251

Alternativ dazu können wir jede korrigierte Fläche wie folgt normalisieren:

	Aspirin	Phenacetin	Coffein
Peakfläche	157595	170804	50693
r	9,014	1	4,609
korrigierte Fläche	1420561	170804	233644
normalisierte Fläche [%]	77,83	9,36	12,80
Masse [g]	$\frac{0,0773}{9,36} \cdot 77,83 = 0,6428$	0,0773	0,1057
mg pro Tablette	321,4		52,9

Die erlaubten Grenzen sind: Aspirin 309 bis 341 mg/Tablette
                              Coffein: 45 bis 55 mg/Tablette
Die Tabletten liegen also im Rahmen der Grenzwerte.

Übung 8.4c

(a) Die mobile Phase ist Methanol/Wasser 40:60, und auch die Kaffeelösung wird mit dem gleichen Volumen an wässriger Bleiacetatlösung geschüttelt. Der Kaffee könnte also ursprünglich in 80 % Methanol gelöst werden.

(b) Response-Faktor: $\frac{59,2}{33612} = 1,761 \cdot 10^{-3}$

Die Coffein-Konzentration in der Kaffeelösung beträgt: $7262 \cdot 1,761 \cdot 10^{-3} = 12,79$ ppm

Die ursprüngliche Kaffeelösung enthält $12,79 \cdot 2 = 25,58$ ppm (wegen der Verdünnung mit Bleiacetatlösung)

50 ml enthalten $25,58 \cdot \frac{50}{1000} = 1,279$ mg Coffein, das sind $\frac{1,279}{827,7} \cdot 100 = 0,155 \%$.

(c) Diese Methode verwendet einen externen Standard. Die Präzision würde durch die Verwendung der Methode des internen Standards verbessert werden. Außerdem ist Instantkaffee relativ hygroskopisch. Die Trocknung der Probe vor der Analytik wäre daher auch sehr hilfreich. Bei der Betrachtung der Genauigkeit der Methode müssen wir sicher sein, daß das komplette Coffein extrahiert wurde. Wir könnten daher z.B. vergleichen, wie das Ergebnis aussehen würde, wenn wir die Probe im heißen oder kochenden Wasser lösen. Außerdem müssen wir uns vergewissern, ob im Rückstand der Bleiacetatextraktion nicht etwas Coffein enthalten ist. Dies können wir durch Behandlung von Standards auf die gleiche Art und Weise wie bei den Proben sicherstellen.

Übung 8.4d

Eine vernünftige Antwort würde folgendermaßen aussehen:

Methode	Vorteile	Grenzen
Flächen/Höhenprozent	• Keine Kalibrierung ist notwendig, • Injektionsvolumen müssen nicht sehr genau sein, • einfach und schnell.	• Alle Peaks der Probe müssen eluiert werden und aufgelöst sein, • der Response-Faktor muß für alle Komponenten gleich sein.
Externer Standard	• Einer oder mehrere Peaks können bestimmt werden, • eine Anpassung für Komponenten mit ungleichen Response-Faktoren ist möglich.	• Eine Kalibrierung wird benötigt, • die Präzision der Injektionsvolumina ist sehr wichtig.
Interner Standard	• Beinhaltet alle Vorteile des externen Standards, • kompensiert zusätzlich kleine Schwankungen im Injektionsvolumen sowie in der Detektorempfindlichkeit zwischen den einzelnen Läufen.	• Eine Kalibrierung ist erforderlich, • der interne Standard muß von den Analyten der Probe getrennt sein, • wird der interne Standard vor der Probenvorbereitung zugesetzt, muß er chemisch ähnlich zu den Analyten sein.

Übung 8.4e

(i) Die Proben eluieren gemäß Ihrer Polarität in folgender Reihenfolge: die polarste Verbindung zuerst. Es ergibt sich also folgende Reihe: Tartrazin, Saccharin, Coffein, Aspartam.
(ii) Methanol / Natriumdihydrogenphosphat 20:80 ist weniger polar als die mobile Phase zu Beginn des Gradienten und polarer als die mobile Phase am Ende des Gradienten. Die frühen Peaks würden voraussichtlich koeluieren und die späteren Peaks stark retardiert werden und damit einer starken Bandenverbreiterung unterliegen. Methanol / Natriumdihydrogenphosphat 80:20 ist viel weniger polar als die mobile Phase zu Beginn und ebenfalls weniger polar als die mobile Phase am Ende des Gradienten.
(iii) Eine Detektionswellenlänge von $\lambda = 254$ nm würde zu einer geringeren Absorption für Saccharin und einer sehr geringen Absorption für Aspartam führen. $\lambda = 280$ nm würde eine hohe Empfindlichkeit für Coffein ergeben, wäre jedoch nicht geeignet für Saccharin und Aspartam.
(iv) Ein geeignetes Wellenlängenprogramm wäre: Peak 1: $\lambda = 423$ nm, Peak 2: $\lambda = 210$ nm, Peak 3: $\lambda = 273$ nm, Peak 4: $\lambda = 210$ nm.

Antworten von Kapitel 9

Übung 9.2a

(i) Nach der Zugabe von Ethanol ist die Lösung nicht mehr 0,05 molar an Ammoniumformiat. Zudem enthält die Lösung keine 10% an Ethanol.
(ii) Die mobile Phase wurde vor Gebrauch nicht filtriert.
(iii) Die mobile Phase wurde nicht entgast.

Ein weiterer häufig gemachter Fehler ist die Verwendung von technischem Ethanol im Eluenten. Technisches Ethanol enthält UV-absorbierende Verunreinigungen. Deshalb sollte der Reinheitsgrad des Ethanols stets angegeben werden.

Übung 9.2b

(i) Pentan ist teurer als Hexan und zudem viel flüchtiger. Unter Umständen ist es schwierig die Zusammensetzung der mobilen Phase zu kontrollieren. Tetrachlorkohlenstoff hat eine höhere Viskosität als Chloroform und verursacht daher einen größeren Druckabfall über der Säule. Zudem ist Tetrachlorkohlenstoff toxisch.
(ii) Methanol ist relativ billig, besitzt eine geringe Viskosität und ist in einem weiten Bereich UV-Licht durchlässig. Acetonitril hat einen noch geringeren UV-cut-off, ist jedoch teurer als Methanol und zudem toxisch. Die anderen haben eine höhere Viskosität, höhere cut-offs und sind teurer als Methanol. Bei Ethanol kann es zudem Probleme mit dem Zoll und den Steuerbehörden geben.
(iii) Das Hauptproblem besteht darin, daß Aceton erst oberhalb von 285nm UV-durchlässig ist.

Übung 9.2c

Vier wichtige Parameter, die die Retention bei einer Umkehrphasentrennung beeinflussen, sind:
    Fluß, Temperatur, pH-Wert und Zusammensetzung der mobilen Phase.
Wenn sich der Fluß verändert, ändert sich die Retentionszeit aller Peaks. Achten Sie darauf, daß sich die Totzeit t_0 nicht von Tag zu Tag ändert. Die Totzeit sollte nur vom Fluß und nicht von den anderen Parametern abhängen. Daher deutet eine konstante Totzeit darauf hin, daß eine Änderung des Flusses wahrscheinlich nicht die Ursache des Problems ist.

Die Retentionszeiten verringern sich in der Umkehrphasenchromatographie normalerweise um 1-2% bei einer Temperaturänderung von 1°C. Die Schwankungen der Retentionszeiten innerhalb von zwei Tagen könnte durch einen Temperaturunterschied von 5-10°C verursacht worden sein. Wenn das Labor solchen großen Temperaturschwankungen ausgesetzt ist, treten vermutlich auch während eines Tages signifikante Temperaturschwankungen auf. Da jedoch die Retentionszeiten im Laufe eines Tages konstant sind, ist davon

Antworten von Kapitel 9

auszugehen, daß die Schwankungen der Retentionszeiten nicht durch eine Temperaturänderung bedingt sind.

Eine pH-Änderung der mobilen Phase kann einen großen Einfluß auf die Retentionszeiten haben, aber die Größenordnung und Richtung dieser Abweichungen ist selten für alle Peaks gleich. Die Retentionszeit einer neutralen Komponente ändert sich überhaupt nicht, während sich die Retentionszeiten von ionisierbaren Stoffen in entgegengesetzter Richtung ändern. Dies hängt von den sauren oder basischen Eigenschaften der Proben und ihrer pK-Werte ab. Da die Verschiebung der Retentionszeiten hier für alle Proben ungefähr die gleiche Größenordnung und die gleiche Richtung aufweist, ist es unwahrscheinlich, daß eine Änderung des pH-Wertes der mobilen Phase die Ursache des Problems ist.

Die obige Diskussion deutet darauf hin, daß die Änderung der Retentionszeit vermutlich durch eine Änderung der Zusammensetzung der mobilen Phase verursacht wurde. Ursache dafür könnte die nicht eindeutige Arbeitsanweisung, die in Abschnitt 9.2 diskutiert wurde, sein. Möglich ist auch, daß eine Komponente der mobilen Phase während der Trennung oder beim Entgasen des Eluenten selektiv abdampft.

Dieses Beispiel ist aus dem Artikel von J.W. Dolan in der LC-GC International 1990, 3(12), 16-20 entnommen. Dieser Artikel enthält weitere nützliche Tips für die Erkennung und Vermeidung derartiger Probleme.

Übung 9.3a

(i) Azine sind schwach basische Komponenten.
(ii) Die schwachen Basen werden durch die Salzsäure protoniert. Die protonierten Basen sind stark polar und werden daher sehr schnell von der Kartusche eluiert, während die unpolaren PAK's retardiert werden.
(iii) Die PAK's würden auf einer unpolaren stationären Phase stark retardiert werden, und ihre Retentionszeiten wären viel länger als die der korrespondierenden Azine.
(iv) In sauren Puffern sind die Azine protoniert. Dadurch verringert sich die Effizienz der Trennung und die Peakform verschlechtert sich. Der Effekt wird bei Erhöhung des pH-Werts kleiner. Allerdings wirkt sich ein pH-Wert größer 8 negativ auf die Lebensdauer der Säule aus, da sich die stationäre Phase im Eluenten löst.
(v) Wie bei den PAK's deutet die konjugierte Struktur darauf hin, daß man zur Analyse die Fluoreszenzdetektion verwenden kann. Tatsächlich wurde in dieser Arbeit sowohl die Fluoreszenz- als auch die UV-Detektion eingesetzt.

Übung 9.3b

(i) Calciumoxalat ist bei pH 2 löslich, während die Oxalsäure bei diesem pH-Wert hauptsächlich als Monoanion vorliegt.
(ii) Bei pH 2 liegt die Äpfelsäure überwiegend undissoziert vor. Das Oxalsäureanion ist viel polarer und wird sehr schnell von der Säule eluiert.
(iii) Das TBA bildet Ionenpaare mit der Oxalsäure, nicht aber mit der Äpfelsäure, da diese undissoziert vorliegt. Die Folge ist, daß die Retentionszeit der Oxalsäure erhöht wird, während die Äpfelsäure davon unbeeinflußt bleibt. Tatsächlich eluiert in diesem System die Äpfelsäure zuerst.

(iv) Jede unpolare Verbindung, die in dem Gemisch noch zusätzlich enthalten ist, erhöht die Analysenzeit, da sie in dem System stark retardiert werden und ihre Retentionszeit sehr groß ist. Der Zweck der C-18-Festphasenextraktion besteht darin, solche unpolaren Komponenten zu entfernen; z.B. wird der rote Farbstoff im Rhabarber auf der Festphase zurückgehalten.

Übung 9.3c

(i) Die wahrscheinlichste Ursache ist die Anwesenheit von Luftblasen im Pumpenkopf (obwohl ein defektes Schaltventil die gleichen Auswirkungen haben kann). Zunächst sollte der Eluent effektiv entgast werden. Danach öffnet man das Purge-Ventil der Pumpe, und die mobile Phase wird mit einem hohen Fluß einige Zeit durchgepumpt werden.

(ii) Dieser Effekt ist auf Luftblasen in der Detektorzelle zurückzuführen (u.U. kann man die Luftblasen am Auslaßschlauch beobachten). Wieder sollte zuerst der Eluent entgast werden. Dann entfernt man die Säule und pumpt die mobile Phase mit einer hohen Flußrate durch die Detektorzelle.

(iii) Bei sehr kleinen Wellenlängen absorbieren gelöster Sauerstoff sowie andere Verunreinigungen stark. Wenn die mobile Phase richtig entgast wurde, sind unter Umständen noch andere Reinigungsschritte notwendig. Das Problem der geringen Reproduzierbarkeit kann auch auf kleine Fehler beim Einstellen der Wellenlänge zurückzuführen sein.

(iv) Unter der Voraussetzung, daß die Druckbegrenzung richtig gewählt wurde, liegt die Ursache in einer Verstopfung des Systems. Besonders häufig ist die Einlaßfritte der Säule die Fehlerursache. Manchmal läßt sich die Verstopfung durch einfaches Umdrehen der Säule beseitigen. Andernfalls sollte man versuchen, die Einlaßfritte auszutauschen. Allerdings sind einige Säulen so konstruiert, daß ein Austauschen der Fritten kaum möglich ist. Diese Hersteller hoffen wohl, daß Sie sich beim Auftreten derartiger Probleme eine neue Säule kaufen.

Übung 9.3d

Die on-line-Methode läßt sich leichter automatisieren. Sie ist allerdings teurer, da zusätzliche Schaltventile mit der zugehörigen Schaltautomatik benötigt werden. Off-line-Methoden lassen sich leichter durchführen, aber wegen der Probenauffang- und Injektionsschritte sind sie langsamer und schlechter reproduzierbar. Im off-line-Betrieb ist auch die Gefahr des Probenverlustes aufgrund von Absorptions- oder Verdampfungseffekten größer.

Antworten von Kapitel 10

Übung 10.1a

(i) Die Säule benötigt $2 \cdot 60 \cdot 8 = 960$ ml mobile Phase oder $960 \cdot 0{,}8 = 768$ ml Acetonitril pro Tag bzw. 192 l pro Jahr, die 13440 DM kosten.

(ii) $2 = \pi \cdot (0{,}46)^2 \cdot V/4 \to V = 12{,}03$ cm/min

(iii) $F = \pi \cdot (0{,}1)^2 \cdot 12{,}03/4 \to F = 0{,}0945$ ml/min

(iv) Acetonitrilkosten: 635 DM, das entspricht einer Ersparnis von 12805 DM pro Jahr.

Maßeinheiten

Aus historischen Gründen entwickelten sich viele verschiedene Maßeinheiten. In den sechziger Jahren haben mehrere internationale wissenschaftliche Vereinigungen die Vereinheitlichung von Bezeichnungen und Symbolen und die Annahme eines einheitlichen zusammenhängenden Einheitensystems empfohlen - die SI-Einheiten (SI-Units, Système Internationale d'Unités). Das SI-System basiert auf fünf Grundeinheiten: Meter (m), Kilogramm (kg), Sekunde (s), Ampère (A), Mol (mol) und Candela (cd).

Ältere Literaturstellen und einige ältere Lehrbücher enthalten selbstverständlich die alten Einheiten. Bis heute benutzen jedoch auch noch viele Wissenschaftler die alten Einheiten. Daher ist es immer noch erforderlich, daß man die alten Einheiten kennt und in die SI-Einheiten umrechnen kann.

Da die SI-Einheiten allerdings in der chromatographischen Literatur kaum benutzt werden, wurden in diesem Buch in den meisten Fällen die in der Praxis gebräuchlichen Einheiten verwendet.

In Tabelle 1 sind einige Symbole und Abkürzungen, die in der analytischen Chemie häufig benutzt werden, aufgelistet. Tabelle 2 stellt alternative Einheiten vor und gibt den Umrechnungsfaktor in SI-Einheiten an.

Genauere Informationen und Definitionen anderer Einheiten sind im Manual of Symbols and Terminology for Physicochemical Quantities and Units, Whiffen, 1979, Pergamon Press enthalten.

Tabellen

Tabelle 1: *Häufig benutzte Symbole und Abkürzungen in der analytischen Chemie*

Å	Angström
$A_r(X)$	relative Atommasse von X
A	Ampère
E oder U	Energie
G	freie Energie (Funktion)
H	Enthalpie
J	Joule
K	Kelvin ($273{,}15 + t\,°C$)
K	Gleichgewichtskonstante (mit Zusätzen p, c, therm usw.)
K_a, K_b	Säure- und Basenkonstante
$M_r(X)$	relative molare Masse von X
N	Newton (SI-Einheit für die Kraft)
P	Gesamtdruck
s	Standardabweichung
T	absolute Temperatur/ K
V	Volumen
a, $a(A)$	Aktivität, Aktivität von A
c	Konzentration/ mol/l
e	Elektron
g	Gramm
i	Laufzahl
min	Minute
s	Sekunde
t	Temperatur/ °C
bp	Siedepunkt
fp	Festpunkt
mp	Schmelzpunkt
≈	ungefähr gleich zu
<	kleiner als
>	größer als
e, $\exp(x)$	Exponentialfunktion von x
$\ln x$	natürlicher Logarithmus von x; $\ln x = 2{,}303 \log x$
$\log x$	Zehnerlogarithmus von x

Tabelle 2: *Alternative Einheiten*

1. **Masse (SI-Einheit: kg)**

    $g = 10^{-3}$ kg
    $mg = 10^{-3}$ g $= 10^{-6}$ kg
    $\mu g = 10^{-6}$ g $= 10^{-9}$ kg

2. **Länge (SI-Einheit : m)**

    $cm = 10^{-2}$ m
    $\text{Å} = 10^{-10}$ m
    $nm = 10^{-9}$ m $= 10$ Å
    $pm = 10^{-12}$ m $= 10^{-2}$ Å

3. **Volumen (SI-Einheit : m^3)**

    $l = dm^3 = 10^{-3}$ m^3
    $ml = cm^3 = 10^{-6}$ m^3
    $\mu l = 10^{-3}$ cm^3

4. **Konzentration (SI-Einheit : mol m^{-3})**

    $M = mol\ l^{-1} = mol\ dm^{-3} = 10^3\ mol\ m^{-3}$
    $mg\ l^{-1} = \mu g\ cm^{-3} = ppm = 10^{-3}\ g\ dm^{-3}$
    $\mu g\ g^{-1} = ppm = 10^{-6}\ g\ g^{-1}$
    $ng\ cm^{-3} = 10^{-6}\ g\ dm^{-3}$
    $ng\ dm^{-3} = pg\ cm^{-3}$
    $pg\ g^{-1} = ppb = 10^{-12}\ g\ g^{-1}$
    $mg\% = 10^{-2}\ g\ dm^{-3}$
    $\mu g\% = 10^{-5}\ g\ dm^{-3}$

5. **Druck (SI-Einheit : N m^{-2} = kg m^{-1} s^{-2})**

    $Pa = N\ m^{-2}$
    $atmos = 101325\ N\ m^{-2}$
    $bar = 105\ N\ m^{-2}$
    $torr = mmHg = 133{,}322\ N\ m^{-2}$
    $psi = pound\ inch^2 = 6897{,}2\ N\ m^{-2} = 6{,}8972 \cdot 10^{-4}\ bar$

6. **Energie (SI-Einheit : J = kg m^2 s^{-2})**

    $cal = 4{,}184$ J
    $erg = 10^{-7}$ J
    $eV = 1{,}602 \cdot 10^{-19}$ J

Tabelle 3: *Vorsätze für SI-Einheiten*

Teil	Vorsatz	Symbol
10^{-1}	deci	d
10^{-2}	centi	c
10^{-3}	milli	m
10^{-6}	micro	μ
10^{-9}	nano	n
10^{-12}	pico	p
10^{-15}	femto	f
10^{-18}	atto	a

Vielfaches	Vorsatz	Symbol
10	deka	da
10^{2}	hekto	h
10^{3}	kilo	k
10^{6}	mega	M
10^{9}	giga	G
10^{12}	tera	T
10^{15}	peta	P
10^{18}	exa	E

Tabelle 4: *Physikalische Konstanten*

Physikalische Konstante	Symbol	Wert
Normfallbeschleunigung	g	$9{,}81$ m s^{-2}
Avogadro-Konstante	N_A	$6{,}02205 \cdot 10^{23}$ mol^{-1}
Boltzmann-Konstante	k	$1{,}38066 \cdot 10^{-23}$ J K^{-1}
Verhältnis Elementarladung zu Masse	e/m	$1{,}758796 \cdot 10^{11}$ C kg^{-1}
elektrische Elementarladung	e	$1{,}60219 \cdot 10^{-19}$ C
Faraday-Konstante	F	$9{,}64846 \cdot 10^{4}$ C mol^{-1}
allgemeine Gaskonstante	R	$8{,}314$ J K^{-1} mol^{-1}
absoluter Nullpunkt	T_{Eis}	$273{,}150$ K (genau)
molares Volumen des idealen Gases	V_m	$2{,}24138 \cdot 10^{-2}$ m^{3} mol^{-1}
elektrische Feldkonstante	ε_0	$8{,}854188 \cdot 10^{-12}$ kg^{-1} m^{-3} s^{4} A^{2} (F m^{-1})
Planck-Konstante	h	$6{,}6262 \cdot 10^{-34}$ J s
Standard-Atmosphärendruck	p	101325 N m^{-2} genau
atomare Masseneinheit	m_u	$1{,}660566 \cdot 10^{-27}$ kg
Lichtgeschwindigkeit im Vakuum	c	$2{,}997925 \cdot 10^{8}$ m s^{-1}

Sachwortverzeichnis

—A—

Ablenkungsrefraktometer 75
Adsorptionschromatographie 1; 3; 145
Auflösung 12; 14; 165
Ausschlußchromatographie 1; 148
axiales Kompressionssystem 47

—B—

Bandenverbreiterung 11; 20; 219
Bandenverbreiterungsmechanismen 21
Blindgradient 170
Bodenhöhe 13
Bodenzahl 13; 165
Bürstenphase 112

—C—

cartridge system *Siehe* Kartuschensystem
chirale Trennungen 222
Clean-up 208; 214

—D—

Derivatisierungsreaktion 78
Detektor 49
    amperometrisch 51; 68; 70
    Brechungsindex (RI) 51; 74; 134
    coulometrisch 68; 71
    Diodenarray (DAD) 58
    elektrochemisch 68; 134; 136
    Flammenionisationsdetektor (FID) 230
    Fluoreszenz 51; 65
    IR 57
    Leitfähigkeit 51; 68; 134; 136
    Massenspektrometer 231
    selektiv 49
    universell 50
    unselektiv 49
    UV/Vis 51; 53; 134
DLI 232
Dünnschichtteilchen 110; 128

—E—

Eddy-Diffusion 20
Effizienz 13
Eluentenvorratsgefäß 28
Elution
    Gradient 3
    isokratisch 2
Empfindlichkeit 219
Endcapping 111; 119
Entgaser 28
externer Standard 179
Extra-Column-Effects 23
Extra-Column-Volumen 5
Extraktion
    Festphasenextraktion 210
    Flüssig-fest 210
    Flüssig-flüssig 210

—F—

Fällung 133
Fittings
    LDV 43
    ZDV 43
Flächen/Höhen Prozent 178
Flash-Chromatographie 226
Flüssig-Fest-Chromatographie 1
Flüssig-Flüssig-Chromatographie 1
Flußmessung 30

—G—

GC 3
gebundene Phasen 111
Gelfiltration 148
Gelpermeationschromatographie 148
Gradient
    Apparaturen 39
    Bildung 39
    Elution 169
    Optimierung 171

—H—

HPLC-Apparatur 4
Hydrophobic-Interaction-Chromatography (HIC) 125

—I—

Injektion 28; 41
interner Standard 182
Ionenausschluß 131
Ionenaustauschchromatographie 1; 127; 131
Ionenaustauscher
    Kapazität 129
    SAX 128
    SCX 128
    WAX 128
    WCX 128
Ionenchromatographie
    mit Suppressor 136
    ohne Suppressor 136
Ionenchromatographie (IC) 127
Ionenpaarchromatograpie 139
Ionenunterdrückung 139
isoeluotrop 89
iterative Methoden 95

—K—

Kapazitätsfaktor 11
Kartuschensystem 47
Kieselgel 110; 145
    irregulär 110
    modifiziert 111
    sphärisch 110
K_L-Wert 133
Kolbenpumpe 35; 36
Komplexierung 133
Konturplot 59
k-Wert *Siehe* Kapazitätsfaktor

—L—

Lambert-Beersches Gesetz 53
LC - MS 231
LC-MS-Interface 232
Longitudinal-Diffusion 20
Lösemittelklassifizierung nach Snyder 87
Löslichkeitsparameter 85; 89
Löslichkeitsprodukt 133
Luftblasen 28; 199

—M—

Massentransport-Effekte 20
Methodenentwicklung 157
Microbore-Säulen 218
mobile Phase 84
    Herstellung 199
    kommerzielle Systeme zur Optimierung 101
    Optimierung 91
modifizierte Phasen 2
Molekulargrößenverteilung 151
monomer gebundene Phase 112
Moving belt 232

—N—

Nachsäulenderivatisierung 78
Nachweisgrenze 51; 219
Normalphase 117
Normalphasenchromatographie 3
NP-Phase *Siehe* Normalphase

—O—

ODS 113

—P—

Peakreinheit 60; 72
pK_a-Wert 131; 133
Polarität 84
Polaritätsindex 85
Polaritätsmessung 85
polymer gebundene Phase 112
porous layer beads 110
prädektive Methoden 93
präparative HPLC 227
Probenaufgabe 40
Probenvorbereitung 208
Pumpen 30
    druckkonstante 31; 33
    flußkonstante 31; 34
Pumpentypen 33

Sachwortverzeichnis

—Q—

Quantitative Analyse 178

—R—

Radialdiffusion 20
radiales Kompressionssystem 47
Rauschäquivalentkonzentration 50
Reinheitsparameter 63
Reinigungssäulen 207
Reparatur der Packung 205
Response-Faktor 179
Restsilanolgruppen 119
Retention 11
Retentionsmechanismen 118
Retentionszeit 3
Rheodyne Ventil 41
RP-Phase *Siehe* Umkehrphase

—S—

Säulen 43
Säulenpacken 192
Säulenschalten 214
Säurestärke 131
Scale-up 116; 228
Schutzsäulen 207
Selektivität 12; 165
sequentielle Methoden 91
SFC 230
Signal-Rausch-Verhältnis 51
Silanolgruppen 113; 145; 165
Slurry 192
SPE 210
SPE-Kartuschen 214
Spritzenpumpe 34; 35
stationäre Phase 110; 115
   Amino 117

C-18 117
   chirale 223
   Cyano 117
   Cyclodextrine 224
   Ionenaustauscher 117
   Kohlenstoffgehalt 119
   Normalphase 117
   Phenyl 117
   pH-Stabilität 115
   Pirkle CSP 223
   Polarität 119
   Umkehrphase 117
Styrol-Divinylbenzol-Harz 115

—T—

Tailing 146; 165
Teilchenstrahl-Interface 233
Temperaturkontrolle 30
Thermospray 232
Totvolumen 5; 43; 219

—U—

Umkehrphase 117
UV-Durchflußzelle 54

—V—

Van-Deemter-Gleichung 21
Van-Deemter-Kurven 228
Verstärkerpumpen
   hydraulische 33; 34
Vorsäulen 207
Vorsäulenderivatisierung 78

—W—

Wahl der HPLC-Methode 120

Bücher aus dem Umfeld

Kapillarelektrophorese
Methoden und Möglichkeiten

von Heinz Engelhardt, Wolfgang Beck
und Thomas Schmitt
1994. X, 206 Seiten mit 144 Abbildungen
und 34 Tabellen. Gebunden.
ISBN 3-528-06597-4

Die Kapillarelektrophorese verbindet die analytische Trenntechnik der klassischen Elektrophorese mit den apparativen Möglichkeiten der Chromatographie hinsichtlich Detektion und Automatisierung. Ihr Einsatzbereich ist mit der Trennung von kleinen Kationen bis hin zu ionischen Biopolymeren äußerst breit. Dieses Buch stellt eine praktische Einführung in die kapillarelektrophoretische Trenntechnik dar. Besonderer Wert wurde dabei auf die Erklärung der Prozesse gelegt, die zur Entwicklung und Optimierung einer Trennung bekannt sein müssen. Soweit wie möglich wurde auf die mathematische Darstellung verzichtet, sondern eher instruktive Beispiele zur Erläuterung der Vorgänge gewählt. Damit soll diese Einführung dem Anfänger den Einstieg in diese leistungsfähige Technik erleichtern.

Über die Autoren: Prof. Dr. Heinz Engelhardt ist Dozent für physikalische Chemie an der Universität Saarbrücken sowie Vorsitzender der GdCh-Fachgruppe Chromatographie und Herausgeber der „Chromatographia". Seine Coautoren Dr. Wolfgang Beck und Dipl.-Chem. Thomas Schmitt sind wissenschaftliche Mitarbeiter in seinem Institut.

Die Headspace-Gaschromatographie als Analysen- und Meßmethode

von Horst Hachenberg
und Konrad Beringer
1996. VI, 102 Seiten. Gebunden.
ISBN 3-528-06782-9

Das Buch beschäftigt sich mit den theoretischen Grundlagen der Headspace-Gaschromatographie (HSGC) und zeigt an einigen erprobten Beispielen die Möglichkeiten zur Spurenanalyse solcher Stoffe, die durch übliche GC-Analyse nur sehr umständlich und zeitraubend bzw. gar nicht durchführbar sind. Neben den theoretischen Grundlagen wird ferner auf die vielseitigen Möglichkeiten hingewiesen, die HSGC auch als reine Meßmethode zur Messung physikochemischer Daten zu verwenden. Das Buch, welches daher ebenso Physikochemiker und Verfahrenstechniker ansprechen soll, erhebt dabei keinen Anspruch auf Vollständigkeit, sondern soll dieser eleganten, einfachen sowie zeitsparenden Analysen- und Meßmethode zur weiteren Verbreitung verhelfen.

Über die Autoren: Dr. Horst Hachenberg war bis 1990 bei der HOECHST AG auf dem Gebiet der HSGC tätig. Dr. Konrad Beringer ist selbständiger Unternehmer für Analysetechnik.

Verlag Vieweg · Postfach 1547 · 65005 Wiesbaden · Fax 0611/7878420

Bücher aus dem Umfeld

Röntgenstrukturanalyse und Rietveldmethode
Eine Einführung

von Harald Krischner
und Brigitte Koppelhuber-Bitschnau
5., neubearbeitete Auflage 1994.
X, 194 Seiten, 87 Abbildungen,
24 Tabellen. Kartoniert.
ISBN 3-528-48324-5

Pulveraufnahmen in der Röntgenfeinstrukturanalyse gestatten zunächst nur eine rasche Identifizierung von Substanzen, Quantitative Phasenanalysen, Teilchengrößenbestimmungen und Aussagen über den Kristallisationszustand. Heute können allerdings auch Kristallstrukturbestimmungen aus Pulveraufnahmen mittels Profilanalysen nach der Rietveldmethode durchgeführt werden. Das Buch vermittelt die Grundlagen der Röntgenstrukturanalyse in sehr kurzer und klarer Form. Das Hauptgewicht wird auf die praktische Durchführung und Auswertung von Pulveruntersuchungen unter Einbeziehung der Rietveldmethode gelegt. Mit geringsten mathematischen Mitteln wird ein Überblick über das gesamte Gebiet der Röntgenfeinstrukturanalyse gegeben und der Leser wird in die Lage versetzt, Röntgenpulveraufnahmen selbständig durchzuführen und auszuwerten.

Über die Autoren: Dr. techn. Harald Krischner ist Professor i.R. am Institut für Physikalische Theoretische Chemie der Technischen Universität Graz.
Frau Dr. techn. Brigitte Koppelhuber-Bitschnau ist Assistentin am selben Institut.

Moderne Methoden in der Spektroskopie

von J. Michael Hollas
Aus dem Engl. übers. von
Martin Beckendorf und Sabine Wohlrab
1995. XX, 403 Seiten mit 244 Abbildungen und 72 Tabellen. Kartoniert.
ISBN 3-528-06600-8

Mit diesem Lehrbuch wird nun endlich eine große Lücke im Bereich der Spektroskopie geschlossen. Während man die Resonanzspektroskopie in ihrer Theorie und Anwendung vielseitig dargestellt findet, wurden bisher die Grundlagen der mannigfaltigen anderen Methoden vernachlässigt. Beginnend mit den quantenmechanischen Grundlagen, den experimentellen Beschreibungen und einer detaillierten Hinführung zur Gruppentheorie werden hier anschaulich Rotations-Vibration und Elektronenspektroskopie diskutiert. Man findet eine ausführliche Darstellung der modernen Laserspektroskopie und eine intensive Diskussion der Fouriertransformation, aber auch speziellere Methoden wie Auger-Elektronen- oder Röntgenfluoreszenzspektroskopie werden behandelt.

Über den Autor: Dr. J. M. Hollas ist Wissenschaftler an der University of Reading, England und Autor mehrerer erfolgreicher Bücher zur Spektroskopie.

Verlag Vieweg · Postfach 1547 · 65005 Wiesbaden · Fax 0611/7878420

MIX
Papier aus verantwortungsvollen Quellen
Paper from responsible sources
FSC® C105338

If you have any concerns about our products,
you can contact us on
ProductSafety@springernature.com

In case Publisher is established outside the EU,
the EU authorized representative is:
**Springer Nature Customer Service Center GmbH
Europaplatz 3, 69115 Heidelberg, Germany**

Printed by Libri Plureos GmbH
in Hamburg, Germany